企业迁云
实战（第2版）

阿里云智能-全球技术服务部 —————— 著

ENGINEERING
PRACTICE
FOR
CLOUD
MIGRATION II

机械工业出版社
China Machine Press

图书在版编目（CIP）数据

企业迁云实战 / 阿里云智能－全球技术服务部著 . —2 版 . —北京：机械工业出版社，
2019.9

（云计算与虚拟化技术丛书）

ISBN 978-7-111-63503-1

I. 企… II. 阿… III. 云计算 IV. TP393.027

中国版本图书馆 CIP 数据核字（2019）第 193061 号

企业迁云实战　第 2 版

出版发行：机械工业出版社（北京市西城区百万庄大街 22 号　邮政编码：100037）

责任编辑：朱　劼　　　　　　　　　　　　　　责任校对：李秋荣

印　　刷：北京市荣盛彩色印刷有限公司　　　　版　　次：2019 年 10 月第 2 版第 1 次印刷

开　　本：186mm×240mm　1/16　　　　　　　印　　张：23.5

书　　号：ISBN 978-7-111-63503-1　　　　　　定　　价：119.00 元

客服电话：（010）88361066　88379833　68326294　　　投稿热线：（010）88379604

华章网站：www.hzbook.com　　　　　　　　　　　读者信箱：hzit@hzbook.com

企业迁移上云，不仅仅是技术演变的路径，更是企业发展的路径。

技术的创新和灵动让技术团队有机会在新时代从需求的被动实现者转变为业务的主动构建者。业务数据化和数据业务化让决策变得更简单，让技术团队真正从业务前瞻视角来协助企业决策和创新。

Cloud Native（云原生）的思想不是简单地构建高可用、弹性、低成本的应用，其本质是如何进行更多、更深入的思考和实践，从而快速应对市场的多变性和不确定性。

在过去的十年，我们看到围绕"云"的技术理念和软件工程都发生了深刻的变化，而这本书期望能结合阿里云智能多年的实践，从思考、理念、案例、方法论的角度和大家分享我们的得失，也期望能带给所有投身云智能时代的技术人士一些参考，让我们共同为中国云计算的成长而努力！

阿里巴巴副总裁　李津

2019 年 8 月

前　言 *Preface*

未来五到十年主流的系统架构设计思想

云计算在经历了多年的发展后已经成为主流。现在，无论是企业建设新系统，还是新的创业公司建设系统，都会默认选择基于云来构建。而且，越来越多的企业选择将已有系统迁移至云上。在这样的两个场景中，都需要面对如何设计一个基于云的系统架构，充分发挥新一代架构的优势，进而带来业务提升的问题。这个问题对企业的业务决策者及技术架构团队都是不小的挑战，更显而易见的是，基于云的新一代系统架构将成为未来五到十年内的主流架构。

在系统架构层面，云带来的绝不仅仅是 IaaS 或者说机器资源层面的变化，云提供的服务越来越多，更好地直接基于这些云服务（例如存储、数据库等），而不是靠自研来设计相应的业务系统，将给企业业务的迭代效率带来质的提升。除此之外，互联网公司本身基于云的实践，也催生了诸如业务中台、数据中台等新的设计理念，这些创新会为业务业绩带来实际的提升。

在本书中，来自阿里云智能 – 全球技术服务团队的作者很好地回答了上面的问题，详细阐述了如何基于云的设计理念来设计新一代的系统，以及如何将关键的应用、数据库、大数据等改造、搬迁上云。本书作者都具有非常丰富的实践经验，书中更给出了多个实际案例，并进行了剖析，读者将能够更好地掌握这套方法论。

强烈建议企业业务的决策者、业务系统的架构师团队阅读此书，以便掌握新一代基于云的设计理念，构建基于新理念的业务系统，从而为业务创造更大的价值。

本书的出版依赖于阿里云智能 – 全球技术服务事业部与数据库产品事业部同学们的共同努力，感谢所有为本书出版付出努力的同学与工作者：

第 1、2 章：金建明（花名"铮明"）、谭虎（花名"净能"）

第 3 章：何龙（花名"周翰"）

第 4 章：姜琛（花名"昊蓝"）

第 5 章：彭义评（花名"马柯"）、何强（花名"回雁"）

第 6 章：彭义评、何强

第 7 章：樊文凯（花名"唐修"）

第 8～9 章：彭义评

第 10 章：刘洪涛（花名"弘锐"）、罗海伟（花名"一毂"）、陈焰（花名"传学"）

第 11 章：曾迟（花名"沙陌"）、崔迪（花名"饮冰"）

全书内容策划与出版统筹：何强

鉴于技术的飞速发展，加之作者的学识有限，本书难免存在疏漏与欠缺，期待各位同行和读者的批评与指正。

阿里云智能技术交付总经理　毕玄

2019 年 8 月

目　录 *Contents*

第 1 章 *Chapter 1*

云计算时代的到来

在过去很长的一段时间内，石油作为人类的基础能源对社会发展起到了巨大的、不可或缺的作用，但随着信息技术的不断演进与发展，数据量呈几何级数增长，人们也越来越认识到数据将成为未来时代的社会基础能源。如何有效地使用数据能源、挖掘数据能源的潜在价值成为一个倍受关注的课题，云计算、物联网、人工智能的爆发和规模化应用为解决这个课题提供了很好的方法和平台。数据价值挖掘能促进企业提升效率、降低成本、强化风险管控能力，更重要的是在此基础之上可以推动企业业务创新，在竞争越来越激烈的时代保持强大的竞争力和活力。

1.1 云计算的起源

对企业而言，数据中心的各种系统（包括软硬件与基础设施）涉及一大笔资源投入。一方面，新系统（主要指硬件部分）一般经过 3 ～ 5 年即面临逐步老化与淘汰，软件则面临不断升级的压力；另一方面，IT 的投入难以跟上业务发展的步伐，即使利用虚拟化技术，也无法解决不断增加的业务对资源的需求，一定时期内扩展性总是有所限制。于是，企业产生了新的需求：IT 资源能够弹性扩展、按需服务，将服务作为 IT 的核心，提升业务敏捷性，从而大幅降低成本。因此，面向服务的 IT 需求开始演化到云计算架构上。

云计算架构可以由企业自行构建，也可采用第三方云设施，但基本趋势是企业将逐步采取租用 IT 资源的方式来实现业务需要，如同使用水力、电力资源一样。计算、存储、网络将成为企业 IT 运行中可以使用的资源，无须自己建设，可按需获得。从企业角度来讲，云计算解决了 IT 资源的动态需求和最终成本问题，使 IT 部门可以专注于服务的提供和业务运营。

现在，越来越多的企业提供的服务（不管是软件服务、信息分析、视频直播还是联机游戏等）都通过云计算服务实现。因为云计算系统具有庞大的计算能力与存储空间，用户只要通过网络与云计算系统连接，就可以方便地获得云计算服务资源，消费者只需要按自己的使用量付费，就像支付水电费那样方便、快捷。

另外，现代企业有一个关键的生产资料和要素，那就是**数据**。数据已经成为企业的核心资产，而对数据的使用和挖掘能力也日益成为企业的核心竞争力。利用云计算技术与服务能够更方便地收集、计算、挖掘数据，使那些不具备大数据基础设施的企业也能享受到大数据带来的红利。

1.2 云计算的概念

根据前面的介绍我们知道，云是一种服务，可以像使用水、电、煤那样按需使用、灵活付费，使用者只需关注服务本身。云计算的资源是动态扩展且虚拟化的，通过互联网提供，终端用户不需要了解云中基础设施的细节，不必具有专业的云技术知识，也无须直接进行控制，只要关注自身真正需要什么样的资源以及如何通过网络来获得相应的服务即可。

按照服务划分，云计算可以分为 IaaS、PaaS、SaaS、DaaS 四个层次。IaaS（Infrastructure as a Service，基础架构即服务）是基础层。在这一层，通过虚拟化、动态化将 IT 基础资源（计算、网络、存储）聚合形成资源池。资源池即计算能力的集合，终端用户（企业）可以通过网络获得自己需要的计算资源，运行自己的业务系统。这种方式使用户不必自己建设这些基础设施，而是通过付费即可使用这些资源。

在 IaaS 层之上的是 PaaS（Platform as a Service，平台即服务）层。这一层除了提供基础计算能力，还具备了业务的开发运行环境，提供包括应用代码、SDK、操作系统以及 API 在内的 IT 组件，供个人开发者和企业将相应功能模块嵌入软件或硬件，以提高开发效率。对于企业或终端用户而言，这一层的服务可以为业务创新提供快速、低成本的环境。

最上层是 SaaS（Software as a Service，软件即服务）。实际上，SaaS 在云计算概念出现之前就已经存在，并随着云计算技术的发展得到了更好的发展。SaaS 的软件是"拿来即用"的，不需要用户安装，软件升级与维护也无须终端用户参与。同时，它还是按需使用的软件，与传统软件购买后就无法退货相较具有无可比拟的优势。

另外，越来越多的数据沉淀、抽象形成了新的服务——DaaS（Data as a Service，数据即服务）。数据聚合抽象，把数据转换成通用信息，从而为公众提供公共信息服务。例如，对于天气信息，可能 A 需要根据天气信息来判断出门穿着，B 需要根据天气信息判断是否洗车，C 需要根据天气信息判断是否准备防洪防涝设施等。不同用户均可利用 DaaS 满足自己的诉求。此外，通过对各类数据信息进一步加工形成信息组合应用，会进一步盘活数据，提升数据价值。这就像搭积木一样，对基础数据信息块以不同的方式进行组装，可以达到千变万化的效果。DaaS 服务已成为当下数字化转型的重要抓手。

对企业而言，可根据需要使用上述某一种层次的云服务。大型企业一般需要综合上述四个层次的云服务，即层次化的云计算服务，一般也称为 I-P-S&D 云计算，各层可独立提供云服务，下一层的架构为上一层云计算提供支撑。例如，某视频网站采用了上述的 I-P-S&D 云计算架构。其中，由阿里云大型服务器群、高速网络、存储系统等组成 IaaS 架构提供基础服务；将阿里云提供的 RDS、MQ 等服务构建在 IaaS 层上；这些 RDS、MQ 提供的服务组成 PaaS，把视频的应用逻辑（如视频编解码、视频流接入等）部署上来，提供在线的视频点播、直播等服务。这样一个大型的系统对互联网用户而言，就是一个大规模视频类 SaaS 应用。对日常用户访问日志、视频观看爱好等数据做进一步的聚合分析之后，便可形成千人千面、精准推送等 DaaS 服务。

在业内的普遍认识里，云计算按照部署模式的不同，主要分为公有云、私有云和混合云。公有云一般由云计算厂商构建，面向公众、企业提供公共服务，由云计算厂商运营；私有云是指由企业自身构建，为企业内部提供云服务；当企业既有私有云，同时又采用公有云计算服务时，这两种云之间形成一种内外数据相互流动的形态，便是混合云的模式。目前，大型企业迁云时都倾向使用混合云模式，把面向互联网用户的应用系统部署在公有云上，把内部系统或者安全等级要求较高的系统部署在私有云上。

阿里云对云的模式认识稍有不同：阿里云计算是公共服务，即公共云（Public Cloud Service），它向人们提供高科技、低门槛、简单易用的云计算服务和能力，是一种普惠服务。在阿里云公共云上，既有利用云计算检修铁路的铁路工人，也有迅速走红的直播平台小咖秀，还有 12306、中石化这样的央企……云计算为大众创业、万众创新提供了沃土。

公共云能够满足大多数客户对计算的需求，但对一些特殊的客户，公共云可能无法满足需求，比如安全方面的限制，这就要为客户提供专门的云计算服务，即"专有云"（英文为 Apsara Stack）。

阿里云专有云不是另起炉灶的一套基础设施，而是公共云为满足特定客户需求而进行的延伸，是公共云的特殊形态。众多的大型企业和政府单位纷纷借助阿里云的技术建设了自己的专有云：中国海关总署正使用阿里云专有云上的大数据计算能力提升通关查验的效率；中国邮政集团在专有云平台上积极地打造新一代寄送业务平台；中国联通借助阿里云专有云实现了全国卡号系统的互联网云化……

与云原生（Cloud Native）的创业公司不同，传统企业内部的信息化系统已经存在 40 多年，很多内部 IT 系统部署在线下机房，包括财务、OA、HR 和报销管理等系统。随着互联网业务的蓬勃发展，更多的创新应用在互联网上涌现。企业既需要保证老系统的稳定、持续运行，也需要借助云的弹性满足峰值业务访问。云下的传统系统和云上的云原生系统的有机集成，造就了混合云的形态。混合云已经成为大型传统企业进行互联网＋业务创新的主要模式。阿里云既支持传统意义的混合云，也建议对于大型企业，从公共云到专有云应在基础设施层面遵循统一标准，确保互联互通、数据能够流动、系统能平滑迁移。只有保持底层架构一致，上层业务开发的成本才能降到最低。在这样的前提下，企业可以更方便地打通自己的专有云和公共云的通道，轻松实现混合云的架构。

因此，在本书中，我们对云服务的形态将统一使用"公共云""专有云"和"混合云"的说法。

1.3 云服务的发展现状

SasS、IasS、PaaS 这三种云服务模式目前处于不同的发展阶段。其中，SaaS 和 IaaS 产业比较成熟，PaaS 领域起步最晚，提供该服务的企业并不多。表 1-1 给出了 2014 ～ 2017 年我国公有云市场的规模对比。

表 1-1 四种云服务模式现状的比较

比较项目	云服务模式			
	DaaS	SaaS	PaaS	IaaS
服务对象	开发者和企业用户	企业	开发者	开发者和企业用户
成熟度	发展较晚，成熟度较低	发展最早，成熟度相对最高	起步较晚，成熟度较低	在应用层成熟后兴起，成熟度较高
核心能力	实现数据共享	帮助企业优化业务流程	帮助开发者的产品快速获得某种功能	帮助企业 / 开发者快速拥有存储、计算等资源
发展现状	潜力最大，融资集中在早期	企业级市场活跃，融资集中在 C 轮及以上	潜力较大，但是市场总体量较小	竞争激烈，垂直领域亦有发展空间
主要玩家	互联网公司	互联网公司、传统软件公司及创业企业	互联网公司、创业企业	电信运营商、IT 厂商、互联网公司、创业企业

图 1-1 给出了 2014 ～ 2017 年中国云服务市场规模占比图，从中可以看到，国内的云计算服务近年均以 SaaS 和 IaaS 为主，PaaS 占比较小。SaaS 服务虽然占据了半壁以上的江山，但是行业格局依然比较混乱，缺乏领导者；PaaS 服务仍处于发展初期，市场认知度比较低，但是未来的增长预期恰恰是最高的；IaaS 服务的占比超过 1/3，已经得到国内企业客户的充分认可，云主机、云存储等应用形式是用户使用最多的，占比 70% 以上。

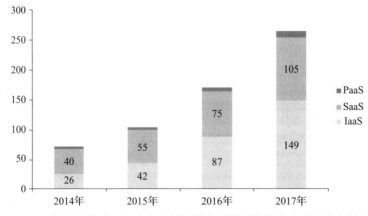

图 1-1 2014 ～ 2017 年中国公有云细分年市场规模发展图（资料来自中商产业研究院研究数据）

接下来我们逐一介绍各种云服务模式。

1.3.1　DaaS

　　DaaS（Data as a Service）服务是继 IaaS、PaaS、SaaS 之后发展起来的一种新型服务。DaaS 通过对数据资源的集中化管理，并把数据场景化，为企业自身和其他企业的数据共享提供了一种新的方式。以前，企业的数据要么因为零散地存放在各个团队或部门而无法把数据资源作为一种企业内部的服务用于提升企业运行效率，要么就是每家企业都把数据当成自家金矿而不想拿出来分享给其他企业或个人，这样，即使数据是座金矿，也不会产生太大的价值，因为它不流通。只有将这座金矿拿出来变现，让其他企业也能使用数据资源，才能获取自己想要的物资，发挥金矿最大的价值。在如今的数据大爆炸时代，没有任何一家企业能收集到自己需要的所有数据，有了 DaaS 服务，就可以向其他公司购买所需数据，通过分工协作提升企业竞争力。

1.3.2　SaaS

　　SaaS 服务的概念产生于 2003 年，是最早引入中国的云服务形式。SaaS 是一种通过网络提供软件的模式，有了 SaaS，所有的服务都托管在云上，用户不用再购买软件，且无须对软件进行维护。现在，一个完整的企业 Web 应用程序可以在云上提供一个敏捷、统一的企业协作平台。就像使用自来水一样，企业可以根据实际需要向 SaaS 提供商租赁在线的软件服务。SaaS 可以帮助企业减少费用，管理硬件、网络和内部 IT 部门。

　　早期的 SaaS 服务主要用于销售管理，如八百客、xTools 等使用的 ASP 就是早期的 SaaS 服务。进入 2008 年，传统企业集中转型，办公软件企业（如用友、金蝶）开始开发 Saas 业务。SaaS 企业集中布局在 CRM、ERP 流程管理领域。2013 年，SaaS 服务开始细分，通信、邮箱、网盘等工具开始 SaaS 化，基于手机等移动终端的 SaaS 平台开始出现。随着移动终端的普及，SaaS 自 2014 年以来持续高速增长。

　　目前，企业级 SaaS 服务市场规模保持快速增长，持续受到资本青睐，相关参与方不断探索新型服务形式。SaaS 厂商发展的基本现状可总结如下：

　　1）传统软件企业通过拓展服务形式转型为 SaaS 服务商。

　　2）创业公司在原有垂直领域 SaaS 服务基础上，向底层拓展同类 PaaS 服务。

　　3）互联网巨头拓展平台，在 Saas 服务基础上，引入第三方服务商形成 SaaS 服务入口平台，打造云服务生态。

　　SaaS 未来的发展趋势主要表现在三个方面：

　　1）智能化推动流程管理效率提升：人工智能等技术的引入将极大提升流程优化效率，改善服务，成为改进 SaaS 服务的重要推动力。

　　2）行业垂直 SaaS 空间大：在垂直行业积累一定客户的 SaaS 企业，有机会发掘供应链上的其他机会，例如 B2B、增值服务等。

　　3）打通碎片化服务：多数服务商专注于单一 SaaS 流程并面临服务数据互不连通的问

题，因此在提供整合碎片化数据、流程的 SaaS 服务方面存在机会。

1.3.3 PaaS

PaaS 是指将软件研发的平台作为一种服务，并提供给用户。用户或者企业可以基于 PaaS 平台快速开发自己需要的应用和产品。同时，PaaS 平台开发的应用能更好地搭建基于 SOA 架构的企业应用。作为一个完整的开发服务，PaaS 提供了从开发工具、中间件到数据库软件等开发者构建应用程序所需的所有开发平台的功能。

2009 年，新浪推出国内首个 PaaS 平台 SAE Alpha。2013 年，微软、亚马逊 AWS 等海外公共云 PaaS 服务进入中国；之后，BAT（百度、阿里、腾讯）分别推出开发者 PaaS 平台（百度的 BAE、阿里的 ACE、腾讯的 QCloud）；IM、推送等领域的垂直 PaaS 平台开始提供服务（个推、融云等）。进入 2015 年，国内大型云服务商开始开放更多面向开发者的云服务能力（如阿里百川等）；同时，垂直 PaaS 平台也发展迅速，出现了面向物流网、语音识别等领域的 PaaS 平台。

目前，PaaS 厂商发展的现状主要是在原有技术功能基础上，根据优势拓展服务形式和客户群，拓展方向主要集中在以下 3 个方面：

❑ 拓展服务功能：从单一 PaaS 服务拓展为多种 PaaS 服务，形成功能商店。

❑ 拓展服务形式：在原有 PaaS 服务基础上，拓展同类 SaaS 服务。

❑ 拓展新客户：在 Paas 通用模块基础上，为企业提供定制化流程管理。

目前，PaaS 的发展趋势主要表现在三个方面：

1）业务类型同质化：提供单一功能的 PaaS 厂商横向发展，成长为 PaaS 工具商店，可能造成 PaaS 厂商业务重合度高。

2）开发者增值服务成为增长点：在提供功能模块的基础上，形成平台生态，提供满足企业 / 应用生命周期全流程的技术服务。

3）国际化业务或成新增长点：技术模块在国际化推广过程中受到地理位置、使用习惯的限制较小，突破海外市场将成为 PaaS 厂商新的增长点。

1.3.4 IaaS

IaaS 供应商为用户提供云化的 IT 基础设施，包括处理、存储、网络和其他基本的计算资源。用户能够远程部署和运行任意软件（包括操作系统和应用程序），供应商则按照用户使用存储服务器、带宽、CPU 等资源的数量收取服务费。

公共云 IaaS 是一种"重资产"的服务模式，需要较大的基础设施投入和长期运营技术经验积累，该项业务具备极强的规模效应。因此，一旦巨头优势显现，将产生马太效应，通过价格、性能和服务建立起较宽的"护城河"。根据 Gartner 发布的全球公有云 IaaS 魔力象限，2017 年共计 14 家企业进入该象限，而 2018 年这一数字锐减为 6 家。而在 2017 年度全球公有云 IaaS 市场份额分析报告中，Gartner 指出，亚马逊、微软、阿里巴巴占据全球市场份额前三，其中亚马逊市场份额占比超过 50%，同比增速达 25%。

IaaS 的发展大致可以分为萌芽阶段、成长阶段和洗牌阶段。

- 萌芽阶段：2008 年，IBM 在中国建立首个云计算中心，标志着 IaaS 正式进入中国。随后一年，盛大、阿里云开始研发和试点运营相关云业务。
- 成长阶段：2013 年前后，微软、亚马逊 AWS IaaS 业务正式进入中国。同年，UCloud、青云等 IaaS 创业公司成立并开始提供服务，腾讯、华为等巨头也纷纷加入云服务阵营。
- 洗牌阶段：到 2015 年，IaaS 云行业发展趋于稳定，行业格局和盈利模式日渐清晰，行业领先者开始出现，企业逐渐开始盈利。同时，行业竞争加剧，进入洗牌阶段。

2019 年 1 月，阿里巴巴集团财报显示，阿里云 2018 财年第三财季（2018 年 10 月 1 日至 2018 年 12 月 31 日）营收达到 66.1 亿元，同比增长 84%，以此计算，2018 自然年阿里云营收规模达到 213.6 亿元，4 年间增长了约 20 倍，已成为亚洲最大的云服务公司。

1.4　云计算的未来

云服务正在快速增长，它越来越广泛地被更多客户接受和使用，成千上万的企业愿意把业务系统部署在云上，上云 / 迁云已经成为企业 IT 的大趋势。不仅是企业，越来越多的普通民众也切实感知到云计算和大数据给日常工作、生活带来的变化，人们都在不约而同地问："云计算的未来在哪里？云计算将带我们走向何方？"阿里云一直在与大家一起探求这个问题的答案，作为每天都在与云打交道的从业人员，我们也希望与读者分享我们团队的见解。

首先，云计算会更智能。谈到这个话题，一定离不开大数据，大数据和云计算息息相关，被认为是硬币的两面。数据爆发式增长和分布式计算能力的提升，让我们拥有了大数据的分析和计算能力。通过专家经验、行业模型和机器学习，结合大量的数据获得一部分洞察，然后基于洞察进行预测。但是，这只是在人类在 DT（Data Technology）时代迈出的第一步。

当面对更大的数据量、更复杂的场景时，我们需要云计算提供更强的计算能力、更大的存储能力以及更好的算法、模型和计算平台，甚至希望减少人的经验在模型训练中的参与度，这是大数据走向人工智能的要求。此时，由神经算法网络衍生出的深度学习可以基于大量数据进行自我学习，在图像、语言等富媒体分类和识别上取得良好的效果。谷歌人工智能产品——围棋机器人 AlphaGo 在击败了世界冠军、职业九段选手李世石后，注册了 ID 为"master"的账号，在中国棋类网站连续对决中日韩数十位高手，连续 60 局无一败绩，甚至在 2017 年 5 月直落 3 盘完败世界排名第一的中国选手柯洁。人人都惊呼："奇点临近了，人工智能的时代到来了！"AlphaGo 的核心就是神经网络和深度学习算法。

阿里巴巴将自己定位为大数据公司，首先是因为我们拥有众多高质量的数据；其次，阿里云已经发布的大数据平台"数加"覆盖数据采集、计算引擎、数据加工、数据分析、机器学习、数据应用等数据生产全链条。同时，与其他云厂商的技术不同，阿里云在人工智能基础上加入大数据，形成了数据智能。阿里云的人工智能机器人 ET 正是人工智能和大数据结合的产物，ET 背后使用了多项人工智能的技术，涵盖自然语言识别、实时视频分析、语音识别及语音合成、人机交互、知识图谱等。

新技术的产生会给云计算带来颠覆性的改变，这些新技术很大程度上将来自于物联网、量子计算、大数据和人工智能等领域。

其次，云计算会更安全。在云计算概念出现的早期，数据泄露和数据丢失等安全问题是备受关注的话题。数据作为企业的核心资产，要保证不丢失、不被偷窥和窃取，甚至要防止云计算厂商监守自盗。今天，大量企业的系统已经迁移到云上，甚至一些创业公司从创建第一天起就已经在云上。更多企业上云促使更多的云上安全问题暴露出来，如不安全的接口、DDoS 攻击、内部员工的恶意破坏等。

保护用户数据安全和隐私是阿里云的第一原则，用户的业务永续是阿里云产品的座右铭。为此，2015 年 7 月，阿里云发布《数据保护倡议书》并承诺："绝不碰客户数据"。同时，阿里云的产品开发、发布、运维和变更流程均将可用性作为核心指标进行考核。此外，阿里云开发了专用的安全产品"云盾"，其中集成了阿里巴巴集团的多年安防经验，在线为成千上万的客户保驾护航。特别值得一提的是，阿里云也将大数据能力植入安全体系中，比如研发了"态势感知"这款产品。阿里云的计算集群每天会调用超过数十万个 CPU 核心用于海量数据的计算，从而分析每一个客户遇到的安全问题，客户在开通态势感知时授权云盾出于安全的目的对这些数据进行计算。阿里云在安全态势感知上的挑战体现了整个安全行业在大数据的边界和瓶颈方面的探索。阿里云"基于云盾态势感知的大数据安全能力展示平台"入选工业和信息化部评选的 2018 年大数据产业发展试点示范项目，是"大数据安全保障"方向唯一一家入选的云计算服务商。

最终，云计算会使生活更美好。得益于云计算，我们的生产和生活开始变得美好：新浪微博在每年春节只需要临时租用云上虚拟服务器，就可以轻松应对成倍的业务压力，这为他们节省了上千台服务器的采购费用；阿里云在杭州实施的"城市大脑"，通过智能调节红绿灯让车辆通行速度最高提升了 11%；阿里云 ET 能够挑战人类的优秀速记员为会议提供速记服务，甚至能解说体育比赛；支付宝可以用刷脸进行支付……

但是，我们看到，云计算依然有很多需要完善和提高的地方：今天，云计算服务还无法像手机那样实现任何普通人都能轻松操作；云计算的资源也无法像水、电、煤气那样作为一种公共基础设施而自由使用；云计算中还有许多技术难题等待技术人员去攻克。

云计算是一个技术概念，同时也是一个商业概念，但云计算的本质是计算。正是由于不断地计算，才使得人们一次次突破科技瓶颈，推动科技进步，促进人类文明发展。计算无处不在，生活中处处需要计算。计算的终极意义是发挥数字的力量，解决问题、创造价值，让数字不止于数字，赋予数字以人的喜怒哀乐。

阿里云不满足于仅仅成为一家科技公司，我们一直致力于推动计算成为普惠科技，成为各行各业能够简单获取的能力，进而不断创造"无法计算的价值"。在科技落后的过去，"未来"往往是一个只存在于想象的憧憬却永远不会在有生之年实现的概念。今天，云计算给人类插上了想象的翅膀，让我们飞上云端，让更多的不可能成为可能，让我们所谈论的"未来"变成看得见、摸得着的更美好的明天。

企业数字化转型与企业迁云

企业信息化建设经历了大型机、PC 和小型机、互联网数据中心（IDC）时代，步入 21 世纪第一个十年时，云计算时代踏浪而来。今天，越来越多的企业及信息化建设者开始拥抱或深度介入到云计算时代的各种创新和变革中，云计算的到来也为社会发展与变革带来了巨大的推动力。随着云计算时代及互联网时代的应用的飞速发展，数据从原来零零散散地收集到数据中心整体沉淀，再到海量数据爆发式增长，数据管理与数据价值挖掘成为当下众多企业不得不面对和思考的问题。

2.1   企业数字化转型之路

我们先来回顾一下企业 IT 系统的发展历程。

1）从 20 世纪 60 年代中期开始，企业开始使用大型机。大型机的使用门槛和成本很高，只有极少数企业能够使用，计算能力被极少数企业占有，一般企业则无法使用这类资源。

2）从 20 世纪 80 年代开始，PC 和小型机出现，企业通过购买硬件获得计算和存储能力，但存在架构不灵活、资源利用率不高、易被厂家锁定而不可控等问题。

3）从 20 世纪 90 年代中期开始，企业开始在互联网数据中心托管和租用硬件，放弃自建数据中心。风、火、水、电由数据中心提供和保障，但是计算设备以及计算系统还需要企业自身提供，企业的 IT 运营成本并没有明显的下降。计算能力依然被少数大企业占有，一般企业由于资金、技术等因素无法享受到计算带来的便利。

现在已经进入云架构时代，以服务方式提供计算能力，具有按需获取、使用门槛降低、减少企业在资金、技术、时间等方面的投入等优势，也使计算成为和水电一样的社会公共基础设施。

云架构的弹性带来资源的集约化，按需使用、按需付费以及高质量的专业运维带来了计算的服务化。由于 IT 集中式架构向分布式云架构的转型优化，能够支撑高并发、高性能的架构需求，使企业能够放心地拥抱互联网，并进行基于互联网、大数据的业务创新。

人类已经从 IT 时代走向 DT 时代，IT 时代是以自我控制、自我管理为主，而 DT 时代是以服务大众、激发生产力为主。这两者之间看起来似乎是技术上的差异，但实际上是思想观念层面的差异。

对于企业 CIO 而言，DT 时代，他们在思想观念上有哪些方面需要提升呢？笔者认为，企业想要完成数字化转型，需要经历图 2-1 所示的几个阶段。

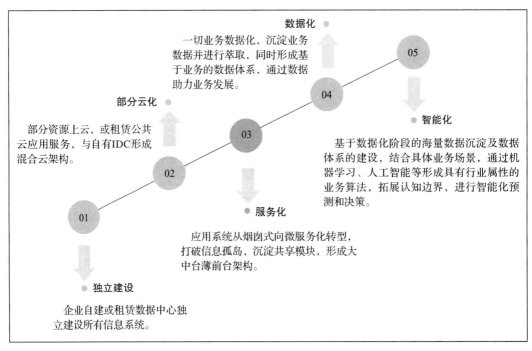

图 2-1　企业数字化转型之路

对于企业管理者，则需要做以下考虑：

1）转变信息化建设的思维方式，从封闭走向开放，避免什么事情都自己动手，否则不仅会增加时间、金钱、人力成本，而且封闭自建容易带来闭门造车、信息割裂的恶果，造成技术及理念代差，最终导致企业竞争力整体落后。

2）为了应对高速多变的外部业务环境，需要建立一个敏捷的 IT 架构，同时为了逐步实现敏捷的 IT 架构，需要有部分相对稳定的 IT 架构，形成双态架构（敏态 + 稳态 IT 架构）。

3）充分挖掘数据的价值，让过往躺在存储设备里的数据热起来、活起来、多起来、飞起来。用数据说话、让数据思考，使数据成为盘活企业发展的血液，同时充分利用人工智能和机器学习，通过数据实现预测，从而在帮助企业提升竞争力的同时，有效地拓展商业边界。

4）合理选择技术，不应简单追求最先进的，而是要追求最合适的，所以需要选择适合企业自身情况的发展目标。鞋子合不合适只有脚知道，盲目追求高新尖技术并不一定会给企业带来真正有益的变化，只有让业务发展的轮子和技术发展的轮子速度匹配才能获得最大的收益。

5）做好成本、资源、效率之间的平衡。一味地追求极致成本、极致体验或一味地追求极致效率都不可取，需要结合自身业务特性综合考虑成本、资源、效率，寻找到一个平衡点。

企业数字化转型也能很好地满足企业管理者的诉求，体现在以下几个方面：

1）从严重依赖个别人的经验、能力向更科学可靠的数据分析转变，将个人能力与数字科学有机结合，在保持人对战略方面的判断优势的同时，提高抗风险的能力。

2）降本提率。通过数字化转型，可以降低基础资源成本、研发人力成本、运维成本、管理成本等。同时可以通过研发模式与体系创新、数据价值挖掘等手段提升生产效率、工作效率，并可通过数据智能化降低未知风险，从而进一步降低企业运营与管理成本。

3）改变用户体验。IT 架构更灵活、更稳定，再加上数据的威力，可以更大程度地提升用户对产品及服务的体验，进而提升用户粘性。

基于上述诸多的优势，如果说企业数字化转型有捷径可以走，那么云计算一定是上佳选择之一。事实上，企业的 IT 管理人员正在越来越广泛地接受云计算这一新生事物，互联网行业最天然地拥抱了云计算，而传统行业的 IT 决策者们也纷纷开始试水云计算。那么，对于 CIO 和 CTO 们来说，企业迁云后，IT 管理将会发生哪些变化呢？

2.2　数字化转型后 IT 管理的改变

企业在进行数字化转型后，原有的 IT 管理模式会得到极大的改变，具体表现在如下三个方面。

（1）企业 IT 投入模式改变

在传统的 IT 投入模式下，基础设施（机房、电力、带宽、主机、存储、网络、数据库、中间件）的投入占比最大，服务器运维人工成本次之，应用开发的投入占比最少。上云后，投入比例正好相反，基础设施租用费用开始大幅下降，运维的人工成本也将有效降低，这样，可以把更多的资金投入到业务系统研发中，集中精力实施核心业务相关事宜，并快速满足业务的需求。企业数字化转型上云后投入的变化如图 2-2 所示。

（2）IT 人员能力要求的改变

企业迁云后，对 IT 人员能力的要求也将发生变化，如表 2-1 所示。

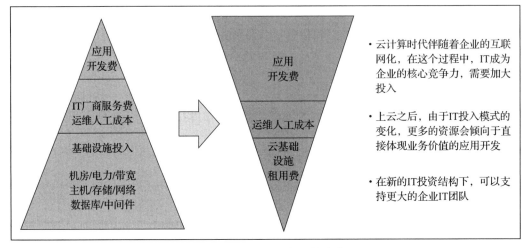

图 2-2　企业上云后投入的变化

表 2-1　企业迁云后 IT 人员能力要求的变化

传统模式	新的模式
被动地理解业务需求	主动发现业务需求
解决方案完全依赖 SI/ISV	探索业务模式，定义解决方案技术架构
偏重于招标采购、项目管理	偏重对业务的理解、对新技术的掌握
按项目进行验收，后期运维	业务不停，改进不止
采购员 + 监工	产品经理 + 架构师
数据管理员	数据分析师

在迁云及数字化转型前，IT 人员更关注底层基础设施的运维、项目管理，对业务需求的理解和响应比较被动。上云进行数字化转型后，IT 人员更关注业务的需求，探索新的业务模式，主动发现客户需求，寻找新的技术和解决方案，以及关注数据如何发挥价值，而不必关注底层平台的运维和资源管理。比如，以往 IT 人员如果遇到一个系统问题，在解决问题的同时往往还要研究清楚问题发生的根本原因是什么，以避免下次发生同样的问题。在云计算的环境下，这种思路也会发生改变，我们需要迅速下线或释放有问题的资源，同时开通对应的新资源。所以，企业 IT 人员需要做的是准备好问题发生时的预案并及时执行，至于这个问题是因何产生的，则可以留给云计算厂商的工程师去思考和研究。同时，对于数据价值的挖掘，也不像过去那样通过采购一套软件、做一些数据建模和抽取就可以实现，企业 IT 人员需要让自己转变为一个懂业务的数据架构师，把对业务的理解转换成数据标准框架的设计、具有业务特性算法的实现，海量数据的计算、展现交给云上大数据平台就可以了。这样，企业 IT 人员将从传统的纯技术型人才转型为业务技术型人才。

（3）企业 IT 运营模式的改变

企业 IT 部门在数字化转型的过程中，会从原来单纯的成本中心、支撑部门逐步转型为价值部门、创新部门。那么，数字化转型后的企业 IT 部门的运营模式应该是什么样的呢？
图 2-3 给出了企业数字化转型前后 IT 运营各方面的转变。

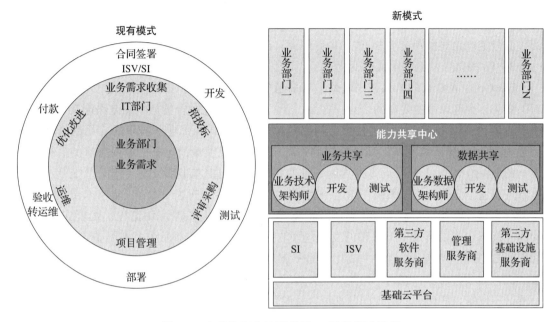

图 2-3　企业数字化转型前后 IT 运营模式转变

1）业务需求管理模式变化。

原来的运营模式是业务部门提出需求→IT 部门收集业务需求→IT 部门设计→IT 部门落地实现（ISV/SI 招投标等）→业务团队验证，在这个过程中，每个环节都是线性单向串行的，周期长，很多问题往往到最后阶段才能发现，而发现问题后往往又需要一个很长的周期进行优化和解决。

而数字化转型中一个很重要的思路就是实现 IT 部门与业务部门融合。当业务部门有需求时，先去 IT 部门负责的能力共享中心寻找是否有满足需求的功能模块，如果找到这样的功能模块，就可以快速地把这部分业务需求提交给 IT 部门，由 IT 部门快速实现；如果没有满足需求的功能模块，就先在共享中心完成新模块的开发，然后再组装实现新业务需求。这样，通过实现点对点沟通，避免了之前的串行沟通，从而大幅提升效率，强化创新能力。同时，能够减少对于 ISV/SI 的调用，方案更多是内部孵化，ISV/SI 则更多的是提供人力支持。

2）IT 团队职能变化。

IT 团队内部会有精通业务的业务技术架构师和业务数据架构师，他们既熟悉自己负责的共享业务，又熟悉这部分 IT 实现技术架构和数据架构，他们作为连接器把各个业务团队的需求抽象成 IT 架构实现。同时将过往业务部门需要什么 IT 部门实现什么的模式变成将

IT 部门有什么、业务部门想创新什么结合起来，用搭积木的方式快速实现所需业务功能的模式。

此外，IT 部门也将过往开发及 IT 需求线性串行实现的方式变成螺旋上升、快速迭代的交付模式，形成开发运维一体化的模式，基础设施层的交付及日常运维管理全部交给云厂商，部分定制化开发则交给 SI 和 ISV 等厂商，极大提高了效率。

3）IT 团队开发运维模式的变化。

DevOps、AIOps 的风头越来越劲，越来越多的企业和 IT 从业人员陆续投入并拥抱这种新的变化，究其原因主要有两个：一方面，开发运维一体化和智能运维的方法论及工具经过很多先驱企业的不断应用和优化后已趋成熟；另一方面，外部业务需求的变化越来越快地倒逼企业的 IT 团队以更快的速度响应业务需求变化，以实现满足新的业务需求的信息化建设。图 2-4 给出了 IT 开发运维模式的一种变化示范，图中左半部分是传统的系统开发与运维管理模型，业务需求→编码→构建→测试→发布→运维→问题反馈→业务需求修改形成一个闭环，每一次出现新需求或进行问题优化都必须走完这样一个完整流程，发布链路很长。同时，代码也需要形成一个完整的发布包才能统一发布，发布时间往往以数周或月为单位。而图的右半部分则是开发运维一体化后的一个典型场景，原有的一个巨大闭环演进为多个小型分支，如业务需求→编码→构建、业务需求→编码→构建→测试、业务需求→编码→构建→测试→发布，任何一环出现问题都可以及时反馈，同时通过一个自动化平台完成代码的发布、小分支汇集、自动化测试、回滚等，从而大幅降低人力成本、缩短发布周期，可做到随时发布。同时，将运维人员解放出来去从事更有价值的横向架构优化等工作。

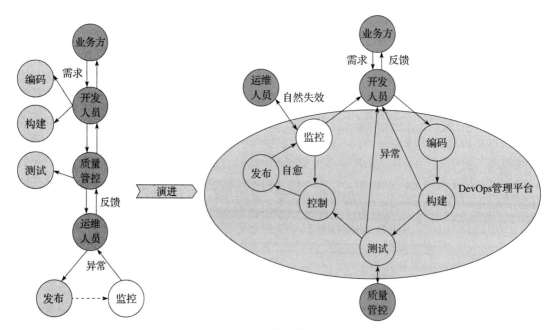

图 2-4　IT 开发运维模式转变

2.3　企业数字化转型的方法

企业应在什么阶段进行数字化转型、采用什么样的方法进行转型，这是我们必须思考和不断在实践中优化的。

（1）云化

云化的核心目标主要体现在"降本""提效""聚焦主业"三个方面。简单来讲，企业会通过部分云化的混合云建设或全面的云化建设替代传统的成本较高、效率较低的建设方式，大幅提升业务需求快速实现的速度，同时降低整体运营成本，从而把精力投入企业自身核心业务的发展及业务孵化上。

图 2-5 和图 2-6 通过一个具体的场景做了进一步对比和阐述。

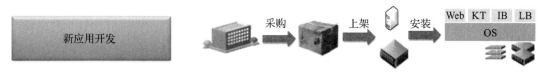

图 2-5　传统应用开发模式

图 2-6　云上新应用开发模式

通过图 2-5 和 2-6 的对比，读者会发现，在传统模式下，如果要开发一个新应用，往往需要从硬件采购开始，等设备到货后上架，进行操作系统及各种软件的安装和配置，最后完成新的应用系统的部署上线。这是一个漫长的周期，往往需要 2 ～ 3 个月的时间，而且会花费大量的人力，这些都是实实在在的成本。

在云化后，从需求提出开始，只需要配置好应用系统所需的资源配置模板，然后在云管平台上通过点击按钮就可以自动化地创建所需的底层虚拟资源，同时利用模板自动化地部署应用，所需时间往往只有十分钟左右。这极大地节省了时间和人力成本，而且可以按需申请和释放资源，也很好地解决了平时不用的资源的空闲浪费问题。

在企业云化的过程中，可以通过下面几个维度进行决策和规划。

1）可行性分析：企业要建设混合云、私有云或者全部公有云，首先要做的就是对现有的 IT 环境做一次梳理，并且从多个维度对应用系统进行分析，评估哪些应用系统适合迁移上云、哪些应用系统需要放在原有环境、哪些应用需要经过改造才能上云。评估的维度通常包括应用耦合、硬件依赖、IP 地址固化、容灾需求、ERP、OS 的软件版本等，按照一定权重得出可行性分析结果，依据可行性分析结果决定迁云范围。

2）TCO（总拥有成本）分析：应分析云化前后 TCO 有什么样的变化、变化的幅度有多大。可以从云化前和云化后两个维度进行评估，然后再整合对比。在刨除应用开发成本的前提下，云化前的 TCO 往往包含 IDC、硬件、软件、日常运营几个方面，再从这四个维度对设备、软件 License、IDC 机柜租用、日常运营维护成本进行估算，得出 OPEX 和 CAPEX以及总投入。云化后，TCO 主要包含两部分，一部分是云资源，另一部分是日常运营维护。通过比较，就可以得出云化收益效果。

3）云化全链路评估：经过可行性分析，可以判断出哪些应用适合云化，哪些应用要暂时保留原样。但是，对于要云化的应用系统，具体是平迁还是架构优化，亦或是需要进行改造，则要从更多的技术维度加以评估，主要是从虚拟化、网络、数据库、存储、中间件、安全的全链路进行分析和评估。

4）云化路线图：如图 2-7 所示，企业云化大体分为云化战略研讨→云创新中心建设→上云整体规划→云上架构设计→云化实施五大步骤，一般情况下会按照这个方式进行云化。

图 2-7　企业云化步骤

（2）服务化

在传统模式下，应用系统林立、数据无法打通、开发效率低下、业务部门抱怨需求响应速度慢、业务系统越来越臃肿且耦合度越来越高，导致无法拆分且新功能实现速度越来越慢。如何有效地解决这些问题，提升企业业务响应和创新速度？实际上，企业做过很多尝试，从早期的软件间文件交换，到后来的 SOA 数据总线统一数据交换格式的解决方案，再到后来的去中心化的微服务架构，技术和思路一直在演变。

不同类型的企业、企业信息化处于不同阶段、企业信息化建设战略不同，这些因素都会影响业务系统建设时的考量和选择。若企业的信息化建设出现以下问题，建议进行服务化。

1）企业信息化建设已成规模，但业务系统林立，信息孤岛现象明显。

2）互联网应用场景突出，有较强的业务灵活性与快速响应的诉求。

3）业务需求及所处市场快速变化，但因使用了大量的商业软件套件，导致任何需求变更时都需要单独寻找 ISV 进行开发，从而使业务发展受制于 ISV 和商业软件厂商。

在实施服务化的过程中，一般可遵循下述思路和原则：

1）初创企业不建议马上进行服务化，因为此时很多思路和很多业务都还没有成型，盲目服务化不但不能真正起到加快应用迭代速度和业务发展速度的作用，还可能带来反作用。初创企业可以先快速实现业务功能，等到有业务陆续成熟后再进行服务化改造。

2）服务化需要以点破面，而不能从一开始就大而全地进行整体服务化，正确的做法是逐步实现、渐进推行。可以先从某几个业务模块着手，对业务进行拆分与聚合，做到业务的高聚合低耦合。

3）服务化不仅是技术手段，也是一种组织行为。如果只是在技术上做出改变，那么很难真正地发挥效用，只有组织上也实现中台战略，服务化的威力才能得到最大化体现。那么什么样的组织才能确保服务化效率最大化呢？一般情况下，进行服务化改造，不能再像传统软件开发那样，组建一支庞大的开发团队，而是要在一个大组织里形成多个小的开发小组，由业务架构师、开发人员、测试人员等组成某个专项服务的小团队，这样的小团队模式是最适合的服务化改造组织模式。在这个小团队里，既有精通该领域业务又熟悉该服务中心技术架构的业务架构师，同时有这个服务中心专门的开发和测试人员，他们是最熟悉和最精通这个服务中心的人。其他小组也是一样的，这样就可以在保持组织灵活性的同时最大化地保持专业性，因为每个服务中心都是独立的。

4）传统企业应用软件与服务化改造的关系是很多企业，特别是有商业套装软件企业关注的一个重要话题。比如，拥有 ERP 系统的企业该如何服务化？它们可以在完成非 ERP 系统的服务化改造后，开始对供应链、物流、销售、HR 等相对容易改造的系统进行改造，从而提升企业信息化建设的迭代速度和效率。而对于生产制造、财务等复杂及有较高专业性的模块，则可以根据自身情况判断是否要进行服务化。对于暂未实现服务化的 ERP 等商业软件模块，可以通过采取类似传统 ESB 方式进行信息交互。

5）工欲善其事必先利其器，完成了业务拆分聚合、技术架构服务化和组织架构优化，但是如果没有好的开发运维一体化平台，还是无法达到最好的效果。所以，一个好的 DevOps 开发运维一体化的自动化平台可以助力服务化进程走得更快，实现更好的效果。

6）服务化在带来高效率、灵活性的同时，也会带来一些副作用。进行服务化改造后，业务系统的复杂性会急剧增加，而做好全链路应用级监控对服务化运维管理将有巨大帮助。

服务化改造是一个长期的过程，也是一个大工程，需要持之以恒。在服务化改造过程中切记不要急功近利，要控制好企业高层管理者、业务方的预期，同时也要给他们讲清楚服务化会带来的好处。在此之上，另一个很重要的方面就是要能快速见效，通过找到一个业务突破口，快速突破、展现效果，这样有助于企业高层管理者和业务方理解服务化改造工程。另外，服务化也需要有好的服务运营，并不是开发出来后就有人使用，而是需要对服务化进行宣传、推广、意见收集、优化迭代，才能让使用者真正感受到服务化的强大之处。同时也需要兼顾好速度与稳定性之间的关系，避免盲目求快而留下大量的稳定性问题，否则就与服务化改造初衷背道而驰。

服务化是业务中台建设中的一项重要工作，如图 2-8 所示，具体内容包括业务评估研讨、业务中台方案设计、业务中台系统开发、中台战略敏捷迭代和中台化组织建设等步骤。第 4 章将对其进行深入介绍。

图 2-8　企业服务化步骤

（3）数据化

有些人为数据量不大发愁、有些人为数据杂乱无章发愁、有些人为海量数据的使用发愁，虽然不同的企业在数据治理、数据使用方面的经验不同，但有些共性的经验可以互相借鉴。

首先，我们要判断目前所处的阶段和场景，不同的阶段和场景需要采取的方法各有侧重。同时，我们需要一个整体的数据化建设思路，一般有以下三个步骤：

1）**全面架构与初始化**：基于数据平台全局架构，从数据向上、从业务向下同步思考，初始化数据采集、数据公共层建设，并初始化最关键的数据应用层建设；结合业务思考，直接解决业务看数据、用数据过程中关键且易感知的若干场景应用。

2）**数据中台迭代与应用优化**：迭代调优数据中台全局架构，加配和完善数据中台相关产品套件；迭代调优数据中台的初始化数据采集、数据公共层和数据应用层，持续推进数据公共层的丰富完善，并平衡数据应用层建设；深入业务思考，优化场景应用，拓展场景应用。

3）**业务数据化全面推进**：持续基于业务的数据中台建设；全面推进业务数据化，不断优化、拓展场景应用。

对于数据化的实现，一般会采取以下思路：

1）**采**：对于任何想挖掘数据价值、发挥数据更大作用的人和企事业单位而言，第一步无疑是获取数据，只有获取到足够多的有用数据，才有可能对数据价值做进一步挖掘。很多年前就已有很多研究人员致力于语音识别、人工智能的相关研究工作，可是应用效果总是差强人意，这并不是因为当时的语音识别和人工智能技术不够先进，而是因为没有足够的数据和计算能力。现在，有了海量数据和云计算这样的超大规模计算能力，加速了语音识别和人工智能等相关学科的进步，才有了今天这个领域蓬勃发展的景象。

那么数据应如何采集？其实，数据藏在很多被我们忽视的地方，我们一起从用户接触数据的第一个链条开始梳理，看看从哪些地方可以采集到数据。首先，用户接触企业信息的地方无疑是各类接入层的应用，如手机 APP、网站、电话、视频、操作设备等，但是大多数企业往往忽视了这里的数据。比如，一个用户在使用手机 APP 的时候，他的地理信息、性别、使用频率与日期的关系、使用时间段特征、浏览内容等信息如果都能被企业掌握到，那就可以轻松实现一个数据应用场景，从而可以实现智能销售，也可以实现智能仓储，即根据用户所需要采购的物品的地域和城市特性，智能地预测货物仓储配置，从而实现效率提升与成本优化。另外，车间工人操作机床的日常习惯、操作动作等都是非常有用的数据，这些数据对于操作人员熟练度培训、机床流程优化等都会产生极大作用。数据采集可以按照如下方法完成：

- ❏ 接触层埋点或增加数据采集传感器，扩大数据触角。
- ❏ 丰富数据采集的维度，根据业务特性适当扩大数据采集的维度，从而扩大数据源。
- ❏ 打通数据采集链路，不要只是孤立地采集某些数据点，单点采集到的数据不完整，从而导致数据价值大打折扣。而是要在深入研究企业业务的基础上打通整个数据流，对数据流上的每个点有规则、有体系地采集。
- ❏ 边缘节点数据最好是经过处理后再上传，否则会夹杂大量垃圾数据。

2）**集**：采集到了海量数据，接下来就需要考虑如何把这些数据集中存储起来，这时就要重点考虑大数据平台的建设、海量数据存储等。

3）**通**：在有了大量数据的基础上，如何获得大规模计算能力、如何进行元数据的统一、如何进行数据管理、如何建设数据地图等就成为最重要的工作。就像人体的协同、有序工作一样，大数据想要通用起来需要有专业的数据架构师像大脑一样指挥工作，同时需要建设统一的数据治理体系，包括元数据架构、数据模型、数据结构等，这就像是血管，在其中传递的数据就是血液。"通"这个阶段主要解决的是为了建设数据大厦而需要做的整体架构设计工作。

4）**用**：再宏伟的高楼大厦，如果没有被很好地利用，也只是一个摆设，难以真正发挥作用。大数据也一样，如果不知道如何使用数据，那么它们也只是一堆数据，数据架构与体系建设得再完美也是浪费。如何把规整好的数据与业务灵活地结合起来才是最终目标，所以如何实现一切数据业务化就显得非常重要。一般来说，有以下几个方法可以实现比较好的数据应用。

- ❏ **数据闭环**：首先，需要实现数据赋能业务、业务带来数据，这样就可以很好地形成数据闭环，从而实现数据与业务的良性互动，在企业内部让数据活起来。
- ❏ **大数据平台**：在解决好内部数据业务闭环问题之后，就要考虑如何让数据发挥更大的价值，可以对外提供一个大数据平台，把企业的数据能力对外辐射，让外部需求进一步推动数据的发展，同时通过商业化的模式让大数据业务保持长久的活力。
- ❏ **数据生态**：生意有生意圈、教育有教育圈、社交有社交圈，大数据也需要有大数据生态圈。任何一家企业都不可能把所有的业务做完，也不可能覆盖所有的数据。企业不论多么强大，只能覆盖整个社会体系中很小的一部分数据，那么如何建立起一个完整、广泛的大数据生态圈就显得尤为重要。建立良好的大数据生态圈会带来数据互通与共享、数据平台能力复用、数据价值挖掘能力互补、数据应用创新等众多益处。所以，我们应努力做好数据生态，封闭数据是极不可取的。
- ❏ **数据运营**：数据收集得好、体系建设得好、内部用得好还远远不够，在此基础上还要做好数据运营，酒香也怕巷子深，只有把数据价值、数据平台的作用、数据生态的能力等都充分展现给广大用户，才会吸引更多的人加入这个生态圈。同时，广大用户对数据、数据平台、生态是否满意、是否有更好的创意与设计，都是推动数据体系不断优化的强大力量。所以，做好数据运营和反馈同样重要。

一切业务数据化、一切数据业务化是数据化阶段的核心目标，其实现路径可以概括为四句话：从用开始、以用带通、以通促存、以存利用。

如图2-9所示，企业数据的建设步骤分为业务评估研讨、数据中台方案设计、业务数据化系统开发、数据中台和应用迭代以及业务全面数据化等主要步骤。关于数据中台的建设，阿里巴巴集团已出版了《大数据之路：阿里巴巴大数据实践》和《大数据大创新》两本书做专门阐述，有兴趣的读者可参考这两本书。

图 2-9　企业数据化步骤

（4）智能化

在完成了数据化后，让数据变得聪明起来，为企业和机构提出有益的建议，这样的数据才是众人追求的目标。数据智能化就是想实现这样的目标。那么，什么是数据智能化呢？

大多数情况下，大数据平台建设好后，很多人认为已经完成了任务，达到了大数据应用的终点，这种认识是错误的。恰恰相反，这只是起点。数据化阶段实现后，还需要人来做进一步操控，因为系统还是没有自己的思维和思考能力。但是，如果能通过一些方法让汽车不仅可以实现自动驾驶，还能很聪明地给大家推荐最佳路线、按车主的日常爱好自动推荐餐厅、提醒休息等，或者给车主提供优化汽车的建议，那么用户会感觉更有趣、更有价值。大数据也是一样的，我们需要让大数据"聪明"起来，可以利用以下方式：

❑ **AI 中台**：针对业务低感知的底层技术、比如对机器学习、神经网络等进行建设，这部分工作可以通过使用成熟产品降低研发成本，同时利用行业通用算法结合自身业务特性，研发适合企业自身的算法。这样就可以建设以数据引擎和数据应用为基础的 AI 中台，为大数据智能化使用提供强大的中台能力。

❑ **小步快跑**：通过快速 POC 进行方案验证，快速试错，不断迭代优化算法及数据引擎，从而快速找到适合企业的大数据智能化应用场景。切忌把大量时间花在长期规划上，迟迟不能落地。

❑ **业务应用**：解决了底层的数据引擎、数据应用，也有了 POC 验证后，需要加强数据应用系统的研发，从而进一步体现数据价值。

企业智能化是企业数字化转型的终极阶段，大多数企业都处于摸索试错阶段，我们推荐的实施步骤为：业务评估研讨→快速 POC 方案验证→算法研发与测试→系统研发与部署→系统上线敏捷迭代。如图 2-10 所示。

图 2-10　企业智能化步骤

2.4　数字化转型的云端实践

事实上，阿里云已经融入人们日常生活的各个方面。在各个领域，阿里云的技术和服务正在积极地强化企业的生产能力并推动人们生产、生活方式的变革，我们每天从网络上获取的各类服务的后端使用的都可能是阿里云计算服务。下面将通过三个例子简要介绍阿里云的实践。

2.4.1　12306

每年春运时期的铁道部网上订票系统 12306 可以说是世界上最繁忙的系统，它与公众的日常生活密切相关。2015 年春运售票的最高峰日出现在 2014 年 12 月 19 日，网站访问量（PV 值）达到破纪录的 297 亿次，平均每秒 PV 超过 30 万次，当天共发售火车票 956.4 万张，其中通过互联网发售 563.9 万张，占比 59%，创历年春运新高。12306 网站顶住了大并发请求的"集中轰炸"，其中很重要的一个因素是采用了阿里云的技术。

12306 网站在迁云之前主要面临以下三个方面的问题：

1）火车票查询业务占 12306 网站全部流量的 90% 以上，业务高峰时期请求非常密集。查询的性能要求是业务系统中最重要的一个环节，也是往年造成网站拥堵的主要原因之一，如何支撑住峰值流量显得无比重要。

2）12306 网站对于安全防护要求很高，对互联网各类工具流量的分析和识别要求非常高。

3）系统可用性要求极高，必须 7×24 小时不间断服务，没有非计划性宕机时间。

通过利用阿里云的混合云方式，12306 网站顺利解决了高并发、大流量的问题：

1）12306 网站把余票查询系统从后台分离出来，在"云上"独立部署了一套余票查询系统，通过阿里云平台来支撑余票查询环节的访问量（占 12306 网站近 90% 的流量），并根据系统压力情况随时动态扩容服务器，解决了往年峰值流量造成的网站拥堵问题。

2）使用混合云架构，通过阿里云对 12306 网站自有机房的容量提供有效扩展，余票查询系统做到了按需获取所需要的服务器资源，并可以动态调整网络带宽，利用这些可扩展的资源解决了高流量和高负载情况下系统因无法快速弹性扩展而导致的性能瓶颈和系统崩溃问题。

3）多数据中心的混合云模式提高了 12306 网站的灾备能力，云上云下互为灾备，极大提高了业务的持续服务能力。

2.4.2 天猫双十一

每年的天猫双十一都是电商和消费者的狂欢日，却给天猫和淘宝站点带来巨大的考验。双十一的活动很多，包括秒杀、红包、直播等，且业务开发更新频繁，同时对稳定性要求很高，必须保证系统时刻稳定可靠。总的来讲，双十一活动主要存在如下特点：

- 高并发性能仍然存在瓶颈。
- 扩展能力对大系统不够灵活。
- 各垂直系统相同模块依然重复。
- 各研发部门各自开发相同和相似的功能模块，无法沉淀成阿里统一的应用服务。
- 新功能版本开发、更新仍然存在困难。
- 基础设施成本很高。

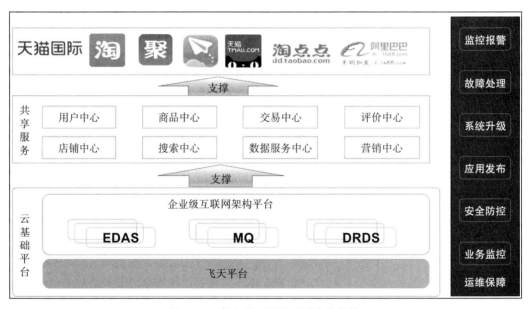

图 2-11 淘宝基于阿里云平台的架构

天猫和淘宝通过使用阿里云提供的 EDAS（应用分布式框架）、MQ（消息中间件）、DRDS（分布式数据）构成的高性能应用分布式集群框架，构建统一的共享服务层，通过对业务进行服务化的改造，拆分成用户中心、商品中心、交易中心、评价中心等多个共享服务中心，各中心保证服务稳定性、可靠性。淘宝、天猫的业务研发部门要实现用户登录、商品管理等功能，只需要调用共享服务层的服务即可。服务调用的链路监控和管理由应用分布式服务统一管控和展现。基础设施使用阿里云的 IaaS（基础设施即服务）实现底层资源的弹性。

应用中间件通过使用应用分布式框架解决方案，使淘宝在交易订单、商品库存、支付等方面做到了服务化、异步化，实现应用架构的弹性。这样，淘宝整个系统实现了线性无限扩展、海量并发，并且任意节点链路都可以保证高可靠性。应用共享服务中心的建立，也使部门数据能共享打通，数据被自然沉淀，并且系统新版本开发更新更敏捷，业务创新速度更快。另外，大量弹性资源的使用使资源成本显著降低。

2.4.3　视频点播 / 直播类网站

4G 的普及催生了微视频，促进了游戏视频、移动视频业务的发展，新一波创业潮催生的初创公司以及传统行业互联网转型的自媒体、新媒体、播客的发展，都进一步推动了视频点播 / 直播类系统的发展。该类系统对计算、存储以及带宽有很高的要求。

（1）视频点播类系统的特点

视频点播类系统有如下特点：

1）下行流量少，上行流量多，存播比约为 1 比几十、几百甚至成千上万。

2）对上行带宽要求极大，对 CDN 要求极大，遇到业务高峰时将对系统产生更大压力。

3）对存储要求极大，多路转码需要分别存储。

4）用户数据需要永久保存，有归档需求。

5）对转码效率要求高，多为离线转码，宽屏影视客户的转码需求更加苛刻。

通过阿里云视频开放平台、CDN 视频加速服务、海量弹性带宽和存储可向客户提供整套解决方案，如图 2-12 所示。

阿里云视频直播解决方案的优势主要在于：

1）阿里云的视频开放平台，CDN 流媒体加速，视频播放 PaaS 平台所提供的转码、图片处理、媒资管理等功能可降低平台开发难度，从而能快速搭建视频播放平台，并且 CDN 流媒体加速能将海量流量压力分散到全国，通过切片加速方式支持视频内容的时移播放。

2）使用 OSS 产品按需存储，OSS 开放云存储支持多路视频转码的存储。

3）使用 ECS 云服务器搭建自媒体视频播放平台实现系统弹性扩展。

4）使用 MaxCompute（原 ODPS）大数据分析平台，对用户观影行为进行分析，进而进行精准营销，推送用户可能感兴趣的视频资源。

（2）直播类业务

直播类业务的特点与点播类业务相似。直播类业务的驱动力来自 4G 催生的赛事等内容直播以及传统媒体向新媒体的转型。在系统架构方案上，同样以转码和 CDN 为核心，但转码为实时转码，对运算效率要求更高，CDN 为实时加速。主要解决流媒体视频直播功能，需要将接收的 H.264/AAC 等流媒体码流通过实时转码技术转换成 HLS、RTMP 等协议模式，输出流畅、高清、标清等码流以适配不同终端。同时，为支持视频存档，所有视频在直播的同时还要在 OSS、OAS 长期保存以备留档、点播。

第 3 章

云上通用架构设计与改造

本章将介绍如何基于常用的阿里云产品和技术，快速构建满足客户业务需求的架构。在进行实际架构设计和实施的过程中，将就如何恰当地使用阿里云产品与技术给出建议和指导，同时会对阿里云产品背后的技术细节进行探讨。

3.1 网络架构设计

网络架构设计是在云上进行业务技术架构设计的第一步，本节将结合阿里云基础网络产品介绍如何进行网络架构设计、规划和建设。

3.1.1 网络产品简介

进行网络架构设计时离不开网络产品的应用，所以我们先初步了解一下构建网络时需要用到的网络产品。

1. VPC

经典网络和专有网络是阿里云上的两种网络形态。专有网络（Virtual Private Cloud，VPC）是阿里云近年推出的一种新的网络形态，可帮助用户基于阿里云构建出一个隔离的网络环境，因此我们通常建议新用户直接使用专有网络，不要再使用经典网络。通过VPC，阿里云上的用户可以完全掌控自己的网络环境，包括选择自有 IP 地址范围、划分网段、配置路由表和网关等。此外，也可以通过专线 /VPN 等连接方式将 VPC 与用户其他数据中心组成一个按需定制的混合型网络环境，从而实现阿里云和其他数据中心的互联互通。

2. 高速通道

高速通道（Express Connect）是一款基于 IP VPN 的高效网络服务，用于在阿里云上的不同网络环境间，如多个 VPC 之间、客户自建 IDC 机房和阿里云 VPC 之间，实现高速、稳定、安全的私网通信，可有效地帮助用户提高网络拓扑的灵活性和跨网络通信的质量及安全性。

对于多个 VPC 之间的内网通信，可实现：

1）无论它们位于相同地域还是不同地域，都能实现远距离数据快捷传输。

2）无论它们归属于同一账号还是不同账号，都能使合作开发灵活方便，提升开发效率。对于物理 IDC 和阿里云上 VPC 之间的内网通信，实现了融合网络。

3. VPN

VPN，即虚拟专用网络，可用于在公用网络上建立专用网络，进行加密通信。VPN 网关通过对数据包的加密和数据包目标地址的转换实现远程访问。VPN 有多种分类方式，常用的是按协议进行分类。VPN 可通过服务器、硬件、软件等多种方式实现。阿里云上的 VPN 网关需要用户基于阿里云 ECS 服务器和 VPN 软件实现。

4. SLB 负载均衡

SLB 是将访问流量根据转发策略分发到后端多台云服务器的流量分发控制服务。负载均衡扩展了应用的服务能力。同时，SLB 会自动检查后端云服务器的健康状态，自动隔离异常状态的 ECS 实例，消除了单台 ECS 实例的单点故障，提高了应用的整体服务能力。SLB 负载均衡适用于高访问量的业务，能够提高应用程序对外提供服务的可用性和可靠性。

5. NAT 网关

NAT 网关是企业级的 VPC 公网网关，提供 NAT 代理（包含 SNAT 和 DNAT）、高达 10Gbps 级别的转发能力以及跨可用区的容灾能力。NAT 网关作为一个网关设备，必须要绑定弹性公网 IP 才能正常工作。NAT 网关适用于专有网络类型的 ECS 实例主动访问公网和被公网访问的场景。

6. EIP（弹性公网 IP）

EIP 是可以独立持有的公网 IP 地址资源，可绑定到专有网络类型的 ECS 实例、专有网络类型的私网 SLB 实例和 NAT 网关上。EIP 位于阿里云的公网网关上，通过 NAT 方式映射到被绑定的 ECS 实例位于私网的网卡上，因此绑定了弹性公网 IP 的专有网络 ECS 实例可以直接使用这个 IP 进行公网通信。

7. 云解析 PrivateZone

PrivateZone 是基于阿里云 VPC 环境的私有 DNS 服务，主要应用于阿里云 VPC 网络内部的私有域名的管理和解析。使用 PrivateZone 中的私有域名可以管理 VPC 中的 ECS、SLB、OSS 等云资源，私有域名在 VPC 之外无法访问。

图 3-1 展示了阿里云网络产品在阿里云 IT 环境中的分布，借由丰富的网络产品组合，

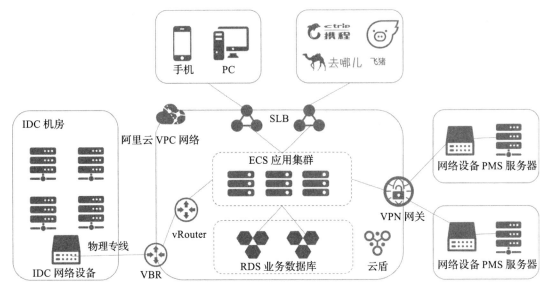

图 3-2 典型的混合云架构

3.2 云上运维管理架构设计

为保证云上运维管理操作的安全性和便捷性，客户需要根据业务对云上网络环境进行规划和隔离，并对内部用户访问进行管理和权限规划。下面将从这两方面介绍如何利用阿里云产品实现云上运维管理架构设计。

3.2.1 基于 RAM 实现账号权限管理方案

本节将介绍基于阿里云 RAM 账号体系在内部用户访问资源时如何进行管理和权限规划。

1. RAM 简介

RAM（Resource Access Management）是阿里云为客户提供的用户身份管理与访问控制服务。使用 RAM，可以创建、管理用户账号（比如员工、系统或应用程序），并可以控制这些用户账号对相关资源的操作权限。当企业中存在多用户协同操作资源时，使用 RAM 可以避免用户之间共享云账号密钥，按需为用户分配最小权限，从而降低企业信息安全风险。

2. RAM 应用场景

RAM 的主要应用场景包括企业子账号管理与分权、不同企业之间的资源操作与授权管理、针对不可信客户端 APP 的临时授权管理。

（1）企业子账号管理与分权

假设企业 A 购买了多种云资源（如 ECS 实例、RDS 实例、SLB 实例、OSS 存储桶等）。A 的员工需要操作这些云资源，但每个人的操作内容不同，比如有的负责购买、有的负责运维，还有的负责线上应用。由于每个员工的工作职责不一样，因此需要的权限也不一样。出于安全或信任的考虑，A 不希望将云账号密钥直接透露给所有员工，而是希望能给每个员工创建相应的用户账号。用户账号只能在授权的前提下操作资源，不需要对用户账号进行独立的计量 / 计费，所有开销都由 A 支付。当然，A 随时可以撤销用户账号的权限，也可以随时删除其创建的用户账号。

（2）不同企业之间的资源操作与授权管理

假设 A 和 B 是两个不同的企业。A 购买了多种云资源（如 ECS 实例、RDS 实例、SLB 实例、OSS 存储桶等）来开展业务。A 希望能专注于业务系统，而将云资源运维、监控、管理等任务委托或授权给企业 B。当然，企业 B 可以进一步将代运维任务分配给其公司员工完成。利用 RAM，企业 B 可以精细控制其员工对 A 的云资源操作权限。如果 A 和 B 的这种代运维合同终止，A 随时可以撤销对 B 的授权。

（3）针对不可信客户端 APP 的临时授权管理

假设企业 A 开发了一款移动 APP，并购买了 OSS 服务。该移动 APP 需要上传数据到 OSS（或从 OSS 下载数据），A 不希望 APP 通过应用服务器来进行数据中转，而希望 APP 能直连 OSS 上传 / 下载数据。由于移动 APP 运行在用户自己的终端设备上，这些设备并不受 A 的控制。出于安全考虑，A 不能将访问密钥保存到移动 APP 中。A 希望将安全风险控制到最小，比如，每个移动 APP 直连 OSS 时都必须使用最小权限的访问令牌，而且访问时效也要很短（比如 30 分钟）。这种情况下，可以通过 RAM 来进行账号权限的设置。

3. RAM 账号权限的设计原则

在使用 RAM 设计账号权限时，需要遵循如下原则：

（1）为根账户和 RAM 用户启用 MFA

建议为根账户绑定 MFA（多因素认证），每次使用根账户时都强制使用 MFA，以免无关人员轻易使用用户密码登录到阿里云，保证用户账号的安全性。阿里云 MFA 的详细介绍请参考 https://help.aliyun.com/document_detail/61006.html?spm=5176.10695662.1996646101.sear-chclickresult2dcdd470iBjsJF。

（2）使用群组给 RAM 用户分配权限

一般情况下，用户不必对 RAM 用户直接绑定授权策略，更方便的做法是创建与人员工作职责相关的群组（如 admins、developers、accounting 等），为每个群组绑定合适的授权策略，然后把用户加入这些群组。

（3）将用户管理、权限管理与资源管理分离

一个好的分权体系应该支持权力制衡，从而尽可能地降低安全风险。在使用 RAM 时，应该考虑创建不同的 RAM 用户，其职责分别是管理 RAM 用户、管理 RAM 权限以及各产品的资源操作管理。

（4）为用户登录配置强密码策略

如果允许用户更改登录密码，那么应该要求他们创建强密码并且定期更换。用户可以

3.3 云上安全管理

随着越来越多的企业往云上迁移聚集，越来越多的企业核心应用构建在阿里云平台上，云服务商对云上业务、数据的安全所肩负的责任也越来越重，上云企业对云上安全的需求也越来越高。为保障云上客户应用系统和数据的安全性，阿里云提供了从云平台、网络、主机、应用、数据、业务到移动端完整的安全解决方案和服务，为客户业务和数据在阿里云平台上稳定高效运行提供了有力的保障。接下来，我们将重点介绍应用上云典型的安全解决方案和企业应该如何在云上逐步实施完备的安全保障体系。

3.3.1 云上应用安全保障方案

企业应用上云后，需要从终端业务系统、运维管理以及网络攻击防护等多个维度考虑安全保障方案。图 3-5 是阿里云上应用的典型安全保障方案。基于阿里云平台移动安全服务可实现对移动业务终端的安全管理和防护；使用不同规格的高防 IP 和 Web 应用防火墙可以防护黑客不同程度的网络流量攻击和应用层攻击；使用证书服务和数据加密服务可将客户数据泄露的风险降至最低；云堡垒机和数据库审计服务可为运维人员在阿里云上的运维管理操作提供合规审计；安全管家服务和先知服务可为客户提供专业、可靠、多样化的企业信息安全服务，为客户业务在阿里云上持续安全运行提供护航保障。

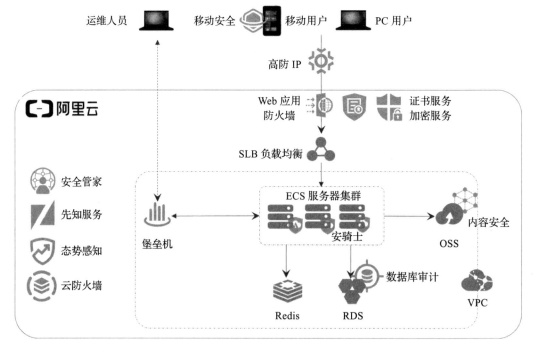

图 3-5　云上应用典型安全解决方案

3.3.2　云上安全管理实践

企业上云后应有节奏、渐进地构建自己在云上的安全管理体系。图 3-6 给出了对云上企业安全管理体系实践的建议，建议分五部分进行实施：

1）企业客户上云前，需要基于阿里云专有网络、账户管理、云盾基础安全防护提前做好基础安全体系规划设计。

2）企业应用系统迁云时，对于重要应用，需要基于网络安全、应用安全和主机安全构建好安全防御体系。

3）应用系统上云后，需要对应用的安全进行持续运营，构建适合企业自身的安全运营体系。

4）运维管理人员对云上应用进行运维管理时，同样也需要构建符合企业合规审计要求的安全运维体系。

5）根据企业自身业务特点按需对数据、业务内容进行有针对性的安全防范和加固。

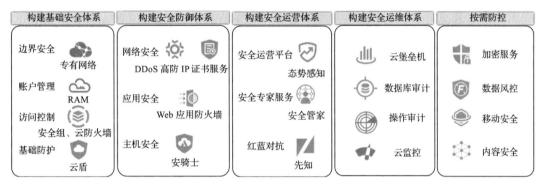

图 3-6　云上企业安全管理体系实践建议

3.4　应用架构设计

前面已经介绍了用户业务上云时如何进行网络设计、运维管理环境规划，本节将重点介绍如何基于阿里云产品和服务设计应用系统架构。

3.4.1　负载均衡

阿里云负载均衡（Server Load Balancer，SLB）是将访问流量根据转发策略分发到后端多台 ECS 的流量分发控制服务。用户可以利用负载均衡的流量分发扩展应用系统对外的服务能力，通过消除单点故障提升应用系统的可用性。

阿里云负载均衡主要功能包括：

❑ 负载均衡服务通过设置虚拟服务地址（IP），将多台云服务器 ECS 实例虚拟成一个高性能、高可用的应用服务池。根据应用指定的方式，将来自客户端的网络请求分发到云服务器池中。

推送的分布式配置管理服务。此外，EDAS 还创新性地提供了分布式系统链路追踪、容量规划、数据化运营等多款组件，可以帮助企业级客户轻松构建大型分布式应用服务系统。

在复杂的云环境下，应用发布与管理变得十分复杂。本地开发完成的应用需要逐个部署到服务器，然后登录每一台服务器终端进行应用的发布和部署；后续还会有应用的重启、扩容等工作需要完成。服务器的不断增加对于运维人员是一个极大的挑战。针对这个场景，EDAS 提供了一个可视化的应用发布与管理平台，无论集群规模多大，都可以在 Web 控制台上轻松地进行应用生命周期管理。

当从集中式应用转变成分布式系统的时候，系统之间的可靠调用一直都是分布式架构的难题，比如需要确定网络通信、序列化协议设计等很多技术细节。EDAS 提供了一个高性能的 RPC 框架，能够构建高可用的分布式系统，系统地解决各个应用之间的分布式服务发现、服务路由、服务调用以及服务安全等细节。

应用开发完毕部署到生产环境之后，通常需要对应用运行时状态进行监控，比如监控 CPU 使用率、机器负载、内存使用率和网路流量等。但此类基础监控通常满足不了业务需求，比如系统运行变慢却无法定位瓶颈所在，或者页面打开出错但是无法排查具体调用错误等。对此，EDAS 提供了一系列系统数据化运营组件，针对分布式系统的每一个组件和每一个服务进行精细化的监控和跟踪，建立数字化分析系统，从而精准地找到系统瓶颈。

3. 如何通过各种构建物实现持续交付方案

（1）使用阿里云持续交付平台 CRP 来进行代码持续交付

阿里云持续交付平台 CRP 支持以鼠标在白屏上拖曳节点的方式定义项目发布工作流，每个节点可以加入多个任务，能够完成自动更新代码、编译、运行单元测试、自动化发布到 ECS 机器上的工作。

如果需要基于代码库，执行代码扫描（安全检查）→自动化编译→测试→自动化部署到服务器的工作时，可以在 CRP 上定制一条持续发布线。持续发布线定制完成，当代码更新后，CRP 会监听到分支更新了代码，自动创建一条新的发布线开始运行，自动进行编译、测试、部署等工作。出现问题时，可以发邮件通知项目成员。

不同的技术栈有不同的构建物类型，同时也有相关的工具来创建和安装这些构建物，例如，Ruby 中有 gem、Java 中有 WAR 包、Python 中有 egg。我们可以通过 CRP 等工具部署并且启动这些构建物，但是需要安装和配置一些基础环境软件。Puppet、Chef、Ansible 等自动化配置管理工具可以很好地解决这个问题。通过这些工具可对不同构建物的底层部署机制进行屏蔽。

（2）ECS 定制化镜像

使用 Puppet、Chef 及 Ansible 等自动化配置管理工具的一个问题是，需要花费大量时间在机器上运行这些脚本。假设服务器在 ECS 上，使用的是标准的 CentOS 镜像。为了运行 Java 应用程序，需要做的第一件事情就是安装 Oracle JVM，接下来需要安装 Tomcat 容器。随着集群规模的扩展，同样的工具被重复安装，这对技术人员而言也是一种煎熬。

减少扩容成本的一种方法就是创建一个虚拟机镜像，镜像是云服务器 ECS 实例运行环境的模板，一般包括操作系统和预装的软件。可以使用镜像创建新的 ECS 实例和更换 ECS 实例的系统盘。使用这种功能之后，事情就变得简单了。现在可以把公共的工具安装在镜像上，在部署软件时，只需要根据镜像创建一个实例，然后在其上安装最新的服务版本即可。也就是说，只需要构建一次镜像，然后根据这些镜像启动 ECS，就不需要再花费时间来安装相应的依赖，因为它们已经在镜像中安装好了，这样可以节省很多时间。如果核心依赖没有改变，那么新版本的服务就可以继续使用相同的基础镜像。

当然，既然已经做到了使用包含依赖的虚拟机镜像来加速交付，那么还可以更进一步，把服务本身也包含在镜像中，直接把镜像作为构建物进行交付。通过阿里云 ECS 的创建自定义镜像功能，利用自定义镜像安装 ECS，当虚拟机启动镜像时，服务就已经就绪了。

通过镜像交付可以屏蔽操作系统和软件的差异性，但是如果在一次交付流程中，从开发测试、预生产、生产环境，每个环节都要制作自定义镜像、重新安装操作系统，对于迭代速度非常频繁的应用，虚拟机镜像交付这种略显笨重方式显然是难以接受的。

如果既想交付服务代码又要保证应用环境和操作系统的差异性，同时希望以敏捷、轻量级的方式交付，那么阿里云容器服务能很好地满足这个需求。利用容器技术把应用及其依赖做成一个标准的镜像，从开发到测试到生产环境都使用同样的容器镜像，就可以极大地弥补应用开发过程中开发和运维之间的交付鸿沟。

（3）容器服务定制化 Docker 镜像

阿里云容器服务（Container Service）提供了高性能、可伸缩的容器应用管理服务，支持在一组云服务器上通过 Docker 容器来进行应用生命周期管理。容器服务极大简化了用户对容器管理集群的搭建工作，无缝整合了阿里云虚拟化、存储、网络和安全能力，从而实现云端优化的运行环境。容器服务提供了多种应用发布方式和流水线般的持续交付能力，原生支持微服务架构，可帮助用户无缝上云并进行跨云管理。

在传统的开发过程中，开发者的代码里有逻辑、应用以及代码依赖包，通过使用阿里云容器服务，代码中会加入 Dockerfile、Docker Compose，用来制作集装箱和搬运集装箱。代码提交成功后，代码服务器会通知持续集成服务（比如 Jenkins），持续集成服务会拉取代码进行代码打包，打包后进行单元测试。如果单元测试没有通过，就会马上向开发者反馈。如果通过测试，则会根据代码中的 Dockerfile 制作镜像，并把镜像推送到阿里云容器仓库服务，并用于应用交付。在 Docker 容器镜像中可以支持不同类型的应用，无论是 PHP 应用还是 Java 应用，也就是说，不同种类的应用可以用相同的命令或 API 进行管理，规避了不同软件之间的差别，标准化了软件的构建、交付和运维方式。

3.4.4 异步化

在高并发量下，微服务中如果采用同步调用方式，在服务单元处理时间变长的情况下，会导致服务线程消耗尽，出现无法再创建线程处理服务请求的情况。对于这种情况的优化，除了在程序上不断调优（数据库调优、算法调优、缓存等）外，还可以考虑在架构上做些调整。先返回结果给客户端，让用户可以继续使用客户端的其他操作，再把服务端的复杂逻辑处理模块做异步化处理。

比如，一个下单系统的展现端的逻辑强依赖后端 10 个服务，包括减库存、生成快照、运费查询、优惠查询等，其中 9 个服务都执行成功了，最后一个服务却执行失败，那么是不是前面 9 个都要进行回滚？如果这样做，成本是非常高的。所以，在将大的流程拆分为多个小的本地事务的前提下，对于非实时、非强一致性的关联业务，在本地事务执行成功后，我们选择通过消息机制将关联事务异步化执行，从而保障整个业务流程高效运转。

在阿里云上，可以使用阿里云提供的消息队列（Message Queue，MQ）服务，帮助业务开发人员完成业务流程异步化。MQ 服务是企业级互联网架构的核心产品，基于高可用分布式集群技术，搭建包括发布订阅、消息轨迹、资源统计、定时（延时）、监控报警等一套完整的消息云服务。MQ 可以帮助用户实现分布式计算场景中服务的异步化调用，帮助服务解耦并进行异步化改造。MQ 目前提供 TCP、HTTP、MQTT 三种协议层面的接入方式，支持 Java、C++ 以及 .NET 等编程语言，方便用不同编程语言开发的应用能快速接入 MQ 云服务。用户可以将应用部署在阿里云 ECS、企业自建云，或者嵌入到移动端、物联网设备中，与 MQ 建立连接并进行消息收发，同时，本地开发者也可以通过公网接入 MQ 服务进行消息收发。

3.4.5 高可用与容灾

建设应用系统，特别是建设一些核心和关键的业务系统时，我们需要考虑和评估一些极端异常的场景或故障发生时对整个应用系统和业务的影响。例如，单个机房出现网络或电力故障导致机房无法对外提供服务，某个城市出现地震、台风等自然灾害等情况。

针对这些极端场景或问题，阿里云提供"同城双机房"和"两地三中心"的灾备高可用解决方案，通过在同城或者异地建立两套或多套功能相同的应用系统，并集成健康监测和灾备切换功能，当一处系统因意外（如火灾、地震等）停止工作时，整个应用系统可切换到另一处备用系统，继续对外提供服务。

1. 同城双机房高可用设计

图 3-7 给出了同城双机房架构，其中包括 SLB 网络接入层、ECS 云服务器 Web 层和应用层、RDS 数据库层以及 OSS 文件存储层。

1）SLB 网络接入层：用户通过 Internet 访问 BGP SLB，SLB 集群根据用户来源 IP 段，将流量分配到不同机房的 SLB 节点上，实现机房间 SLB 双活。

2）ECS 云服务器 Web 层和应用层：在不同机房分配 ECS 资源，在不同机房完成对等的 Web 和应用服务器部署，所有的 Web 服务器分别挂载到对应机房的 SLB 上。

3）RDS 数据库层：RDS 采用主备库模式双机房部署，数据实现近实时同步。Web & APP 服务器正常情况下只访问 RDS 的 Active 的主库。

4）OSS 文件存储层：非结构化数据将存入 OSS，如 ECS 的系统快照和 RDS 的数据库备份等静态数据会统一上传到 OSS 存储集群。

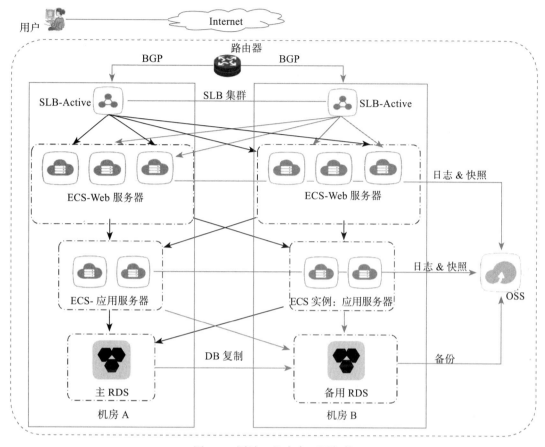

图 3-7　同城双机房高可用架构

2. 两地三中心高可用方案

图 3-8 给出了两地三中心架构。其中，最上层是 DNS SLB 网络接入层，用户通过外网 DNS 访问在线集群的 SLB，DNS 引流到活动的主站点。中间是由 ECS 集群组成的 Web 层和应用层，该层在不同地域、不同机房分配 ECS 资源，并完成 Web 和应用服务器部署。不同地域的 Web 和应用服务器分别挂载到相同地域的 SLB 实例之上。最下面是 RDS 数据库层，同一地域 RDS 采用主备库模式双机房部署，数据同步采用 RDS 主备复制方案，不同地域的 RDS 之间的数据同步使用阿里云数据传输产品实现秒级复制。Web 和 APP 服务器正常情况下只访问活跃的 RDS 主库。

OSS 文件存储层负责快照文件、备份文件等非结构化数据存储，如将 ECS 操作系统的快照、RDS 数据库的备份文件等静态数据存储到 OSS 存储服务上。不同地域 OSS 数据容灾采用 OSS 数据迁移服务完成。

当机房发生故障时，会优先切换到本地域的不同机房。当因主干网络或其他原因导致整个地域业务受影响时，会将业务切换到不同地域的机房。

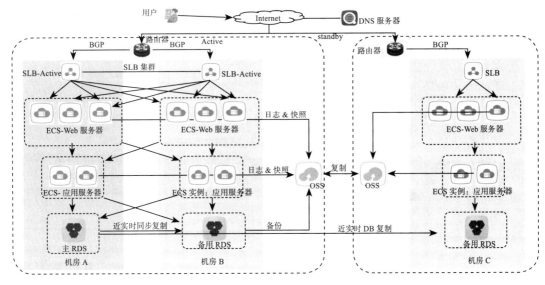

图 3-8　两地三中心容灾架构

3.4.6　云数据库架构实践

前面几节分别从应用负载均衡、可扩展性、微服务架构、异步化、高可用等技术层面做了介绍，本节将结合典型应用场景介绍整体技术架构的设计与实现。

1. 小型 OLTP 系统

小型 OLTP 系统是指数据量小（小于 500GB）、单表数据量级别（千万级）、访问量小、操作简单的系统，这类系统主要用于在线处理业务、简单实时数据统计和定期的数据报表（统计的数据量小（10w 级）、确定性强的查询）。

针对这类系统，可采用单机 RDS+DRDS 方案。当遇到数据库读压力过大时，可以通过增加 RDS 只读实例，采用 RDS 读写分离功能或 DRDS 将部分读流量切换到只读实例来解决问题。

这类系统的典型应用场景包括财务、OA 办公类系统。图 3-9 给出了小型 OLTP 的架构。

2. 中型 OLTP 系统

中型 OLTP 系统是指数据量中等规模（大于 500GB 但小于 2TB）、单表数据量大（千万以上到 1 ～ 2 亿内）、写访问量较小但读访问量较大、较复杂的系统，主要用于在线处理业务、实时数据统计和定期的数据报表（统计的数据量小（50w 内）、确定性较强的查询）。

对于这类系统，通常采用 DRDS+ 单节点 RDS+ 只读 RDS 方案，DRDS 用于对大表进行分表和自动读写分离。

该类系统的典型应用场景包括市级政务平台、互联网金融平台等。图 3-10 给出了中型 OLTP 系统架构。

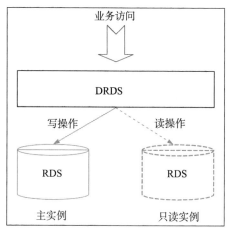

图 3-9　小型 OLTP 系统架构

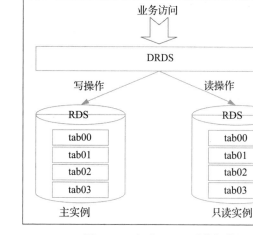

图 3-10　中型 OLTP 系统架构

3. 大型 OLTP 系统

大型 OLTP 系统是指数据量大（大于 2TB）、单表数据量极大（亿级以上）、写访问量超过单机 RDS 容量、较复杂的系统，主要用于在线处理业务、实时数据统计和定期的数据报表（统计的数据量小（100w 内）、确定性较强的查询）。

大型 OLTP 系统多采用 DRDS+ 多个 RDS 实例的方案，DRDS 进行分库分表和自动读写分离。

大型 OLTP 系统的典型应用场景包括部委级业务平台、企业总部级应用系统。图 3-11 给出了大型 OTLP 系统架构。

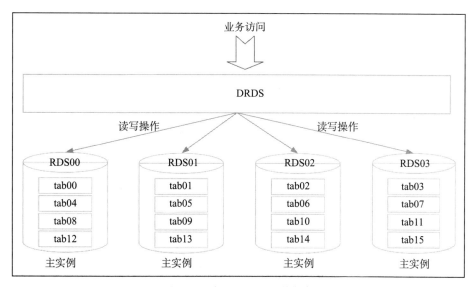

图 3-11　大型 OLTP 系统架构

4. 在线、离线一体化架构

综合型业务系统中的数据量大（超过 RDS 实例存储容量 2TB）、单表数据量极大（达到亿级、十亿级甚至百亿级），需要处理各种复杂的实时、定时大数据报表需求。

综合型业务系统通常包括在线交易、准实时大数据分析和离线大数据分析三个部分。其中在线交易部分采用 DRDS+ 多个 RDS 实例的方案，准实时大数据分析部分采用 AnalyticDB，离线大数据分析部分采用 MaxCompute。综合型业务系统的典型应用场景包括各类国家级综合业务平台。图 3-12 给出了在线、离线一体化架构。

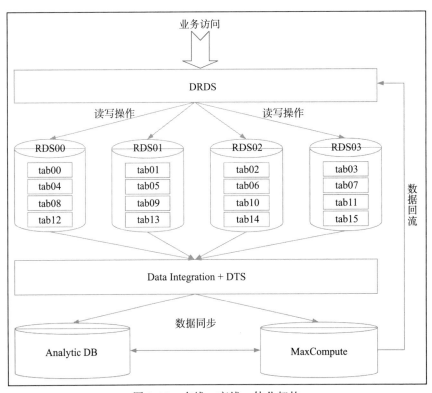

图 3-12　在线、离线一体化架构

3.4.7　大数据处理技术架构

当今，数据对企业的重要性越来越高，越来越多的企业希望能借助阿里云平台的计算能力来分析和处理企业的海量数据，通过对企业运营过程中的数据进行集中处理、分析和挖掘，进一步为企业决策提供依据并提升企业运营效率。图 3-13 给出了基于阿里云技术的大数据处理架构。阿里云基于阿里巴巴集团处理和分析海量数据的经验为企业客户提供了从业务数据存储、数据接入、数据处理与计算、数据服务到数据应用及可视化展现的一整套解决方案，可满足客户对离线和实时海量数据处理、分析的需求。同时，提供一整套数据建模、指标管理方法论和统一数据研发平台与工具帮助客户快速完成数据建模、开发和管理。

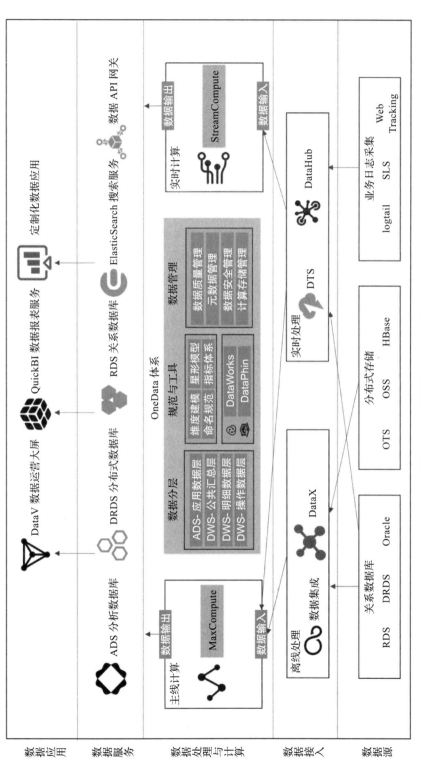

图 3-13 大数据处理技术架构

3.5 应用改造实践

在完成阿里云上应用系统架构设计后，开始进入实施阶段，对应用系统进行架构和代码级的编码改造实施工作。

3.5.1 应用架构改造

在应用架构改造中，主要涉及负载均衡改造、Web 和应用层改造、服务化改造方面的问题。

1. 负载均衡改造

原有系统 Web、应用服务器采用硬件负载均衡设备 F5 或开源 LVS 实现 Web、应用服务器负载均衡。迁云时需要改造为云上 SLB 负载均衡服务。云上 SLB 服务可以支持 TCP、HTTP、HTTPS 三种协议实现流量负载均衡，同时支持自动对 Web、应用服务器进行健康检查，自动屏蔽异常状态的服务器，在服务器恢复正常后自动解除屏蔽重新提供服务。如图 3-14 所示，整个业务架构中将硬件负载均衡设备 F5 或自建 LVS 集群改造为 SLB 负载均衡服务。

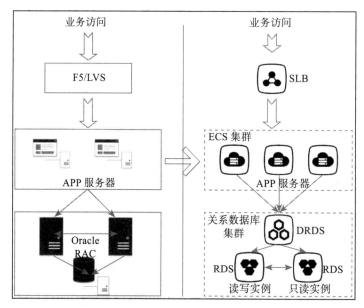

图 3-14　负载均衡架构改造

2. Web 和应用层改造

如果原系统 Web、应用部署在小型机、PC Server、商业或开源虚拟化服务器上，则可直接部署在云上弹性计算服务 ECS 上。目前，ECS 可支持多种 Linux 和 Windows 类型的操作系统。为保证 Web、应用服务的高可用性，建议同一类服务至少部署在两台 ECS

服务器上,使用 SLB 实现负载均衡和服务容错。图 3-15 给出了 Web 和应用层架构改造的示意图。

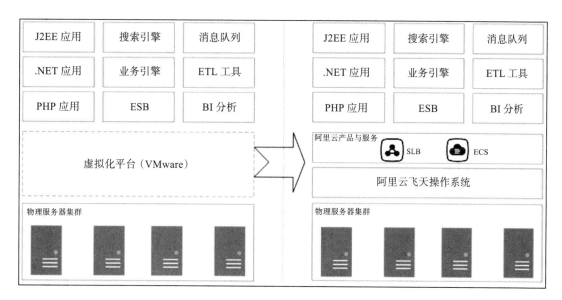

图 3-15　Web 和应用层架构改造

3. 服务化改造

对应用系统进行服务化改造,可使用消息中间件来实现业务系统的解耦,通过将数据库按不同业务进行拆分提升数据库的性能。例如,淘宝的系统架构充分使用了服务化设计思想和消息中间件产品实现业务系统的服务化设计和解耦。图 3-16 给出了业务服务化改造的过程。

在图 3-16 的架构图中,消息中间件主要的应用场景包括:

❑ **分布式事务**:为面向服务架构实现最终一致性的分布式事务提供支持,保证全局数据的最终一致性。

❑ **延时队列**:把消息中间件作为可靠的延迟队列。

❑ **广播通知**:把消息中间件作为可靠的集群内广播通知,用于通知 cache 失效等事件。

3.5.2　数据库改造

数据库改造分为 OLTP 类关系数据库架构改造和 OLAP 类关系数据库架构改造,下面分别介绍这两类情况下的改造方案。

1. OLTP 类关系数据库架构改造

对于访问量比较小的基于关系数据库的系统,系统架构如图 3-17 所示。

随着业务压力不断增大,单个 RDS 的读写已经无法满足业务访问请求的时候,尤其是读压力非常大的系统，可以考虑使用阿里云 Memcahe 或 Redis 缓存系统来分摊读压力，通过缓存热点数据来提供快速访问，详细架构如图 3-18 所示。

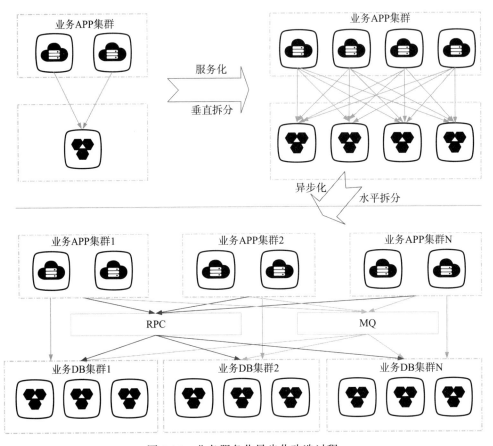

图 3-16　业务服务化异步化改造过程

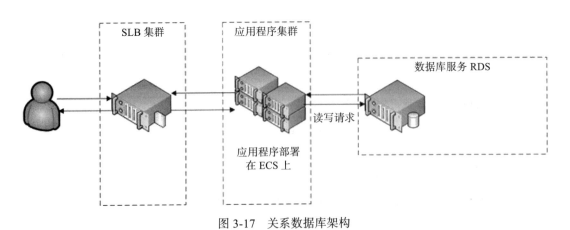

图 3-17　关系数据库架构

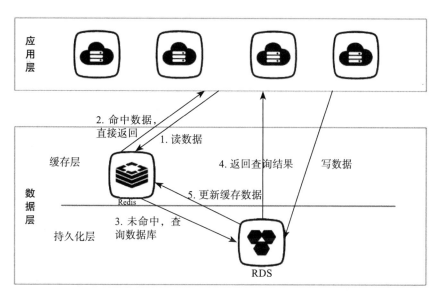

图 3-18　基于缓存优化关系数据库性能

对于读压力较大的场景，也可以考虑通过增加 RDS 只读实例，将系统改造成读写分离的应用架构。特别是对于有些数据分析类的场景，读写分离也是非常有效的解决方案之一。采用读写分离架构对业务读能力进行扩展改造时，业务人员需要对业务系统进行评估，将系统中对延时不敏感的业务切换到到只读实例访问。数据库读写分离架构如图 3-19 所示。

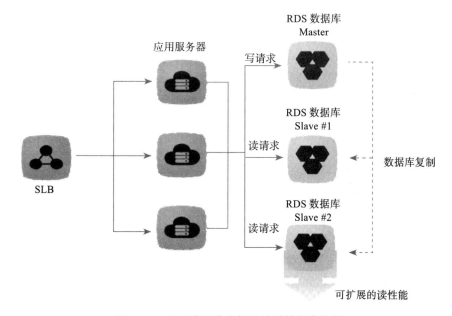

图 3-19　基于读写分离扩展关系数据库性能

考虑到 RDS 存储容量不超过 2T 的限制，以及 RDS 单实例的性能瓶颈，当数据库的单实例存储空间无法满足或写入的 TPS 接近数据库能力上线时，数据库通常需要做垂直与水平拆分，垂直拆分是指根据不同业务类型或功能将数据库拆分到不同的 RDS 实例存储，水平拆分是指将同一类业务或数据通过一定的路由规则存储到不同的 RDS 实例中。数据库拆分的难度通常比较大，需要考虑如何做业务切分。当业务切分后，数据会分布到多个节点，导致一系列分布式问题，如分布式事务、跨库查询、全局唯一 ID 等，所以在进行数据库架构设计或改造的过程中，我们应尽量减少拆分，降低应用实现的难度。如必须拆分，可遵从先做服务化改造以进行数据库垂直拆分，再考虑进行数据库水平拆分。

阿里云平台上的分布式数据库服务 DRDS 提供数据库水平拆分和读写分离功能。它尽量屏蔽了分布式对应用开发的影响，同时也帮助用户在一定程度上解决了数据库水平拆分导致的全局唯一 ID、跨库查询、分布式事务等问题。DRDS 数据库水平拆分和读写分离原理如图 3-20 所示，同一张表的数据通过一定路由策略和算法均衡地分布到多个 RDS 读写实例，并通过 DRDS 的读写分离功能自动帮助用户将读流量路由到只读 RDS 实例。

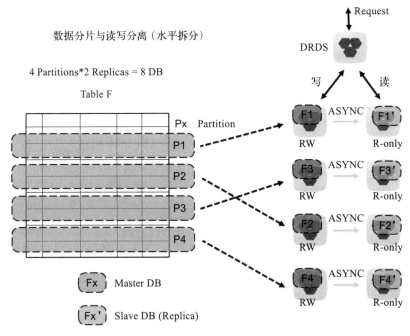

图 3-20　基于水平拆分扩展数据库性能

2. OLAP 类关系数据库的架构改造

OLAP 类型的系统是数据仓库系统最主要的应用类型，用于支持复杂的分析操作，侧重对决策人员和高层管理人员提供决策支持，可以根据分析人员的要求快速、灵活地进行大数据量的复杂查询处理，并且以一种直观、易懂的形式将查询结果提供给决策人员，以便他们准确掌握企业的经营状况，了解客户的需求，制定正确运营方案。

阿里云针对不同规模的 OLAP 类应用提供了不同的解决方案：

❏ **小规模分析系统**：这类 OLAP 系统仅针对某一类具体业务的历史数据进行离线和实时数据分析，一般数据量在 1TB 以内，分析所使用的数据在十个维度以内，对数据分析的时效性要求较低。对于这类应用系统，一般可直接采用 RDS 关系数据库作为底层的数据存储系统，并在其上构建 OLAP 分析工具。

❏ **大规模实时数据分析**：这类 OLAP 系统面向数据存储规模在 TB 级别以上，单表记录数达到千亿级别，业务对数据分析时效性要求较高，一般需要秒级内返回结果的系统，可通过阿里云的大规模数据分析存储系统 AnalyticDB 构建实时分析系统。

❏ **大规模离线数据分析**：这类 OLAP 系统面向数据存储规模在 TB、PB 级别以上，单表记录数亿级以上，需要做非常复杂的计算操作，业务对数据分析时效性要求较低，一般在分钟级返回结果的系统。此类业务可基于阿里云 MaxCompute 构建离线分析系统。

3.5.3　文件存储改造

传统行业通常采用 SAN、NAS、关系型数据库存储文件或图片等数据。但 SAN 方案成本过高且扩展性受限，NAS 无法保证高性能，关系型数据库存储文件成本高且严重影响应用系统性能，因此给存储带来一定困难。阿里云 OSS（Open Storage Service）开发存储服务能提供海量、安全、低成本、高可靠的云存储服务，适合存放文件、图片等非结构化数据。同时，OSS 提供 Java、Python、PHP、C# 语言的 SDK。用户可以通过调用对应开发语言的 API，在任何应用、任何时间、任何地点上传和下载数据，也可以通过 Web 控制台对数据进行管理。

在 OSS 中，用户的每个文件都是一个 Object（对象），Object 包含 key（关键字）、data（数据）和 user meta（用户元组）。key 是 Object 名，user meta 是对数据的描述。存储在 OSS 上的每个 Object 必须都包含在 Bucket 中，Bucket 名在整个 OSS 中具有全局唯一性且不能修改。

从其他文件存储产品迁移至 OSS 上时，只需要使用阿里官方提供的 SDK 和 API 接口替换原有接口即可。

OSS 使用的场景包括存储文件、图片、视频等非结构化数据；存储应用系统日志、数据备份；替换用户自建文件存储系统。

图 3-21 给出了 OSS 的业务架构，基于 OSS 构建面向文件对象的存储系统架构的特点如下：

❏ OSS 负责存储文件、照片、视频等海量非结构化数据。

❏ RDS 负责存储业务系统所有的结构化数据，包含文件、照片、视频等非结构化数据 OSS 访问地址或索引。

❑ 基于 OSS 构建独立的文件存储管理系统，应用程序可使用 SDK 或 API 方式与 OSS 存储服务对接，实现对文件、照片、视频等非结构化数据的管理。在整个文件系统的存储架构中，应用系统设计者无须考虑系统的高可用、性能和扩展能力，这些都会由底层 OSS 对象存储服务来保证。

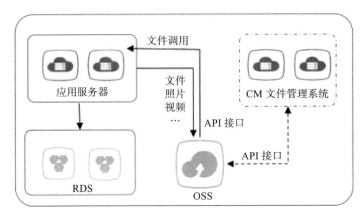

图 3-21　OSS 业务架构

1. OSS 主要访问接口

OSS 为用户提供数据存储服务，用户可以通过以下 API 接口和 SDK 来管理和维护 OSS 上的数据：

❑ OSS Bucket 相关接口可支持 Bucket 创建、查看、罗列、删除以及修改、获取 Bucket 的访问权限等操作。

❑ OSS Object 相关接口可支持 Object 对象上传、查看、罗列、删除，并支持大文件分片上传等操作。

❑ OSS 访问相关接口可支持 If-Modified-Since 和 If-Match 等 HTTP 参数。

❑ OSS 支持 Object 生命周期管理，用户可自定义 OSS 上存储数据的过期时间，在到期后，OSS 会自动帮助用户完成过期数据的清理和空间回收。

❑ OSS 支持防盗链，采用基于 HTTP header 中表头字段 referer 的防盗链方法。

❑ OSS 支持使用 STS 服务临时授权和 URL 签名授权访问。

❑ OSS 提供相应接口，方便开发者控制跨域访问的权限。

2. OSS 文件存储接口改造

OSS 提供两种访问方式：SDK 和 API 接口。目前已支持 SDK 的开发语言有 Java、Python、Android、iOS、PHP、.NET、NodeJS、C SDK 开发包。如果使用其他语言，需要用户自己封装 API 接口。

对于原来采用文件存储服务器方式存储文件、图片信息的程序，需要将原访问接口改造为 OSS 官方提供的标准 SDK 或 API 接口。

对于原来采用关系数据库方式存储文件、图片信息的程序，需要修改关系数据库表结构和程序的数据读写代码。改造关系数据库表结构时，需要将原 BLOB 类型修改为 varchar 类型，存储文件对象所在 OS 的地址。

SDK 文档资料请参考如下资源：https://help.aliyun.com/document_detail/52834.html?spm = 5176.doc31883.6.655.MBWoO2。

API 文档资料请参考如下资源：https://help.aliyun.com/document_detail/31947.html?spm = 5176.doc52834.6.836.8SADUD。

3.5.4 大数据实时计算应用改造

很多情况下，传统行业的一个业务系统对应后台一个 Oracle 数据库，Oracle 数据库基本支持全部业务，既包含在线事务型的业务，也包含实时分析类业务，同时还有离线处理类型的业务。当实时分析、离线处理的业务和在线事务型业务叠加的时候，往往会导致 Oracle 数据库系统不堪重负，使在线业务系统的性能出现严重问题，甚至无法使用。对于导致性能压力过大的实时分析处理类的功能，建议从原有在线业务系统中剥离开。

AnalyticDB 作为传统关系型数据库的补充，将部分分析处理类的业务迁移至 AnalyticDB 上执行。对于离线处理类的业务改造将在下一节阐述。

目前适合使用 AnalyticDB 的业务需符合如下特征：

❑ 不要求强一致性，可接受最终一致性的业务场景。

❑ 对数据更新频率要求不高，可以接受分钟级及以上数据写入延时。

❑ 需要计算的数据量单表至少在百万量级，最高可到千亿量级。

❑ 对计算速度要求相对苛刻，可满足响应时间在 1s ～ 10s 间的业务场景的要求。

❑ 支持 SQL 语句访问，暂不对外支持复杂的计算，如 MPI、MapReduce、BSP 等计算模型接口。

❑ 单个数据表访问，不需要进行多表之间的关联查询，主要是单个大表的上卷、下钻、过滤等多维分析场景。

❑ 数据分析类业务，以一个大的事实表为中心，对多个较小的维度表和事实表进行关联查询，然后进行上卷、下钻、过滤等多维分析场景。

1. AnalyticDB 库表设计

1）**表类型**：AnalyticDB 库表包括维度表和事实表两类。其中，维度表一般是指存储配置和元信息的表，数据量较小。事实表一般是指系统中数据量为千万级以上的表。

2）**表组**：在 AnalyticDB 中，每一个表都必须属于一个表组。设计时需要充分考虑业务使用情况，将需要关联查询的表划分到同一个表组。在同一个表组中，一级分区数量必须一致。

3）**表分区**：AnalyticDB 分区支持 Hash 分区 /List 分区，并支持两级分区。事实表必须要指定分区和表组，维度表不需要指定分区但要指定表组。选择一级分区字段时，要尽可能保证数据分布均匀，单个分区的数据量在 1GB 以内或 1000w 级以下。Hash 分区是根据导入数据时已有的一列的内容进行散列后进行分区的，因此目前多张表进行 Join 时，Join 列必须包含分区列，并且表的 Hash 分区数必须一致。另外，采用 Hash 分区的数据表，在数据装载时会全量覆盖历史数据。List 分区则是根据导入操作时指定的分区列值来进行分区的。

事实表的分区设计有两种类型：①只采用一级分区，采用 Hash 分区方式；②采用二级分区，一级分区为 Hash 分区，二级分区采用 List 分区。第一种方式是 AnalyticDB 常用的分区设计方式，适用于大部分情况。在第二种方式中，一级分区使用 Hash 分区，二级分区采用 List 分区。二级 List 分区可支持数据增量导入，如每天新增一个二级 List 分区存储业务新增数据。

4）**数据类型**：AnalyticDB 数据类型是 MySQL 数据类型的子集。如表 3-1 所示。

表 3-1　AnalyticDB 与 MySQL 数据类型对照表

AnlyticDB 数据类型	MySQL 数据类型	差异
boolean	bool	一致
tinyint	tinyint	一致
smallint	smallint	一致
int	int	一致
bigint	bigint	一致
float	float(m, d)	分析型数据库不支持自定义 m 和 d，而 MySQL 可以
double	double(m, d)	分析型数据库不支持自定义 m 和 d，而 MySQL 可以
varchar	varchar	一致
date	date	一致
timestamp	timestamp	分析型数据库只支持到精确到毫秒，而 MySQL 是可以确定经度的
multivalue	-	分析型数据库特有的，MySQL 无此类型

注：分析型数据库所有的数据类型都不支持 unsigned，表中不包含该差异。

2. AnalyticDB 数据同步和集成

阿里云提供了多种数据同步和集成工具，如 CDP、DTS，可支持从 RDS、Oracle、OSS、文本文件等数据源实时或定期同步到 AnalyticDB 数据库。数据传输产品（DTS）可支持从 RDS（MySQL）实时同步数据到 AnalyticDB 数据库，数据延时在分钟级别。CDP 云上数据同步管道可支持关系数据库到阿里云数据存储产品、阿里云数据存储产品之间的定期批量数据同步。同时，AnalyticDB 提供 Web 化的管理控制台，可将 MaxCompute 数据批量导入到 AnalyticDB，以及提供 SQL 接口支持应用程序向 AnalyticDB 写入数据。

3. 使用 AnalyticDB 的注意事项

❏ 表限制

AnalyticDB 数据以二维表方式存储，一般可分为维度表和事实表。

维度表主要用于存储数据量较小，且修改不频繁的业务数据，如 meta 类数据。一般建议维度表数据行数小于 1000 万且占用存储空间小于 1GB。AnalyticDB 维度表不支持分区。维度表和事实表关联查询时，关联列需要在数据导入前添加哈希索引，否则无法进行表关联。

一般建议事实表存储数据量较大，且更新频繁的业务数据，如消费记录数据。事实表一般比较大、数据行在千万级以上。事实表可支持分区，分区列可支持日期或数值类型。使用事实表时需要注意，创建事实表必须指定所属数据库和表组。

事实表的限制如下：

1）一张事实表至少有一级 Hash 分区并且分区数不能小于 8 个。

2）一个事实表组最多可以创建 256 个事实表。

3）一个事实表最多不能超过 1024 个列。

❑ 数据导入限制

AnalyticDB 提供多种数据批量导入的功能，执行数据导入操作前需要进行相应的授权操作。例如，数据来源在 MaxCompute 上，则需要在 MaxCompute 上对特定账号授予源表的 describe 和 select 权限。

AnalyticDB 目前仅允许操作者导入自身为 Project Owner 的 MaxCompute Project 中的数据。如果不满足这些条件，发起导入命令时会报 can not load table meta 错误。

❑ 使用限制

为了更高效地进行表关联，AnalyticDB 中两个事实表进行关联查询时必须满足以下充要条件：

❑ 两张表在一个表组。

❑ 两张表的 Join Key 是 Hash 分区列。

❑ 两张表的 Hash 分区数必须一致，否则 Join 结果不准确。

❑ 两张表的 Join Key 至少有一列建立了 HashMap 索引，推荐建立在数据量较小的一侧。

❑ 维度表参与关联查询，只需要符合上述第 4 点即可。

上述内容为 AnalyticDB 对多表关联查询的限制。另外，AnalyticDB 还会对通过 SELECT 语句进行查询的结果返回行数设置限制，默认只返回 10 000 行。

3.5.5　大数据离线分析应用改造

对于用户大数据离线分析类应用，建议对其进行改造，以匹配阿里云 MaxCompute 大数据计算服务。

大数据计算服务是一种快速、完全托管的海量数据仓库解决方案。MaxCompute 向用户提供了完善的数据导入方案以及多种经典的分布式计算模型，能够更快速地解决用户海量数据计算问题。MaxCompute 主要服务于批量结构化数据的存储和计算，可以提供海量数据仓库的解决方案以及针对大数据的分析建模服务。

1. 使用场景

MaxCompute 主要用于离散数据存储和批量计算场景，不适用于实时存储和分析场景。

一般运行在 MaxCompute 之上的业务系统对数据时效性要求低，通常是 T+1 的系统，同时 MaxCompute 可支持 TB/PB 级数据的离线分析和处理。使用 MaxCompute 的一般做法是，数据从业务系统抽取到 MaxCompute，经过 MaxCompute 离线分析处理后，将分析处理的结果回写到业务系统，业务系统直接查询和访问 MaxCompute 分析处理后的结果。

目前，有大量用户的数据仓库类应用都是基于 Oracle 关系数据库建设的，当用户数据量达到 TB 级特别是 10TB 以上后，针对大规模离线数据计算场景，Oracle 数据库的计算性能已无法满用户的业务需求。下面将以基于 Oracle 数据库构建的大数据分析应用为例，介绍如何从 Oracle 迁移到阿里云 MaxCompute 服务。

2. MaxCompute 结构设计与改造

（1）MaxCompute 表设计

MaxCompute 的存储结构与关系型数据库有本质差异，需要根据 Oracle 原始表结构，对其在 MaxCompute 中的存储方式与结构进行设计。由于其不是一一对应的关系，故需要对每个数据表进行逐一的核对后，方可最终确定 MaxCompute 的数据结构。

数据类型转换规则如表 3-2 所示。

表 3-2　Oracle 到 MaxCompute 数据类型转换表

Oracle 数据类型	MaxCompute 数据类型	备注
BLOB	STRING	将 BLOB 转换为 OSS 地址
INTEGER	BIGINT	
NVARCHAR2	STRING	
NUMBER	BIGINT	19 位以下整型数据
NUMBER	DECIMAL	19 位以上整型数据
CHAR	STRING	
DATE	DATETIME	
VARCHAR2	STRING	
CLOB	STRING	将 CLOB 转换为 OSS 地址
TIMESTAMP	DATETIME	
FLOAT	BIGINT	
NCHAR	STRING	

（2）MaxCompute 表属性设计

MaxCompute 表属性设计主要包含表命名规范、表注释、表数据生命周期、是否开启极限存储等方案。

在表命名规则方面，建议和业务系统数据库名、表名保持一致，如采用"业务系统库名_业务系统表名"方式。表注释主要用于描述表的功能和作用，注释内容要求不超过 1024 字节。

MaxCompute 提供数据生命周期管理功能，方便用户释放存储空间，简化回收数据空间的流程。用户可在创建表时通过 lifecycle 属性指定数据生命周期，生命周期时间必须设置为正整数，单位是天。数据极限存储功能主要适用于按天分区的全量快照表，且不同分区的数据重复度高的场景。

（3）MaxCompute 分区设计

MaxCompute 主要用于离线存储、批量计算和分析，数据源于在线业务系统数据库。一般采用批量同步技术，按指定周期将在线业务数据库数据同步到 MaxCompute 进行存储和分析。为方便存储和分析，会使用 MaxCompute 分区表存储数据，建议按时间划分分区，表分区键定义为 dt string。MaxCompute 分区分为静态分区和动态分区，可以做多个分区层级。

静态分区在插入数据前已通过添加分区方式建立。动态分区在使用 insert overwrite 插入到一张分区表时，可以在分区中指定一个分区列名，但不给出值。相应的，select 子句中的对应列提供分区的值。动态分区的限制如下：

❑ 分布式环境下，在使用动态分区功能的 SQL 中，单个进程最多只能输出 512 个动态分区，否则将引发运行时异常。

❑ 任意动态分区 SQL 不可以生成超过 2000 个动态分区，否则会引发运行时异常。

❑ 动态生成的分区值不能为 NULL，否则会引发异常。

❑ 如果目标表有多级分区，在运行 insert 语句时允许指定部分分区为静态，但是静态分区必须是高级分区。

注意，在表中出现的分区层次不能超过 6 级。

3. SQL 改造

MaxCompute 只能以表的形式存储数据，并对外提供了 SQL 查询功能。用户可以将 MaxCompute 作为传统的数据库软件操作，但却处理 TB、PB 级别的海量数据。MaxCompute SQL 与 Hive SQL 高度兼容，但 MaxCompute 不支持事务、索引及 Update/Delete 等操作，同时，MaxCompute 的 SQL 语法与 Oracle、MySQL 有一定差别，用户无法将其他数据库中的 SQL 语句无缝迁移到 MaxCompute 上来。因此，需要结合 MaxCompute 语法进行 SQL 语句改写，MaxCompute 的 SQL 语法参见官方 SQL 文档：https://help.aliyun.com/document_detail/27860.html?spm=a2c4g.11174283.6.615.4ec6590eUEF XnX。

4. 数据同步和更新

使用 MaxCompute 服务后，需要配置同步任务从在线业务系统定时或实时同步更新 MaxCompute 数据。可以使用阿里云 BASE 平台配置数据同步任务完成 MaxCompute 数据同步，再通过 MaxCompute SQL 实现 MaxCompute 历史数据的更新操作。

5. 使用 MaxCompute 的注意事项

使用 MaxCompute 时有一些注意事项，如表 3-3 所示。

表 3-3 使用 MaxCompute 的注意事项

select 语句	❏当使用 select 语句屏显时，目前最多只能显示 1 000 行结果。当 select 作为子句时，无此限制，select 子句会将全部结果返回给上层查询 ❏IN、NOT IN 内子查询返回行数限制为 1 000 ❏MaxCompute SQL 的 where 子句不支持 between 条件查询 ❏order by 必须与 limit 共同使用 ❏在使用 order by 排序时，NULL 会被认为比任何值都小，这个行为与 MySQL 一致，但是与 Oracle 不一致 ❏sort by 为局部排序，语句前必须加 distribute by ❏order by 不能和 distribute by/sort by 共用，同时 group by 也不能和 distribute by/sort by 共用，必须使用 select 的输出列别名 ❏order by/sort by/distribute by 的 key 必须是 select 语句的输出列，即列的别名
子查询	子查询必须要有别名
union all	❏MaxCompute SQL 不支持两个顶级的查询结果合并，要改写为一个子查询的形式 ❏MaxCompute 最多允许 128 路 union all，超过此限制报语法错误
join	❏支持多路连接，但不支持笛卡儿积，即无 on 条件的链接 ❏连接条件，只允许 and 连接的等值条件，并且最多支持 16 路 join 操作
mapjoin hint	❏left outer join 的左表必须是大表；right outer join 的右表必须是大表；inner join 左表或右表均可以作为大表 ❏full outer join 不能使用 mapjoin ❏mapjoin 支持小表为子查询 ❏使用 mapjoin 时需要引用小表或是子查询时，需要引用别名 ❏在 mapjoin 中，可以使用不等值连接或者使用 or 连接多个条件 ❏目前 MaxCompute 在 mapjoin 中最多支持指定 6 张小表，否则报语法错误 ❏如果使用 mapjoin，则所有小表占用的内存总和不得超过 512MB
Lateral View	Lateral View 通常和 split、explode UDTF 一起封装使用，它能够将一行数据拆成多行数据，在此基础上可以对拆分后的数据进行聚合

第 4 章 *Chapter 4*

业务中台

本章将从一个完整的业务中台数字化转型项目入手，系统介绍业务中台的设计及实践。本章的主要内容包括业务需求调研、需求分析、领域建模、业务中台服务架构设计、服务能力设计以及业务中台的落地实践、挑选试点应用进行微服务架构设计。通过循序渐进地介绍整个业务中台的咨询和实践过程，给出相关的服务化设计思路和方法论，读者可以充分了解业务中台是如何在传统企业数字化转型中落地实践的。

4.1 什么是业务中台

从技术上讲，业务中台就是"共享服务中心架构"，即通过业务领域拆分来降低系统的复杂性；通过服务共享来提供服务的可重用性；通过中台能力的服务化来达到业务支撑的敏捷性，支撑业务系统快速搭建和试错，为企业快速抢占市场先机打下坚实的基础。

业务中台是一种非常好的互联网设计理念，其核心是涵盖的各种共享服务中心，如阿里架构中的用户中心、交易中心、商品中心、评价中心等。所有的业务创新都可以基于业务中台快速打造，而且试错成本很低。阿里系的聚划算、闲鱼、飞猪等核心业务无一不是通过这些共享服务中心来完成需求的快速迭代上线，从而抢占市场先机。阿里的业务中台如图 4-1 所示。

4.2 业务中台的价值

笔者经历过"烟囱式"的传统软件项目开发，也经历过基于"业务中台"的互联网分布式架构的产品开发。接下来分别介绍这两种开发方式，读者朋友可以体会这两种方式的差别。

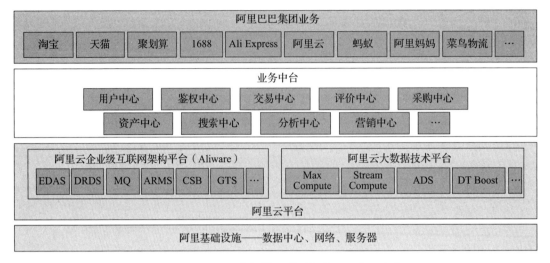

图 4-1 阿里巴巴大规模互联网架构——业务中台

4.2.1 "烟囱式"系统开发方法

对于传统企业，特别是没有自己的技术开发团队的企业，其 IT 方面的技术背景是比较薄弱的。以笔者曾参与的某数字化转型项目为例，该企业的 IT 应用系统包含的几乎都是从供应商购买的商业软件或者是由外包厂商定制开发的软件，后续的新需求、BUG 修复、运维也都交给供应商处理。IT 应用系统比较老旧，大量系统均基于 .NET 平台开发，虽然有采用 Java 语言开发的部分，但也是基于多年以前的 Struts+Spring+Hibernate 框架实现。从整体架构上讲，该企业的每个 IT 应用系统都是一座独立的"烟囱"，依靠 ESB 这样的产品做系统间的关联。在容量规划、预案、容灾演练、降级限流等方面的积累几乎为零。该企业的 IT 应用系统情况如图 4-2 所示。

以"烟囱式"的方式建设 IT 系统对企业的伤害是不言而喻的，主要有以下三大弊端：

1）**信息不能共享**。比较典型的场景就是零售行业。很多品牌商有基于天猫淘宝的商品、库存管理系统；同时企业因为有上千家门店需要管理，又建立了对应的 CRM 等系统，但是这两套系统并没有打通。为了给精准促销提供有力的数据支持，品牌商想要获取所有消费者的消费行为、习惯等信息，却发现这些订单信息、商品信息、用户行为都被"烟囱式"方式建设的系统分散到不同的 IT 系统中，于是不得不打通这些"烟囱"。企业通常会采用 ESB 这样的产品来打通各系统。纵观各个 ESB 项目的实施，系统打通的成本是很高昂的，因为需要大量的沟通协作和开发。

2）**重复功能建设**。由于无法共享信息，为满足各应用系统的运行，各个系统中会重复建设某些功能，造成重复投资。举个例子，某房地产公司的系统中有商业 ERP 系统、物业系统、基于微信的 H5 促销系统，这些系统中均有会员管理模块，且各自维护自己的客户和会员数据。由于在多个系统维护同一信息，因此无法做到"一处输入、多处使用"，必然会导致数据不一致。

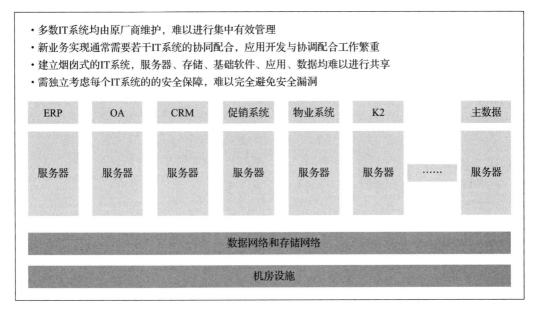

图 4-2　企业 IT 系统现状：大量"烟囱式"系统

3）**企业业务得不到沉淀和持续发展**。传统企业的 IT 系统采用项目制，为了解决企业的某一类生产问题，系统一旦上线，就进入了系统的稳定期，实际更新频率就变成了三个月、半年乃至一年一次。而企业的业务需求则一直存在，系统运行几年后，随着业务的快速发展，现有系统在业务功能、技术架构、性能方面都无法满足企业需求，急需升级，这就意味着要将原有的系统推倒重建。在基础功能的重复建设过程中，原有的业务沉淀能保留多少，也是十分令人担忧的问题。

综上所述，笔者认为这个弊端是最应该引起企业重视的。俗话说：钱能解决的问题都不是问题，前两个弊端最多会造成企业资金上的一些损失，但是若企业业务得不到沉淀和发展，则会对企业产生深远的影响。

从企业的技术系统现状可以看出，核心系统基本上都是采取"烟囱式"的建设思路。企业之所以采用"烟囱式"架构，在当时的技术条件下有一定的合理性，但随着业务复杂性、市场成熟度、竞争激烈度的不断提升，"烟囱式"架构会导致极大的集成和协作成本浪费，进而降低整个公司的灵活度和整体执行力。

4.2.2　基于业务中台的系统开发

前面已经介绍过，传统的"烟囱式"开发方式会带来各种弊端，而基于业务中台，能很好地解决这些弊端，实现高效率的系统开发。图 4-3 给出了业务中台能提供的价值。

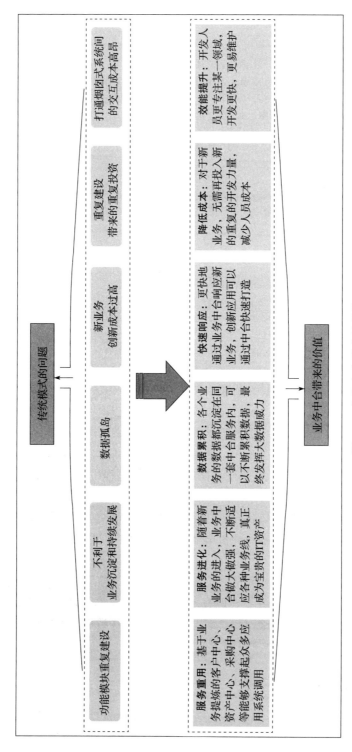

图 4-3 业务中台带来的价值

（1）服务重用

共享服务体系通过多个共享服务中心以统一接口的形式给前端的应用提供各自业务领域最权威、专业的服务，在此基础上打造业务中台，可以彻底改变"烟囱式"的系统建设模式，避免功能模块的重复建设。好的业务中台能够让前台在不同时刻、不同场景下快速调用一个可用、可靠、可管理的服务。对于服务提供者来说，在临时调用服务时不会产生额外、无法控制的建设开发或运营成本。同一领域的业务数据全部存储在同一服务中心中，无需再进行业务打通的工作，并为后续的大数据分析打下很好的数据质量基础。

（2）服务能力沉淀

业务中台能够把各种前台业务的数据、资源、经验、模式沉淀下来，其中可抽象、可规范、可标准化的部分都能够沉淀下来，而不会随着前台业务的变迁、前台人员的流失而被丢弃。在中台形成的新数据、经验和标准化服务能力能够支撑中台服务体系，使得曾经被 A 前台调用并形成的服务能力能够即时可靠地被 B 前台调用。

（3）数据积累

企业各个领域的业务数据都沉淀在同一套中台服务中，从而不断累积数据，发挥出大数据的威力。比如，企业客户的数据沉淀在会员中心，随着业务体量的逐步增大，后期可以用于客户画像、统计指标等基于大数据的分析，并根据分析结果有针对性地展开营销和管理。

（4）快速创新

采用传统方式，每一次业务创新都需要进行完整的项目可行性研究→立项→招投标→系统开发→上线的过程，如果业务创新失败，将会给企业带来不小的成本和资源浪费。正因为如此，一个项目论证 1 ～ 2 年而迟迟不动工的现象屡见不鲜。而在共享服务体系下，新的业务创新只需在现有服务体系基础上进行业务的扩展或进行新的业务模式的编排即可，而不必每次创新时都从头来过，其行动、协作、调整流程都非常高效和灵活。最经典的案例莫过于阿里巴巴集团的团购平台"聚划算"，7 个人的团队从提出想法到平台上线仅仅花了 1 个半月的时间，充分证明了共享服务体系对于快速业务创新的高效支持。

（5）降低试错成本

如果没有强大的业务中台，在每次创新时，从一个创意到最终产品之间缺少大量可用的"中间件"。于是，创新者需要重新组织资源，甚至重新制定和开发。创新成本之大，会让有创意的人要么因为综合能力或资源不足而放弃，要么因为内部难以协调而望而却步。相反，一个强大的业务中台能够为创新和试错提供即时可用的服务，快速将创意转化为新产品，即使市场反馈不好，也能调整方向再次尝试，极大降低了创新或试错的成本，从而更好地推动企业变革。

（6）效能提升

基于业务中台，新业务可在投入很少资源的情况下，在很短时间内构建起来，完全避免了功能和数据设计的重复建设。同一领域的业务数据全部在同一服务中心中，无需再进行业务打通的工作，从而大幅提升效能。

4.3 业务中台的实践过程

概括而言，基于业务中台的企业数字化转型实践通常包括调研、分析、设计、实现几个步骤，如图 4-4 所示。

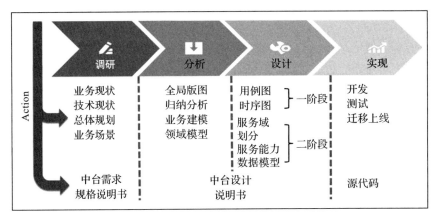

图 4-4 业务中台建设的基本步骤

1）**业务需求调研**：中台建设的业务需求调研与传统软件开发流程中的需求调研类似，都是通过调研来获取用户的实际业务需求。这个过程会产出需求规格说明书。

2）**需求分析**：基于需求调研的结果，归纳整理业务场景，这个过程需要绘制业务流程图，进一步完成领域建模。

3）**服务架构设计**：这个过程是业务中台设计的核心，包括场景分析、识别实体对象、领域划分、实体对象分类、评估域合理性、形成中台各能力中心，以及各中心的服务能力和数据模型。这个环节将产出中台设计说明书。

4）**开发实现**：这一步实际上是中台的落地开发过程。中台由若干个服务中心组成，而这些服务中心是根据业务领域来封装数据和能力的，服务中心提供的接口对象作为能力，由业务中台统一输出和展现给上层应用。上层应用则对中台提供的能力进行编排，根据需要采用或部分采用中心提供的能力，从而快速完成开发和部署。通常，采用微服务架构作为业务中台的技术实践方式，设计微服务架构方案，并完成整体的开发、测试、上线。

4.4 需求调研

需求调研的目的是找出企业的业务需求点，为后面引入业务中台解决问题奠定基础。

因此，了解客户业务、摸清业务流程、梳理重要业务场景对设计业务中台的共享服务中心至关重要。

4.4.1　需求调研前的准备工作

在进行需求调研之前，需要进行下述准备工作：

1）了解客户所属行业的基本标准及专业术语，这时需要与客户的对接人员做一个初步的沟通。

2）了解客户的人员组织架构、规则制度等。

3）将从客户处获取到主要业务场景作为输入，勾勒出要调研的重要业务需求。

4）制定详细的调研进度安排表。

5）获取要调研的应用系统的负责人及联系方式。

6）准备好调研的访谈记录表和调研核心问题清单。

7）准备好调查问卷。

4.4.2　开始调研

需求调研的常用方法包括访谈、小组访谈、问卷调研。各种调研方法的比较如表 4-1 所示。

表 4-1　需求调研方法比较

方法	单人访谈	小组访谈	问卷调研
优势	沟通充分 & 深入	尤其适用于需要用户互动讨论的场景	结果有数据支撑
不足	执行时间较长	容易出现一人说话，其他人沉默的现象	选项输入容易有局限，问卷容易，题量大

在需求调研中，目前最常用的方式还是单人访谈，这种方式能够深入了解到企业需求细节。当然，对于更细节性的需求，最好在形成书面材料后请客户确认，这样会更加稳妥。

4.4.3　调研内容

调研内容包括如下几个方面：总体目标、背景、系统角色定义、总体业务流程、业务场景、功能性需求、以及跟外部系统的交互。

调研是为了更好地了解客户的业务需求，因此，在这个过程中，应重点关注以下几个方面：

1）总体目标和业务流程。这里要确定需求调研的范围，总体目标要与客户目标保持一致，不能有偏差。业务流程是后面划分业务中台能力中心的核心依据。

2）业务场景。通常来讲，业务场景可以根据系统角色定义来分类。以笔者参与的某汽车经销商数字化转型项目的需求调研为例，业务场景分为消费者适用的场景、企业员工适用的场景、总部运营人员适用的场景。通过业务场景分类，可以识别出其中的实体对象，实体对象是业务中台能力中心的重要组成部分。

3）外部系统的交互。绝大部分业务系统都需要与其他外部系统关联，因此需要梳理业务系统与外部系统的交互，这对于业务中台的落地实践至关重要。

此过程结束后，需要输出需求规格说明书。

4.4.4 业务调研分析

在这一阶段，要分析前面所做的需求调研，充分理解需求，编写总体业务流程和典型业务场景流程图。

首先应根据实际业务需要，分析主体流程和设计业务流程图，主体流程由若干个业务场景组成。接下来，需要拆分流程中的业务场景，为每一个业务场景绘制流程图，针对每一个业务流程图再绘制时序图，通过时序图识别业务流程里的实体对象和业务操作，为后面的中台能力中心设计提供数据基础。

4.5 企业业务中台的演进路线

企业建设业务中台时，通常建议采用"顾旧立新"的渐进方式，也就是说，保留原有系统，利用新建系统搭建中台架构，逐步沉淀能力，做大做厚业务中台，为旧系统改造、重建、迁移到中台架构打好基础，最终形成全业务中台模式。

传统行业的 IT 应用系统主要由以下几个部分组成：

1）各种业务 ERP 和 CRM 软件，比如销售、商业 ERP，这些软件通常由原供应商负责开发和运维。

2）各种职能应用系统，比如人力资源管理系统、流程管理系统、知识库、档案管理。

3）ESB 产品，负责将企业的各个烟囱式系统打通。

4）比较新的业务系统，特别是电商系统，带有互联网属性，并且有微信、H5、APP 等移动端。

一般来讲，各业务 ERP 系统、职能系统通常是由供应商提供的。从企业运行稳定性和开发成本的角度考虑，很难将这些应用作为试点来推进中台架构的改造。所以，笔者建议采用"顾旧立新"的方式，说服客户用新系统来作为中台建设的试点应用系统。

仍以笔者参与的某汽车经销商数字化转型项目为例，与客户进行充分沟通和讨论后，客户决定将新车网上销售系统作为试点应用系统来搭建业务中台。随着中台能力的逐步丰富，再基于中台快速搭建车辆售后系统、试乘试驾系统。正是因为有了中台提供的服务能力，后面两个系统在很短时间内就完成了开发上线。

其他行业的项目也可以采用类似的思路，首先排除职能类系统和传统的 ERP 系统，找出客户的创新应用或者是带有互联网属性的电商应用，将这类应用系统作为中台建设的试点系统。业务中台也伴随这个试点应用逐步做大做深，形成规模，为后续演进打下坚实的基础。

4.6　业务中台的设计方案和原则

在传统企业数字化转型的过程中，确定采用业务中台来建设应用系统后，会从业务的角度抽离出共性业务，设计共享服务中心。微服务会作为业务中台的技术实现方式。如何设计服务中心和服务能力对后面的实践落地而言至关重要，本节将着重说明这个过程。

4.6.1　业务中台的核心——共享服务中心

业务中台的核心是若干个共享服务中心。以笔者参与的某汽车经销商数字化转型项目为例，通过了解汽车业务并与客户进行充分沟通、讨论后，基于共享服务的理念，帮助客户设计了组成业务中台的 20 个共享服务中心，项目一期包含会员中心、商品中心、交易中心、车辆中心等 12 个中心，二期规划了工单中心、物料中心、库存中心等 8 个中心。整个系统贯穿了汽车售前、售后全业务流程，设计出的业务中台如图 4-5 所示。

4.6.2　业务中台的设计方法

那么，这些服务中心是如何设计出来的呢？笔者认为，设计业务中台、提炼共享服务中心需要从业务架构设计开始。很多企业架构设计的方法论和模型都将业务架构的设计放在首位（例如 TOGAF）。要完成整个业务中台的建设，可参考如下 5 个步骤，如图 4-6 所示。

1）**业务域建模**：清晰地定位企业的主营业务，根据业务需求领域建模，形成各业务域。业务域建模是对业务进行边界划分和业务能力描述的过程，此阶段会产出"业务逻辑模型图"，即业务域和业务能力。

2）**服务架构**：当业务域建模完成后，服务中心基本成形，业务域实际上可以对应到相应的服务中心。

3）**服务设计**：通过时序图里的服务操作得到服务中心的服务能力。服务能力可以映射为服务接口，此过程还需要设计各个中心的数据模型图。

4）**服务实现**：业务中台的开发落地要基于微服务的分布式架构沉淀能力中心，此过程需要根据服务能力实现服务接口，并根据每个中心的数据模型设计出具体的表结构。

5）**服务治理**：服务上线部署后，要对服务进行治理，这部分工作主要是基于微服务的分布式中间件平台对服务持续优化和演进。

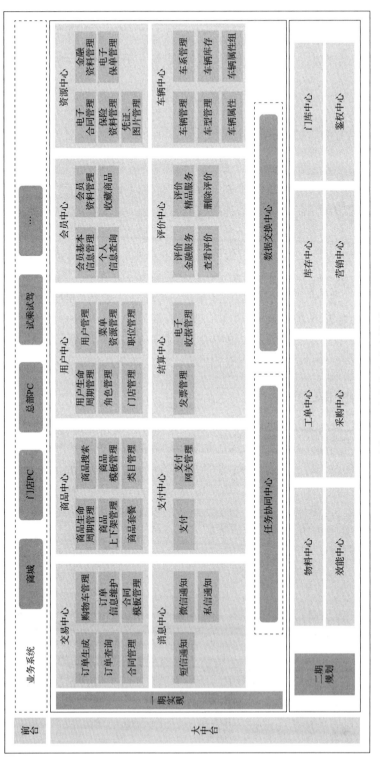

图 4-5 企业业务中台设计

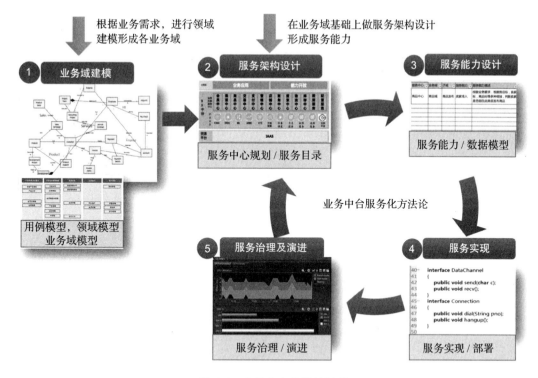

图 4-6　业务中台的设计过程

接下来，我们详细介绍各个环节。

1. 业务域建模

在进行业务架构设计时，需要进行业务域的划分。能否划分出合理、稳定、可持续发展的业务域对于后面的服务中心能力设计至关重要。

❑ 步骤一：用户需求场景分析，识别出业务全景用例

在进行业务域划分前，首先要做的是进行用户需求场景分析，这与传统 UML 建模方法论没有本质区别。这个过程会参照需求调研阶段产出的需求规格说明书，将企业的主业务流程分解为众多的典型业务场景。

一个业务场景可以识别出有哪些人、角色会参与到业务过程的相关活动中。笔者建议使用用例图进行表达，其中用例包含如下信息：名称、简单描述、关系、活动图和状态图、前置条件、后置条件等。以一个简单的用户购买商品管理为例，其用例图如图 4-7 所示。

❑ 步骤二：识别业务场景中所有的实体对象

实体对象是指业务元素的存储对象。一个业务域实际上是一个或多个实体对象的信息集合，本质上业务域可以对应到服务中心。

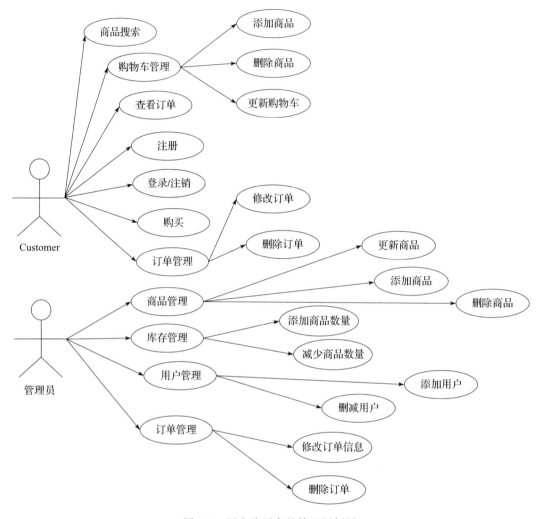

图 4-7　用户购买商品管理用例图

　　分析业务场景流程图，用时序图来描述业务场景。这个过程可以把场景中的参与角色、实体都识别出来。以笔者参与的某汽车经销商数字化转型项目为例，典型业务场景之一是用户选车流程。

　　为了识别实体对象，用时序图来分解这个业务流程。在这个时序图上，生命周期线按照"实体"这个维度来定义。如图 4-8 所示。

　　从图 4-8 中可以看出，识别出来的实体包括车辆、精品、保养套餐、分期、服务套餐、购物车。实体有一个显著特点：实体都是名词。

　　同时也识别出一系列的动词，包括获取车辆列表、登录校验、加入购物车等，这些动词就是业务操作，后面会根据这些动词确定模型关系。

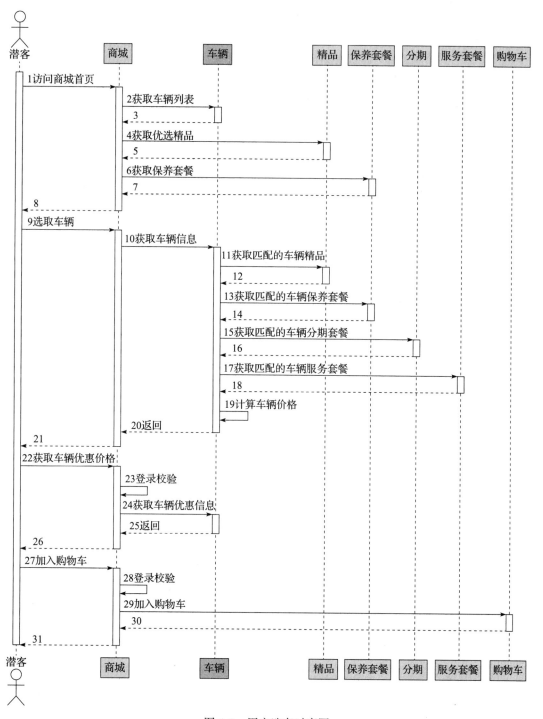

图 4-8　用户选车时序图

类似的业务场景还有很多，将这些业务场景全部用时序图分解后，就可以得到实体对象和业务操作的列表。识别实体对象是为了进行接下来的领域划分。

❑ 步骤三：领域划分，将所有识别出的实体对象进行分类

接下来，通过对所有实体对象进行分类，就可以完成领域划分了。比如，销售订单、子订单可以归类到交易域；精品、保养套餐、服务套餐可以归类为商品域；客户、积分可以归类到会员域。

以上分类是按照职责来归纳的，相近的职责模型汇聚在一起成为高内聚的业务子域，形成业务域模型。业务域建模能够提炼出事物的本质，这个过程会产出各个域的领域模型。以某汽车经销商数字化转型项目为例，其车辆域和商品域的划分如图 4-9 和 4-10 所示。

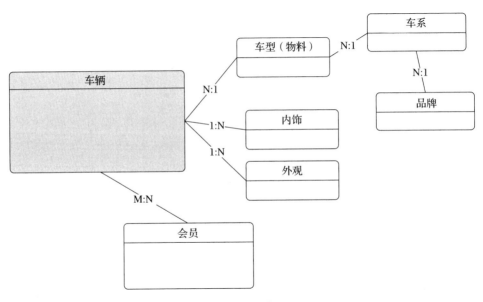

图 4-9　车辆域模型图

当然，最终所有的对象被归类到多少个域，从理论上看，可以视为一次排列组合过程。一般而言，可以根据对业务的理解程度、以往的经验、业务知识先做一个初始的域划分。因此，可以认为一个域实际上是一个或多个实体对象的信息集合，并对其中的实体对象的生命周期进行管理。这里有两点需要注意：

1）一个域管理一个或多个实体对象。

2）一个实体对象被一个域进行管理。

如果出现一个实体对象被多个域进行管理，那么相关域的职责就会存在冲突或耦合，从而导致相互影响。

这个过程会产出整体的领域模型图，如图 4-11 所示。

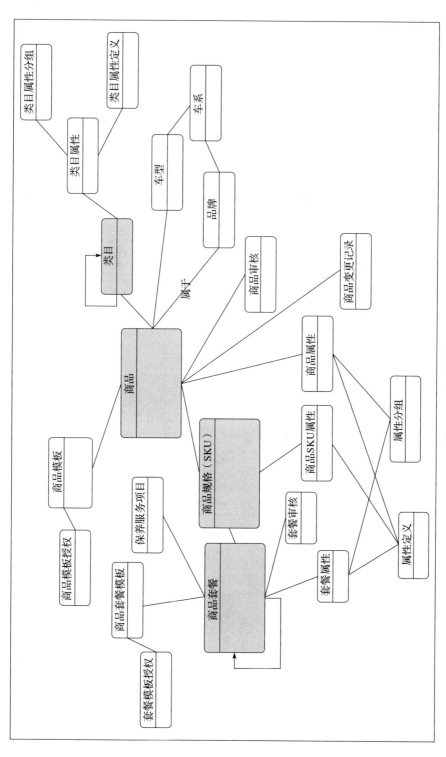

图 4-10　商品域模型图

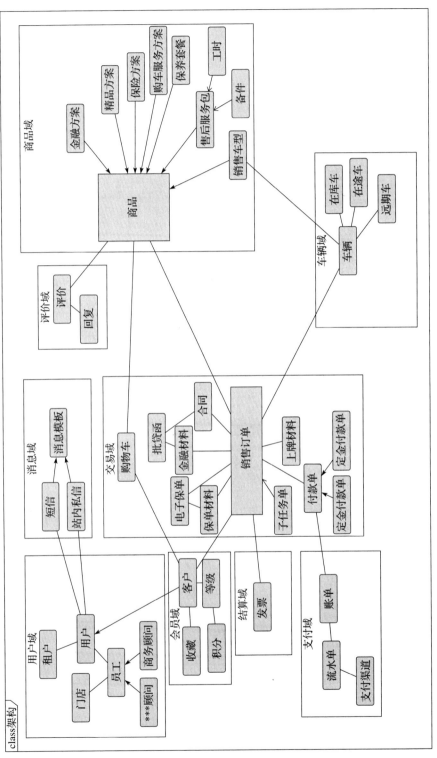

图 4-11 整体领域模型图

总结下业务域建模的方法：首先进行用例收集，识别实体对象；其次，在识别的过程中，收集名词和动词，根据名词建立模型和属性，根据动词确定模型关系；最后，得到各域的模型图。

2. 服务架构设计

服务架构设计就是服务中心的规划。根据业务域建模得到的领域模型，往往能得出一个或多个域划分的方案（或者组合），那么如何评估哪种划分方案更加合理呢？判定原则非常简单，就是看域划分是否符合"高内聚、低耦合"原则。具体方法是再回到步骤一，为每个得到的用例画时序图。在这个时序图上，生命周期线是按照"域"这个维度来组织的，如图 4-12 所示。

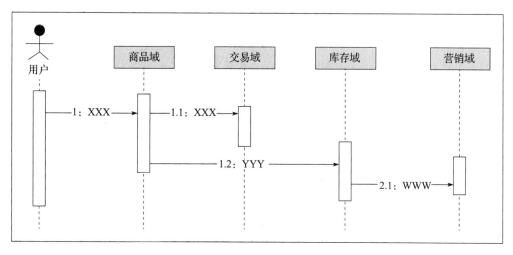

图 4-12　时序图

在绘制过程中，可以看到域与域之间的调用是否过于频繁？有没有反复调用不同的域服务？如果存在这种情况，就意味着这两个域之间存在比较严重的耦合。对于依赖度比较高的几个域，建议采用以下方式处理：1）域合并；2）域拆分；3）提取第三方域实现降低耦合。

为所有的用例图绘制完时序图后，我们就可以得到一个经过考量的合理的域划分。此时，业务中台的服务中心也基本成形了，如图 4-13 所示。

3. 服务能力设计

划分出服务中心后，需要填充每个服务中心的服务能力。这些服务能力会对应到开发阶段的服务接口。以主要业务流程为参考，在分析过程中，需要梳理参与的业务角色、业务实体对象、构成流程的业务活动之间的依赖和顺序关系。如图 4-14 所示，业务流程跟服务中心相关的业务操作即可沉淀为服务能力。

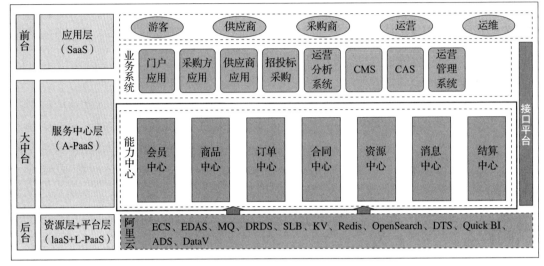

图 4-13　业务中台服务中心

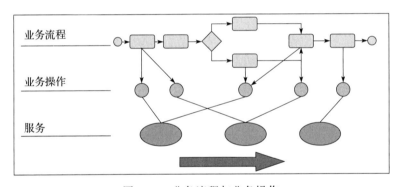

图 4-14　业务流程与业务操作

为了让读者更好地理解这一点，以用户在线选车和下单的业务流程为示例来进行说明，如图 4-15 所示。

具体的流程说明如下：

1）前端业务调用商品中心的查询车辆列表服务。

2）查询车辆优惠价信息，此时需要调用用户中心判断用户是否已登录，如登录则返回优惠价。

3）选取车辆，调用交易中心，加入购物车。

4）选择下单，调用交易中心，生成订单和支付单。

5）调用支付中心支付定金。

6）调用车辆中心锁定车辆库存。

7）下单成功。

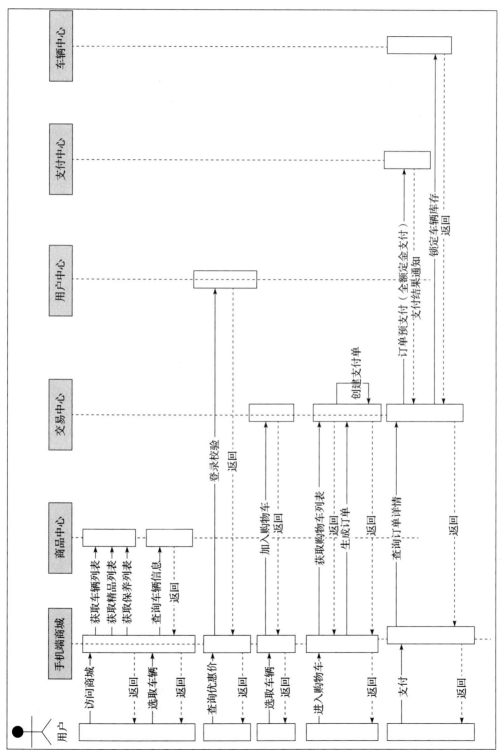

图 4-15 用户在线选车和下单的业务流程时序图

从上述服务中心的流程交互过程中，我们能明确定义出相关中心的服务如下：

❑ 交易中心：创建订单、加入购物车。

❑ 用户中心：校验用户信息。

❑ 商品中心：获取商品列表、查询商品信息。

❑ 支付中心：定金支付、支付结果通知。

❑ 车辆中心：锁定车辆库存。

通过对业务流程的分析，可识别出不同服务中心之间的交互，根据服务中心之间的调用和业务操作，即可得到服务中心的服务能力。服务能力会在后面的代码开发阶段细化为服务接口，包含完整的方法名、参数、返回值。

4. 数据模型设计

数据模型设计是为了在代码开发阶段更清晰明了地设计数据库表结构。

到了这个阶段，其实我们对业务需求已经了解得很透彻了，基于业务领域建模和服务中心的服务能力来设计各个中心的数据模型，应该是一件水到渠成的事。

数据模型要体现该域的主要实体的关联关系，但不需要标明具体的字段。数据模型不是表结构设计，详细字段设计应该在开发阶段完成。

以该项目为例，用户中心的数据模型如图 4-16 所示。

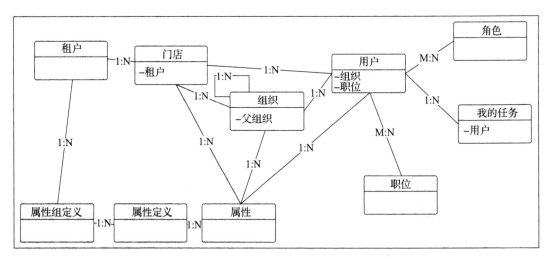

图 4-16 用户中心数据模型图

至此，基于业务中台共享服务中心的设计就完成了。现在，我们已经可以得到组成业务中台的各个服务中心、服务中心的能力，以及服务中心的数据模型。接下来，就进入到开发阶段，需要将服务能力映射为接口，完成数据库表的设计，完成业务中台的开发。

以某数字化转型项目为例，其商品中心和交易中心的服务能力如图 4-17 所示。

商品中心服务列表

服务分组	服务能力	服务分组	服务能力	服务分组	服务能力
商品搜索	获取商品列表	商品模板	获取商品模板列表	后台类目	新增后台类目
	查询商品信息		获取商品模板详情		修改后台类目信息
	获取车辆优惠信息		新增商品模板		删除后台类目
商品生命周期管理	获取商品列表		编辑商品模板		批量删除后台类目
	获取商品详情		删除商品模板		获取树形后台类目列表
	获取某商品的 SKU 信息		批量删除商品模板		获取树形后台类目详情
	新增商品		商品模板状态修改	品牌	查询品牌列表
	编辑商品	商品套餐	获取套餐列表		新增品牌
	编辑商品时保存历史记录		获取套餐详情		修改品牌信息
	删除商品		新增套餐		删除品牌
	批量删除商品		编辑套餐		批量删除品牌
	新增商品类型		删除套餐	商品属性组	获取商品属性组列表
	编辑商品类型		批量删除套餐		获取商品属性组详情
	删除商品类型		套餐状态修改		新增属性组
			设置套餐关联的商品		修改属性组
			获取套餐上下架列表		删除属性组
			套餐上 / 下架		批量删除属性组
商品上下架管理	查询商品上下架列表	前台类目	新增前台类目	商品属性	获取商品属性列表
	商品上架		修改前台类目信息		获取商品属性详情
	商品下架		删除前台类目		新增属性
	批量上架商品		批量删除前台类目		修改属性
	批量下架商品		获取树形前台类目列表		删除属性
			获取树形前台类目详情		批量删除属性

交易中心服务列表

服务分组	服务能力	服务分组	服务能力
购物车	加入购物车	订单查询	查询订单列表
	删除购物车的商品		查询订单详情
	获取购物车列表		查询订单进度
订单生成	生成主订单	合同	生成电子合同
	拆分子订单		电子合同签字
	创建支付单		查看电子合同
	创建支付子单	合同模板管理	新建合同模板
订单信息维护	修改订单信息		
订单取消	取消订单		更新合同模板
	退款审核		
	退款确认		删除合同模板
	查询退款列表		
	查看退款详情		查询合同模板

图 4-17　商品中心服务列表和交易中心服务列表

5. 服务实现和服务治理

这个过程实际上是业务中台各服务中心的开发过程。服务上线部署后，需要对服务进行治理，这部分能力主要依赖于微服务中间件平台，同时基于服务的治理和业务需求持续对服务进行优化和演进。具体实现将在后面进行介绍。

4.7 业务中台的实践

4.7.1 业务中台的最佳技术实践方式——微服务

业务中台由按照领域封装数据和能力的服务中心组成。服务中心提供的接口对象作为能力，由业务中台统一输出和展现给上层应用。上层应用则对中台提供的能力进行编排，根据需要采用或部分采用中心提供的能力，从而快速地开发和部署，以适应企业业务日新月异的变化。

共享服务中心和应用系统采用微服务模式设计。微服务是目前较为先进的架构设计思想，在国内外许多大型互联网公司均有成功的应用，其核心是化繁为简、化整为零，把应用分解为小的服务模块进行独立开发。微服务的这一特点使其便于部署到容器，对整个开发、测试、运维过程产生了革命性影响，有力地支持了 Devops 开发，便于敏捷开发和自动化测试，有利于独立部署、维护升级和故障处理，提高效率和质量。

可以说，业务中台和微服务是相辅相成、息息相关的。

4.7.2 微服务的业务拆分原则

微服务是实现业务中台的技术方式，因此服务拆分对后续的系统开发和落地至关重要。服务拆分过细，会导致应用数量变多，维护更加繁琐。拆分也会造成运维人员需要关注的内容和操作性任务成倍增长，这些问题若得不到妥善解决，必将成为运维人员的噩梦。其次，服务间的交互也会变得错综复杂，容易引起服务调用超时，导致系统雪崩。

虽然微服务的设计划分是一件依赖架构师个人经验和对业务理解的主观工作，但还是有一些划分的规律可循。下面给出了一些微服务总体划分的参考原则，其中最重要的就是按照业务领域划分，这也是目前推崇的 DDD 方法（领域驱动设计）。

- ❑ 业务领域拆分：以客户业务方为输入
  - ■ 参考概要设计文档（如有）。
- ❑ 高内聚、低耦合原则
  - ■ 服务中心内的业务关联性很高。
  - ■ 服务中心之间的隔离性比较大。
- ❑ 业务可运营性原则
  - ■ 承载业务逻辑、沉淀业务数据、产生业务价值。

- ❑ 服务颗粒度原则
  - 功能完整性、职责单一性。
  - 服务粒度适中，团队可接受。
- ❑ 伸缩需求拆分原则
  - 以用户体验为最高优先，针对突出的高访问业务，可独立拆分服务。
- ❑ 渐进性的建设原则
  - 迭代演进，不要一次拆分过细，否则落地实施会有数据库性能和分布式事务问题。
- ❑ 故障隔离拆分
  - 对于服务不稳定或可控度不高的服务（比如第三方服务带来的不可控和故障），可以考虑独立拆分降低风险。
- ❑ 同一个领域不要拆分
  - 阿里曾经把天猫评价和淘宝评价拆分开来，导致两套数据源，需要两套开发人员开发，做数据统计时非常麻烦，最后不得不合成一个服务单元。

针对上述原则，有以下几点特别说明。

1. 服务拆分时要注意保持功能完整、职责单一

一个微服务负责一个业务领域，这个功能领域的所有逻辑、数据都由该微服务管理，因此它应该具备职责单一且功能完整的特性。其中：

- ❑ 单一：是指业务功能原子性，即执行过程不可出错或中断，否则已执行部分的状态就应回滚或重做。如果服务中某部分执行得到的结果与其他部分执行出错与否没有关系，那么这样粒度的服务拆分就不是单一的，这一部分的逻辑就应该拆分出来形成一个新的微服务应用。以此类推，直到违反完整性原则为止。所以，"单一"是设计微服务应用的上限。
- ❑ 完整：如果继续细分，粒度更小也会失去意义。合适的业务拆分是完成一个业务"任务"，再拆分，就是"任务"里的"步骤"了，而"步骤"这个粒度就太小了。所以，"完整"是设计微服务应用的下限。

服务粒度的划分很难有统一的标准。若服务粒度过粗，服务内部的代码容易产生耦合，多人开发同一个服务会增加开发成本；若服务粒度过细，服务间的层次结构会更复杂，编码时往往需要对多个服务进行修改才能完成一个需求。

微服务系统拆分时，粒度大小以一个系统不超过 3 个开发人员维护为宜，不要过细地拆分到增删改查的接口层面。例如，订单中心里有订单管理模块，包含下单、订单状态变更、取消订单、订单明细查询、订单同步等功能接口。微服务拆分时，建议到订单管理这个粒度即可。

根据笔者的项目经验，总结了如下三个划分原则：

1）服务依赖层次不超过三层，即 A 依赖 B、B 依赖 C，但 C 不应该再依赖于 D。如果

出现了多层依赖或循环依赖，就需要重新审视当前的服务划分粒度。

2）对于研发团队规模，一个服务系统建议不超过 3 个研发人员维护，避免因大量人员集中修改公共代码而造成效率的下降。

3）对于系统代码规模，如果代码过多，就需要对系统或服务进行更细粒度的拆分，一个经验值是单个服务系统的代码在 2 ～ 3 万行左右比较合适。

2. 逐步演进

服务拆分是一个逐步演进的过程，一次不要拆分得过细，否则会导致分布式事务和性能方面的问题。在后期，随着业务体量的变大，可以再酌情考虑细化。

在微服务实践过程中，针对逐步演进，笔者也整理了如下几点原则：

1）对于任何微服务之间的接口调用，都要设置超时时间。笔者见过不少系统由于未设置超时时间，造成大量请求线程被堵塞，最终导致服务不可用。

2）任何微服务之间的接口调用的返回结果只有如下三种之一：成功、失败、未知。如果返回结果是未知，则需要重新发起请求或者人工介入检查。

3）微服务之间的接口调用应尽可能异步化，这样有助于解耦服务和提升系统响应时间，提供更好的用户体验。

4）服务的配置数据要做到可动态配置，万万不可在配置文件中固定数据。

5）定义服务接口时，要充分考虑接口的多样性，参数尽可能用对象，而不是具体的字段。

4.7.3　微服务的架构设计

微服务的特点在于能够根据业务提炼不同的服务，系统经过拆分，根据不同的功能划分出业务系统和共享服务中心。各子业务系统调用多个共享服务中心完成功能，共享服务中心调用数据层的多种中间件框架。一般来说，业务服务系统只能访问自己的数据库，对于其他数据库中的数据，则通过调用其服务提供的接口完成。

化整为零的思路与传统的软件开发设计方法最大的区别在于，不是开发一个巨大的单体式应用，将所有的服务和能力都塞进这个应用中，而是将应用分解为小的、互相连接的多个微服务。一个微服务一般完成某个特定功能。

以笔者参与的某房地产企业数字化转型项目为例，根据对该试点应用服务化的设计，按照微服务的技术特性、通用性综合考虑和计量，微服务架构设计如图 4-18 所示。

1）其核心就是组成业务中台的 8 个共享服务中心，整个试点应用系统所依赖的公共服务都凝炼到这 8 个服务中心中。随着系统的逐步扩大，业务中台的模块会更丰富、功能更多。这样，有新的业务系统要上线时，可以直接复用已有的共享服务中心。

2）整个系统用微服务框架设计，包含了微服务最重要的 5 个功能点：服务治理、服务网关、服务容错、服务链路跟踪、服务监控。

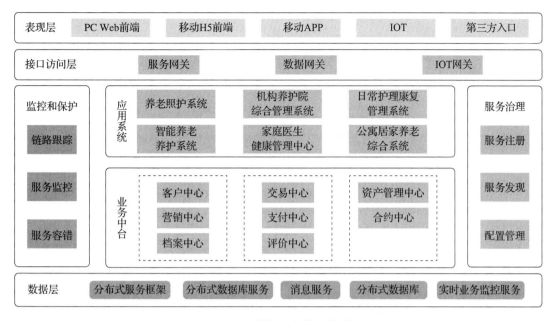

图 4-18 微服务架构设计图

4.7.4 微服务技术框架选型

技术框架的选型对微服务落地而言至关重要。谈到微服务的技术框架，读者朋友应该会想到几个比较热门的名词：Spring Boot、Spring Cloud、EDAS、ServiceMesh。这四者之间有什么关系？

Spring Boot 是一个全新的 Java 开发框架，其目的是简化 Java 应用的初始搭建和开发过程，专注于从代码层面快速开发单个微服务应用。

Spring Cloud 是一个基于 Spring Boot 实现的分布式服务治理的开源框架，它提供了服务注册、服务发现、服务路由、服务配置、服务熔断、服务降级、链路跟踪等功能。

Spring Boot 是可以脱离 Spring Cloud 独立使用的开发项目，但是 Spring Cloud 不能脱离 Spring Boot 单独使用。

EDAS 则是阿里巴巴推出的企业级微服务框架，包含 Spring Cloud 提供的所有功能（甚至更为丰富），无需使用者自行搭建服务注册、服务发现、负载均衡、服务熔断等服务端，无需使用者维护微服务框架。另外，EDAS 提供了更为全面的微服务治理工具，包括路由规则、同机房优先规则、权重规则等。在性能方面，同等测试条件下，EDAS 的性能高于 Spring Cloud 的性能 1 倍以上，处理的平均响应时间也仅为 Spring Cloud 框架的 50%。同时，在 CPU 和负载占用方面比 Spring Cloud 降低约 60%。

为了更好地适应于互联网客户的改造迁移，基于 Spring Boot 和 Spring Cloud 开发的应用可以完美迁移到 EDAS。

Google 推出的 ServiceMesh 虽然号称下一代微服务框架，但是目前业界并没有大规模使用，相关资料也较少，所以从企业生产系统稳定性的角度考虑，笔者并不推荐。

综上所述，笔者认为微服务技术框架应在 EDAS 和 Spring Cloud 这两个产品里选择。

表 4-19 是笔者整理的 EDAS 和 Spring Cloud 的功能点，供读者参考。可以看到，Spring Cloud 提供的功能在 EDAS 里都可以找到相应的功能。

功能点	Spring Cloud	EDAS
服务注册	Eureka	Configserver
服务配置管理	Config	Diamond
服务负载均衡	Ribbon	HSF
服务网关	Zuul	Zuul
服务容错	Hystrix	Sentinel
服务链路跟踪	Sleuth	Eagleeye
服务监控	Turbine	ARMS

图 4-19 Spring Cloud 和 EDAS 功能点对照表

EDAS 和 Spring Cloud 更为详细的功能对比如图 4-20 所示。

功能对比		EDAS	Spring Cloud
容器		基于阿里定制优化的 AliTomcat，并提供容器监控能力	社区版开源 Tomcat 容器
PaaS 平台		应用生命周期的管控，应用创建、总署、启动、停止、下线等全流程管理	不支持
		弹性扩缩，支持手动和自动扩容	手工部署实现扩容
		针对企业级特性提供主子账户体系，可根据部门、团队、项目建立账户，便于资源分配	没有账户体系
		提供应用研发、运维、资源负责人角色及权限控制	没有管理的权限控制
分布式服务框架		集成高性能的 HSF 协议的远程服务调用框架	采用 RESTful 协议，协议性能相对较差
		配置服务推送，通过控制台界面修改配置信息	支持，采用 Spring Cloud Config
		分布式事务支持，可实现服务/数据库/消息复合的事务场景	不支持
运营管控服务治理		服务注册、服务订阅、服务调用时鉴权	支持，采用 Spring Netflix Eureka 或 Consul
		完善的服务限流、降级	支持，采用 Spring Netflix Hvstrix 实现
立体化监控数字化运营		鹰眼分布式链路跟踪、支持服务调用、数据库访问、消息发送监控	采用第三方的 Zipkin 实现，功能简单，需要定制开发才能实际应用
		服务调用 QPS、响应时间、出错率监控	不支持
		CPU、内在、负载、网络和磁盘等基础指标监控	不支持

图 4-20 SpringCloud 和 EDAS 功能详细对照表

结合笔者对这两个框架的使用经验和理解，可以用一个比喻来说明它们之间的区别：使用 Spring Cloud 构建微服务架构就像组装电脑，各部件的选择自由度很高，但是最终很可能因为一条内存质量不过关而导致电脑不能使用，总是不够让人放心；而 EDAS 就像品牌机，在阿里真实海量应用场景的磨炼下，已经通过大量的兼容性测试，保证了其拥有非常高的稳定性，并拥有原厂有力的支持，因此，使用起来更让人放心。

最重要的是，开源框架 Spring Cloud 的学习成本还是比较高的，尤其是需要在微服务框架的维护上投入很大的精力。对于技术资源本来就不太多的传统企业而言，把精力放在微服务技术上，而不是放在业务功能的实现上，显然有点得不偿失。

在笔者所经历的项目中，业务开发团队往往承受极大的业务压力，时间和人力永远不足。业务开发团队的强项往往不在于技术，而是对业务的理解。业务的核心价值在于业务实现，因此微服务是手段，不是目标。开发团队的精力不应耗费在对微服务技术的掌握上，而应该放在业务功能的开发实现上。因此，应该使用更简单的微服务框架。

最终，在微服务技术框架选型和后面的落地实践上，客户和笔者都选择了 EDAS。这样的选择可以让企业打通分布式应用开发和运维的技术瓶颈，将更多精力集中在业务本身，创造更多价值。

4.7.5 EDAS 微服务技术框架剖析

EDAS 分布式框架是经过阿里历年双十一大促严苛、复杂、海量并发的生产级环境打磨而成的。基于上述场景，提炼其核心性能，形成了一套具备高性能、高扩展性、高可靠的一站式微服务架构解决方案，可以大幅提升微服务开发者的效率。

EDAS 支持应用开发的全生命周期管理，涵盖代码打包上传、批量发布、服务治理、服务网关、服务限流降级、服务链路跟踪、服务监控、自动伸缩，以及最近火热的 Docker 应用各个方面，也提供了基于主流编排框架 Kubernetes 的全自动化持续集成和持续交付能力。

典型的微服务架构应该包含如下 5 个重要功能点：高性能服务框架、服务网关、服务限流降级、服务链路跟踪、服务监控。

1. 高性能服务框架

EDAS 微服务框架基于阿里内部的 HSF 生态，结合 Spring Cloud 体系，同时提供高性能的 RPC 调用和标准 Restful 接口。鉴于分布式服务框架对性能和可靠性等具有很高的要求，EDAS 在设计之初就考虑了提供必备的服务治理能力，包括服务自动注册与发现、路由管理、负载均衡、服务鉴权等。如图 4-21 所示。

如图 4-21 所示，EDAS 服务注册组件包括三个角色：服务提供者、服务调用者和服务注册中心。EDAS 在部署应用服务时，自动将服务注册在注册中心，当一个服务有多个节点同时运行时，注册中心自动合并整理可用服务列表。所有注册的服务都能被其调用者自动发现。EDAS 使用 Config Server 作为服务注册中心，同时兼容 Eureka 作为服务注册中心。它能提供高可靠级别的两地三中心容灾部署能力。

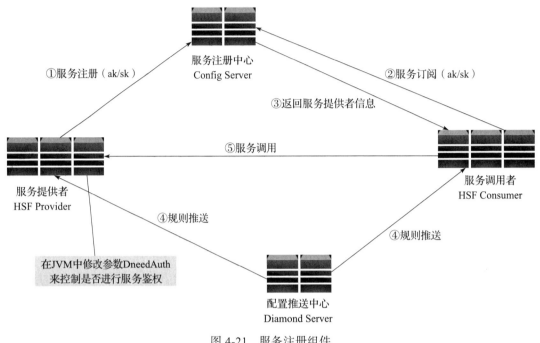

图 4-21　服务注册组件

2. 服务网关

在微服务系统中，所有服务请求均需要通过服务网关来路由到具体的服务。网关服务具有负载均衡、动态路由、统一认证等功能。

当一个前端应用调用一个或更多的后端服务的时候，通过网关服务来进行统一的代理。前端应用不需要关心后台业务服务的具体地址，因此即使业务服务的地址变更，也不需要修改应用端的配置。

如果服务间使用基于 HSF 接口的 RPC 调用，那么 EDAS 自动承担了服务网关的职责，无需开发者另行引入网关产品。接下来，我们介绍使用 Restful 接口时，网关产品的实践过程。服务网关建议采用 Zuul，它在 EDAS 里也能得到很好的应用。

所有的请求都在网关做了统一的认证授权，因此业务服务不再需要考虑与授权有关的问题。按照约定，一个 serviceid 为 "userservice" 的服务会收到 /userservice 请求路径的代理请求（前缀会被剥离）。因此，要查询用户 ID 是 12345678 的信息，完整的请求路径是 http://<gateway><port>/userservice/users/12345678。

其中，userservice 是 user service 的 sericeid，users/{id} 是该服务提供的对外访问接口。网关服务会自动根据请求路径里的 serviceid（本例中是 userservice）找到 userservice 的请求

地址，并路由给该服务的 users/{id} 接口，其最终的路由地址是 http://<userservice>:<port>/users/12345678。(注意，url 不包括 /userservice。)

网关服务能够正确路由的前提是 userservice 已经在注册服务上注册。

3. 服务限流降级

微服务应用系统会提供很多接口服务。对于这些接口服务，可以配置限流降级规则，以限制其他应用对此服务的调用，可以从 QPS（每秒请求量）、线程的两个维度来进行设置。这个功能将帮助用户在流量高峰时，确保系统能以最大的支撑能力平稳运行。

在业务高峰期，EDAS 可以根据设定的限流降级规则，自动实现服务流量的控制和调用访问，保证核心服务的调用效率和可靠性。EDAS 提供限流降级功能的实现，需要先在应用程序中引入一个侵入性低的 sentinel 组件，然后在 EDAS 控制台设置限流规则即可。

EDAS 限流降级的原理如图 4-22 所示。

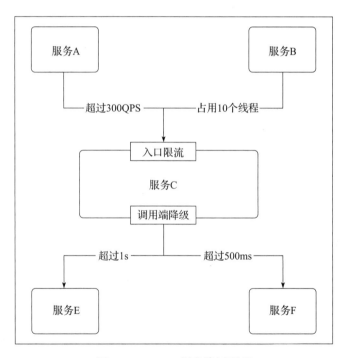

图 4-22　EDAS 限流降级原理

在图 4-22 中，有如下几个关键点：

1）对调用方限流，防止服务被过度调用或资源占用。

2）对非关键核心依赖服务降级，防止服务被依赖服务拖垮。

3）降级和限流规则触发后将抛出异常 BlockException、DegradeException，URL 限流方式触发也可以选择转发其他 URL。

4）应用代码需对异常进行处理，建议可以使用 sprint retry 进行重试。

5）限流规则的阈值是 QPS 和线程数二者之一。

6）降级规则的阈值只有响应时间。

4. 全链路跟踪

在微服务化的架构体系中，对于任何一次业务请求，底层都要进行很多次远程 RPC 或者 Restful 调用，涉及访问数据库、收发消息或者其他操作。如果没有一个统计、收集这些链路的服务框架，那么在排查网站访问过慢的问题时，无疑是无从下手的。

网站卡顿、页面加载过慢是互联网应用常见的问题之一。排查、解决这类问题通常会花费开发、运维人员大量的时间。主要有以下三个原因：

1）**应用链路太长，无从下手：** 从前端页面到后台网关、从 Web 应用服务器到后台数据库，任何一个环节出现问题都有可能导致请求整体卡顿。到底是前端资源加载过慢，还是数据库出了问题，抑或是新发布的服务端代码有性能问题？对于采用微服务架构的应用，链路更加复杂，不同组件由不同的团队、人员维护，无疑增加了问题排查的难度。

2）**日志不全或质量欠佳，现场缺失：** 应用日志无疑是排查线上问题的神器，但出现问题的位置往往无法预期，发生问题进行排查时往往会发现日志信息不全，因为我们不可能在每一个有可能出现问题的地方打印日志。

3）**监控不足，出现问题为时已晚：** 业务发展快、迭代速度更快，会导致业务系统频繁修改接口、增加依赖、代码质量恶化。如果没有一个完善的监控体系，就无法对应用的每一个接口的性能进行全自动监控，对出现问题的调用进行自动记录。等用户反馈问题时再进行解决，通常为时已晚。

通过链路分析的功能，可以准确地描绘出用户请求、经历的所有系统和服务、调用所花费的时间、是否有错误等。通过 EDAS 提供的全链路分析功能，可以很好地管理微服务应用，并进行问题定位，尤其是排查服务慢的问题。

查询调用链的时候，若遇到本地代码慢的情况，程序员常常束手无措。为什么慢、本地哪里慢，急需本地线程堆栈，现在调用链搭配本地慢调用，可以一目了然地知道是哪段代码慢。如图 4-23 所示。

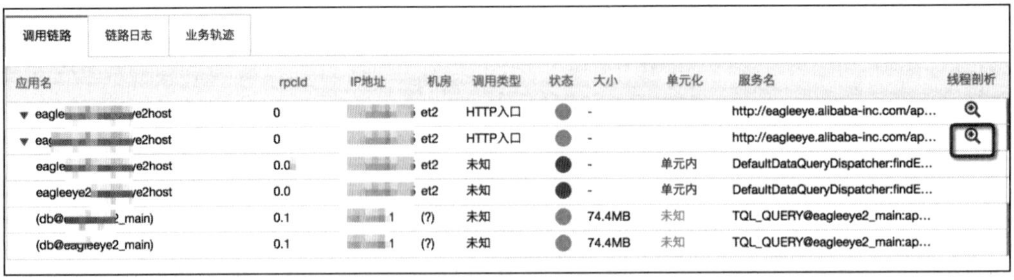

图 4-23　服务调用链路

在图 4-23 所示界面中点击"线程剖析",即可看到各个方法的具体耗时,如图 4-24 所示。

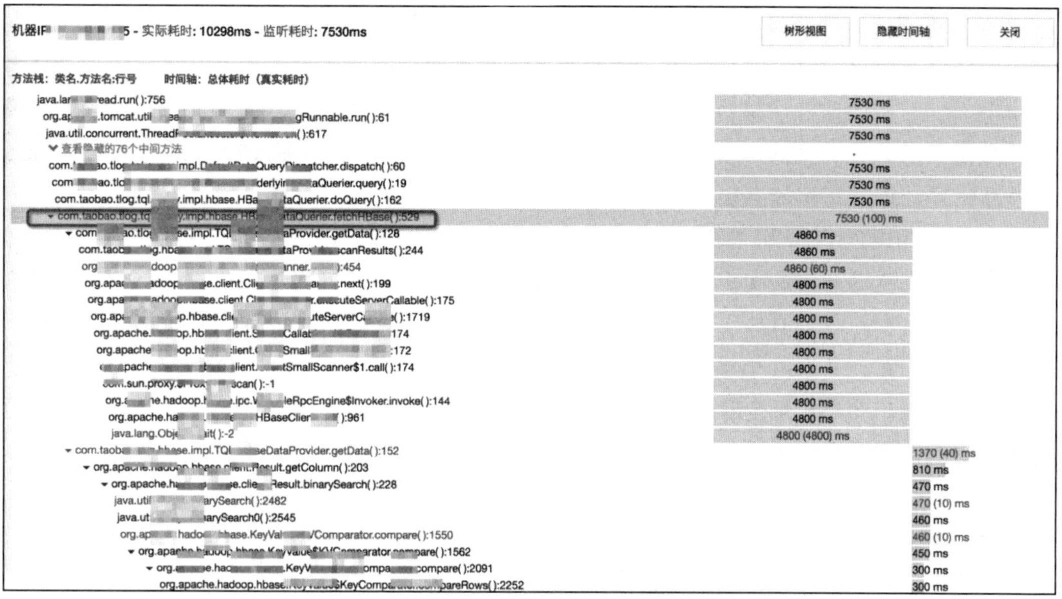

图 4-24 服务链路详细分析

我们点击某一个调用快照的 TraceId,展开即可查看这次调用具体"慢"在哪一行。从图 4-24 中我们可以清晰地看到,在这次耗时 7530 毫秒的调用中,造成变慢的是哪个方法的哪一行。

5. 全息监控

在微服务应用系统中,涉及的应用节点数较多、日志比较分散。微服务框架提供分布式日志快速配置、集中查看分析的能力,从而实现分布式日志调用跟踪、业务指标跟踪、应用日志实时监控功能。通过界面化监控、配置和处理,可及时响应业务方提出的各种监控需求变更,既支持实时的图形化界面监控,还支持大规模离线的监控数据处理。它为企业在业务监控方面带来的价值包括:

1)业务监控结果可做到秒级响应,让企业第一时间知晓业务状态。

2)监控平台具有无限横向扩展能力,支持海量数据吞吐能力,无缝支持业务增长。

3)基于可视化的报警接入和接口输出,监控定制一站式服务,对 IT 人员技能门槛要求低,且监控变更敏捷迅速,能够第一时间响应业务要求。

4)针对不同行业和场景提供丰富的应用模板。

基于 EDAS,开发人员可以方便地实现分钟级的业务监控平台搭建和启动,将宝贵的开发资源从繁杂的微服务基础架构中解放出来,更好、更集中地打造业务中台,为企业业务服务。

4.8 阿里巴巴业务中台能力输出与案例

本节将通过一个案例来说明中台能力的输出。本例中的客户单位是一家汽车经销商，该汽车经销商集多品牌的整车销售、维修服务、零配件供应、信息咨询于一体，能为消费者提供全面、权威的服务。该汽车经销商下设几十家大型 4S 门店，采用多品牌集团化经营模式，降低了企业经营风险。经营的产品从高端产品到中级产品、从 A 级车到 D 级车，合理的产品布局让该汽车经销商赢得极大的市场份额。

新零售理念的兴起为汽车营销领域带来了创新灵感，传统 4S 店的营销模式亟待变革。该汽车经销商主动迎接这次变革，希望能够改变汽车零售模式，变革汽车零售行业，并将自己打造成为汽车新零售科技平台公司。为了实现这个目标，该汽车经销商开始着力打造汽车新零售解决方案，开启汽车经销商集团数字化转型之路，实现一切业务数据化、一切数据业务化，建设汽车新零售平台和汽车零售新生态。通过业务中台的建设，该汽车经销商希望迈出汽车经销商集团数字化转型之路的第一步，实现一切业务数据化的目标，开创汽车经销商行业数字化转型的先河。

笔者在深入了解该汽车经销行业的业务需求后，基于业务中台共享服务中心的理念，设计并实施了该项目的整体架构，打造了汽车经销商行业的共享服务层。目前，业务中台的服务中心包括：

- ❑ 用户中心
- ❑ 会员中心
- ❑ 商品中心
- ❑ 车辆中心
- ❑ 交易中心
- ❑ 物料中心
- ❑ 库存中心
- ❑ 工单中心
- ❑ 效能中心
- ❑ 任务协同中心
- ❑ 数据交换中心

整体架构如图 4-25 所示。

由于客户技术团队是第一次采用分布式服务化框架 EDAS 来开发应用，阿里团队先后进行了数轮的技术培训，对 EDAS 框架的原理、使用进行了详细讲解。同时也对每一个服务中心的微服务拆分做了评审，确保服务划分的合理性。同时，对项目中的重点技术设计把关，为系统短时间内完成上线打下了坚实的基础。

阿里团队在项目过程中，还指导客户开发团队使用 MQ 的事务消息来解决数据一致性的问题。

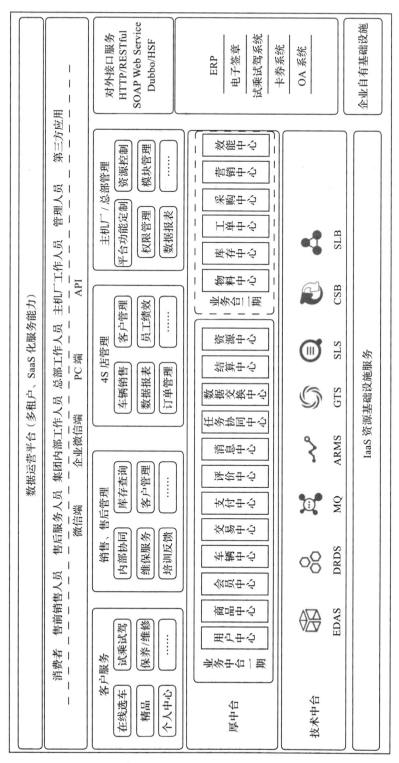

图 4-25　业务中台整体架构

经过 4 个多月的紧张开发，项目顺利上线，从而实现了该汽车经销商全业务流程场景的覆盖，完成了线上线下整合，人、车、店数字化，全链路业务打通，提升用户体验，打造出"汽车新零售"样板间。该系统不但在该经销商的几十家门店使用，同时作为行业产品推广到其他的经销商合作伙伴，截至本书完稿时，该系统已经在某豪华汽车品牌厂家分布在全国的 240 多家门店使用，实现了整体进销存的统一管控，总部能实时管控经销商的门店营销。

更重要的是，基于业务中台提供的众多的服务能力，技术团队后续能够在很短的时间内快速上线各类应用系统，为快速支撑业务发展打下了良好的基础。同时，基于中台理念构建的打通汽车经销商业务线上线下一体化解决方案的产品化，也使该汽车经销商集团可以向其他经销商提供 SaaS 化服务，并实现 License 管理。

第 5 章 Chapter 5

应用系统迁云

随着云计算技术的不断发展和普及，从网络建设、架构设计、业务运营和系统运维等多个角度对传统 IT 系统建设产生了深远的影响。越来越多的企业选择将应用系统迁移、部署到云平台上，利用云计算平台产品构建低成本、弹性、高性能、高可靠性、高安全、按需获取计算能力的 IT 业务系统。

传统架构注重硬件的高可用性和纵向扩展能力，而云平台通过分布式架构确保自身服务的横向扩展能力和高可用性，并且集成了备份、监控、HA、审计等一系列基础运维服务。云平台以直接使用的服务方式提供，使用方随时购买随时使用，无须考虑一系列烦琐的底层运维工作，云使用者可以更加专注于业务的研发。

那么，如何平滑地从传统架构迁移到云平台上，更好地使用云平台支撑业务呢？本章将简要介绍应用迁移到云平台的技术要点和实施流程，以便云使用者对应用系统迁移上云的过程有更直观的理解。

5.1 应用系统迁云的挑战

传统应用系统迁移到云端面临着诸多挑战。绝大多数 IT 系统都是以数据和存储为核心，而将数据和存储结合得最为紧密的就是关系型数据库。这往往是一个企业系统的核心，用以满足实时交易和分析的需求。系统迁云时，即便基本架构不做太大变动，也会给数据库带来极大的挑战。传统的单机数据库采用"纵向扩展"（Scale-Up）来满足高性能和更大数据存储容量的要求。如图 5-1 所示，企业数据库集群（如 Oracle RAC）通常采用 Share-Everything（Share-Disk）模式，通过小型机 + Oracle + SAN 存储的方式，数据库服务器之间共享资源，例如磁盘、缓存等。当性能不能满足需求时，要依靠升级数据库服务器（一般采用小型机）的 CPU、内存和磁盘来达到提升单节点数据库服务性能的目的。另外，可以增加数据库服务器的节点数，依靠多节点并行和负载均衡来提升性能及系统整体可用性。

此外，从架构的角度来看，在从 IOE 架构向云计算平台技术架构转移的过程中，还有如下几个需要考虑的问题。

1）可用性：脱离小型机和高端存储的高冗余机制，采用基于 PC 服务器的分布式架构的云计算平台能否做到高可用？

2）一致性：Oracle 基于 RAC 和共享存储可实现物理级别一致性，云数据库 RDS 能否达到同样的效果？

3）高性能：高端存储的 I/O 能力很强，基于 PC 服务器的 RDS 能否提供同样甚至更高的 I/O 处理能力？ MySQL 和 Oracle 对 SQL 的处理性能是否相同？

4）扩展性：传统架构强调纵向扩展，云上架构的纵向扩展能力如何？如果其纵向扩展能力无法达到业务的需求，是否有其他的方法可以解决，比如横向扩展？这涉及业务逻辑如何拆分，如何服务化，数据分多少库分多少表，按什么维度分，后期二次拆分如何更方便等问题。

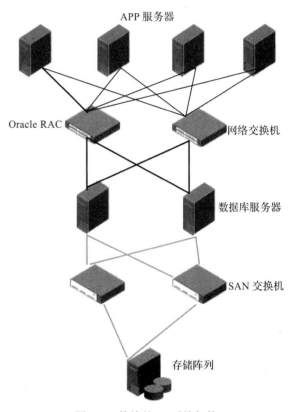

图 5-1　传统的 IT 系统架构

5.2　系统迁云方法

系统迁云不是一蹴而就的工作，而是需要依据一定的原则、采取一定的策略、按照一定的节奏来进行。接下来我们详细介绍系统迁云的具体方法。

5.2.1　迁云原则

要确定业务系统是否适合迁移至云平台，首先需要根据业务特性、特点、定位等方面进行初步评估，对业务系统进行详细梳理和判断。具体梳理内容如表 5-1 所示。

根据评估结果，迁云实施人员就能对系统是否适合迁云以及迁云的难度有初步的把握，并迅速梳理出业务系统的全貌，有助于后面关于迁云策略和节奏的决策工作。从理论上来说，几乎所有的云下业务系统都可以迁移上云，只是难度有所不同。根据经验，我们总结出适合向云平台迁移的业务系统具有如下特点：

1）应用系统对硬件无特殊依赖性。

2）应用服务器可通过增加节点的方式提高处理能力。

3）应用系统与数据存储能有效分离，采取模块化设计方式，且对模块之间通信实时性要求不高。

表 5-1　业务系统评估表

序号	业务系统	主要内容
1	系统重要性	适用范围 故障影响的用户范围 允许的最大停机时间 重要等级
2	系统当前部署模式	集中部署 分级 / 分散部署 部署位置
3	系统是否具备迁移上云条件	系统是否长期使用 系统是否存在严重故障隐患 同时在线用户比例 系统资源利用率 是否支持系统优化 / 改造 是否支持平滑迁移上云

除此之外，还需要考虑业务系统迁移至云平台可以获得的收益和可能的风险，以及改用云计算技术的部署方式是否可以满足工程建设需要、是否可以实现业务平台整合和资源共享等预期收益。最后还要从技术、初始建设成本、运维管理等方面评估迁移至云平台的风险，且要充分考虑回退方案。

5.2.2　迁云策略

从现有业务系统向云平台迁移时需要考虑很多因素，应尽量避免或减少对业务带来的影响，保护原有设备的投资，减少投资浪费等。

系统迁移上云需要根据系统类型和重要性选择合适的迁移方式，而对于复杂系统的迁移上云，需要根据实际情况采用定制化的迁移技术及方法。常用的迁移策略包括：

1）**直接迁移到云平台**：将业务系统直接迁移到 IaaS，部署到云平台虚拟化资源（例如虚拟服务器、虚拟存储、虚拟网络）之上，并采用统一运营管理平台进行管理。

2）**改造后迁移**：需要对系统架构、运行环境、接口等进行改造，使其满足迁移到云平台的技术要求，然后再迁移，其中涉及是否把 Oracle 数据库改造成 MySQL 或 SQL Server 数据库。

3）**保持现状**：继续保持现有业务系统当前的运行环境，包括基础设施，直至系统退役。再次强调，选择应用程序迁移上云的最佳方式，不是单纯的迁移问题，而是一个真正的优化问题，不能孤立地做出决定。任何迁移上云的决策本质上是应用程序或基础设施走向现代化的决定，需要在相关的应用程序组合管理和基础设施组合管理的大背景下进行处理。

5.2.3 迁云节奏

考虑到迁移过程中会面临的风险，建议在进行大规模平台迁移之前，可先期试点迁移部分业务系统，做好迁移文档和日志记录工作，为后期系统迁移积累工程经验，进而保障云平台能够切实发挥应有的效益。

先期试点迁移的业务系统在满足迁移上云原则的前提下，可优先考虑以下两种思路：

1）考虑同期在建项目的同步迁移工作，可以在建设过程中直接参照云平台技术体系要求进行开发部署，这样能够大幅减少项目建成后再迁移的工作量。

2）选取非核心、单独的业务系统，这些系统对业务连续性敏感度不高、用户覆盖范围不大。在应用访问低谷期间，采用技术成熟度高的 P2V 迁移工具进行迁移工作，即使迁移期间发生小概率业务中断事件，也不会造成大范围的严重后果。

无论采用哪种迁移思路，在系统迁移前，都要提前建设好支持运行测试验证的云平台环境，进行相应的组件测试，避免因为云平台本身问题而导致迁移失败。

5.3 迁云评估

在梳理前述内容后，可参考图 5-2 所示的流程对系统进行迁移上云的评估。

图 5-2 对评估过程做了详细说明，用户在进行迁云评估时应重点考虑以下几方面的内容：

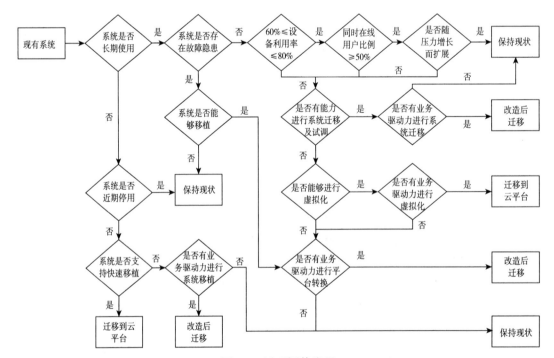

图 5-2　迁云评估流程

- ❏ 系统是否处在系统软件或硬件的更新换代周期？
- ❏ 是否有对应的实施系统迁移的技术能力或支持？系统开发商或开发人员是否可以提供支持？
- ❏ 直接迁移云时，需要重点考虑现有技术环境和云平台的兼容性。
- ❏ 若进行改造后迁移，要考虑是否有业务驱动力，如能否解决业务目前所遇到的问题？

5.4　迁云的整体流程

在系统通过评估，被认为适合迁云后，就应启动迁云的工作。下面简要阐述迁移上云的过程。迁云的整个过程分为系统调研、上云风险评估、方案设计与评审、系统改造、功能 / 性能测试、系统割接和回滚、系统交付与护航等方面。图 5-3 给出了迁云的流程图。

整个流程中的几个关键节点说明如下：

1）**项目立项**：由项目经理召集相关方，发起迁移上云项目。

2）**系统调研**：根据整个迁移计划，调研应用的系统架构图、数据库信息、系统整体压力情况、系统底层部署情况、商业软件依赖等方面内容。特别需要调研系统是否使用了传统行业专有的设备、软件或者开发模式等内容。通过调研，可以初步评估出系统是否可以上云、上云的改造难度、云平台是否可以完全匹配需求等。

3）**方案设计和系统改造**：根据前期的调研并结合云平台特性，为应用系统构建新的系统架构图和迁移的改造计划，比如是直接上云还是改造后上云，是否需要做异构化改造，是否使用分布式 DRDS 等。

4）**功能 / 性能测试**：云平台和传统环境是有差异的，在系统上线前，务必在云平台上进行充分的功能验证和性能测试。

5）**系统割接上线**：通常所说的系统割接就是把系统流量切换到云平台。但在迁移实施流程中，系统割接不仅是将系统流量切换到云平台，还包括流量切换前的准备工作，如云产品资源准备、数据库迁移、应用程序迁移等工作。

6）**系统交付**：流量成功切换到云平台后，系统正式进入运行和后期运维阶段，交付后有任何技术问题，可随时提交，由专业的售后团队解决问题。

下面来详细介绍上述流程中的关键方面。

5.4.1　系统调研

调研可以让团队充分理解当前系统业务的现状和系统未来规划、现有架构和云平台是否匹配等，为后续的系统迁移方案制定和实施提供第一手资料。

迁移上云的系统调研阶段主要是通过调研表、访谈、系统数据收集、应用系统观摩等标准化的流程及方法调研应用系统，使迁移上云团队能够充分理解业务及应用现状，为后续的应用系统迁移方案制定、实施以及验证交付提供数据支撑。

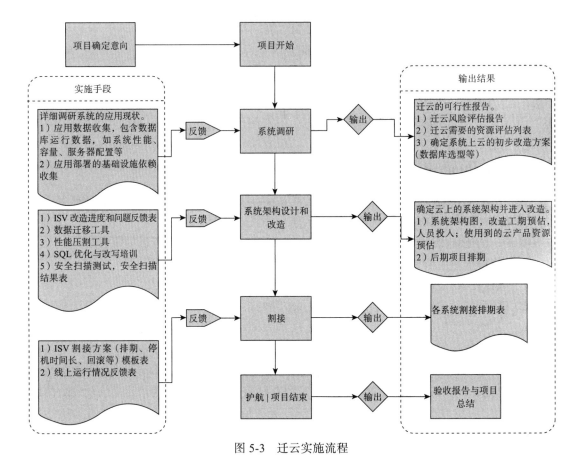

图 5-3 迁云实施流程

系统调研阶段的主要工作内容包括业务调研、系统架构调研、数据库调研、应用程序调研。

1）**业务调研**：基于待迁移应用系统的业务层面开展基础性调研分析工作，主要包括对业务类型、使用人员、业务使用特征、业务性能指标等方面进行调研分析。主要内容包括：

❑ 系统名称。

❑ 所属单位。

❑ 系统业务说明及服务对象。

❑ 系统开发 / 运行情况（已上线、开发中、设计中、规划中）。

❑ 系统类型（网站、OA 系统、ERP、CRM 等）。

2）**系统架构调研**：这个阶段主要是对整个应用系统部署、系统运行体系、系统运行现状、系统可扩展性、系统数据流、系统关联性等方面进行全面调研分析。主要内容包括：

❑ 外设和商业软件需求调研。

❑ 网络需求调研。

❑ 改造规划调研。

❑ 系统各模块依赖调研，如是独立系统还是有依赖其他系统。

❑ 安全要求调研。

❑ 资源的使用情况（服务器、存储设备、网络带宽）。

❑ 系统是 OLAP 还是 OLTP 类型。

3）**数据库调研**：需要通过收集数据库版本、部署结构、数据安全策略等基础信息以及现有数据库容量、流量、SQL、高级特性等方面的使用情况，进行数据库层面的技术调研和分析。主要内容包括：

❑ 数据库厂商 / 版本。

❑ 数据库架构（是否 RAC、主备）。

❑ 备份策略（冷备、热备、备份周期）。

❑ 数据容量、流量统计（高峰 TPS/QPS、数据库大写、超过 1000 万条记录的表数量及名称、峰值连接数）。

❑ SQL 收集（一天内数据库访问排名前 50 的 SQL 以及慢 SQL）。

❑ 数据库高级特性收集（Oracle/SQL Server），包括存储过程、函数、触发器、包、物化视图、虚拟列、分区、DBLINK、SEQUENCE、全文索引、DTS 等。

❑ 数据库字符集。

4）**应用程序调研**：搜集应用程序架构、中间件使用情况、应用负载等方面的信息，进行应用程序层面的技术调研和分析。主要内容包括：

❑ 操作系统架构。

❑ 是否有高可用性设计。

❑ 是否有高性能设计。

❑ 数据存储方式。

❑ 系统类型。

❑ 应用程序使用哪种语言开发，采用什么样的开发框架。

❑ 系统采用的架构是 B\S 还是 C\S。

❑ 系统是否使用了第三方商业产品或组件。

❑ 是否调用外部接口或服务。若调用外部服务，采用的接口协议类型是什么；若提供服务供外部调用，接口协议类型是什么。

❑ 若有文档存储，文件存储方案是什么。

❑ 文档存储中包含哪些文件类型。

❑ 日志文件存储方式。

❑ 系统是否同时使用多个数据源。

❑ 数据库调用方式。

❑ 使用哪种中间件产品。

❑ 中间件是采用单节点部署还是集群方式部署。

❑ 系统部署使用的第三方组件类型是什么。

❑ 是否使用定制插件，若使用定制插件，请提供开发语言和运行环境。

❑ 系统性能指标是什么。

5.4.2 风险评估

基于系统调研阶段输出的调研报告，并结合云平台的架构特点，迁移上云团队应对系统上云的风险进行评估。风险评估的内容包括系统迁移上云的可行性（和云平台的兼容性），能否迁移到云端，是否需要做系统改造或是代码重构，改造难度的大小预估，迁移到云端需要云上什么架构来支撑等。通过一系列调研，我们基本可以推算出项目迁移的改造工期和技术难点，比如平迁的系统、MySQL 迁移到 RDS for MySQL、SQL Server 迁移到 RDS for SQL Server、文件系统迁移到 OSS 的风险一般很小，而需要做数据库异构化改造的系统迁移风险通常比较大。

迁移上云团队对系统迁移过程中出现的风险点进行评估后，将对云平台暂时还不支持的功能进行分析，以便在方案设计阶段提出有针对性的解决办法。风险评估主要包含如下 4 个方面内容。

1）**云平台兼容性评估**：对应用系统实际情况和云平台还不支持的软硬件进行摸底，以便制定相应的解决方案。主要包括以下内容：

❑ 云数据库不支持 Oracle。

❑ 云上不支持特定的硬件（加密狗、专线、高性能显卡、特定 IP 地址依赖等）。

❑ 是否满足云上网络架构。

❑ 云上安全是否符合系统安全等级要求。

2）**性能风险评估**：结合甲方应用系统的性能调研结果，对现有系统性能瓶颈点进行评估，以便制定应用系统优化方案，比如是否需要使用分库分表、是否需要海量数据处理技术等。主要包括以下内容：

❑ 数据库资源是否满足并发访问以及空间存储限制。

❑ 应用服务器是否满足系统性能需求。

❑ 云上分布式存储接口是否满足并发要求。

3）**系统改造风险评估**：根据现有应用系统的业务特点、技术特征，以及云平台特性，评估系统在改造过程中的风险。主要包括以下内容：

❑ 应用程序改造是否满足原系统设计指标。

❑ 数据迁移方案是否满足系统割接要求。

❑ 数据库异构化改造的难度。

❑ 改造后的模块是否能兼容其他系统的调用依赖。

4）**资源风险评估**：对迁移上云实施计划、云平台资源准备、迁移上云实施团队的人力资源等风险点进行评估。

5.4.3　云上架构设计

基于系统调研和风险评估结果，并结合云平台特点，迁云团队应确定应用系统在云上的新架构和迁移方案，比如是直接迁移到云平台上，还是需要进行一系列改造（比如数据库异构改造）后再上云；文件系统是否需要迁移到 OSS 上，数据分析系统是否兼容云平台等。而且，要对改造周期进行预估，最终形成上云的架构设计和改造方案。

相比传统的 APP+DB 部署模式，云上更适合使用 SLB+ECS+RDS 来达到高可用的目标（见图 5-4）。

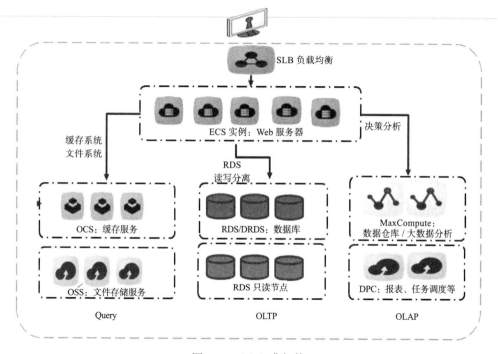

图 5-4　云上经典架构

基于应用系统特征，如可用性、稳定性、性能的要求，输出基于云平台的应用程序和数据库部署方案。这部分内容在本书的第 3 章有重点阐述，此处不再介绍。

5.4.4　系统改造

确定云上架构后，除少数按照云平台特点新设计的系统以外，绝大多数都要进行改造才能迁移到云上。

本阶段将基于系统改造方案，对现有应用系统进行改造，并进行测试验证。如图 5-5 所示，系统改造主要包含以下几方面工作：系统架构改造、数据库改造、应用程序改造和系统测试验证。

图 5-5　系统改造四大部分

1）**系统架构改造**：基于对等的原则，根据云下使用的物理硬件设备相应地在云上选择云服务和云产品，并进行系统的搭建。本部分内容在上一章中有详细讲述。

2）**数据库改造**：重点解决从传统商业关系型数据库迁移到云上 RDS 的问题，阿里云RDS 支持 MySQL、SQL Server 和 PostgreSQL 三类关系数据库引擎。选择好云上使用的数据库后，迁移异构数据库。除需要考虑对应数据类型之外，还需要考虑源数据库的存储过程、函数等功能以及 SQL 语句到 RDS 的改造。此外，源数据库数据量和系统性能要求高时，还需要改造为分布式关系型数据库 DRDS。

3）**应用程序改造**：架构决定了选用的云服务和云产品，而云产品有自己的使用规范和特点。阿里云的所有云产品都对用户开放了 API 和多语言的 SDK，应用程序开发人员遵循云产品的开发使用说明和最佳实践，对原有程序进行修改。例如，对象存储 OSS 的使用规则在传统应用中是没有的，读取文件等操作与操作文件系统有区别，需要进行相应程序改造。

4）**系统测试验证**：这是软件工程实践中的重要一环，程序改造完毕后是否能正常运行、是否能满足用户的业务需求，只有经过严格的测试才知道。

5.4.5　数据迁移验证

数据迁移主要发生在新老系统切换的过程中，主要有两种类型的数据迁移：

1）将老系统的数据全部迁移到新系统中，业务上只使用新系统，不再使用老系统。

2）老系统的部分功能在新系统中暂时无法实现，但是在业务上需要使用新系统，需要将新系统中产生的数据导入老系统的数据库中，有特殊用途。

1. 将老系统中的数据迁移到新系统中

将老系统中的数据迁移到新系统中的主要策略有：

（1）查看老系统中的数据是否完全迁移到新系统中

要保证新老系统无缝切换，必须要保证数据的正确性；而将老系统中的数据迁移到新系统，首先要保证所迁移的数据量是一致的。只有在数据量一致的情况下，才能进行其他方面的测试；如果数据量不一致，说明迁移方法或者脚本是错误的，需要寻找原因。

（2）查看新老系统的数据库表结构的变化

1）有些新表字段在老库中无数据，而在新库中必须有数据。对这些字段，采用默认值即可。

2）有些数据字段一部分有数据，一部分无数据，迁移到新库后要想办法处理无数据的部分字段。

3）老数据库中的表关系迁移到新库后有哪些变化。

（3）查看新老系统中，相同字段不同状态的变化

因为新老系统在业务表示上会有一定的差异，用来表示业务状态的标识也会存在变化，所以必须注意新老系统在表示相同业务状态时的差异。在这种情况下，会做相应的映射，需要根据映射关系来检查迁移后的数据是否正确。

（4）查看新老系统中各个字段的转换是否正确

在进行字段检查测试之前，需要准备测试数据，准备测试数据时最好能够考虑到每个字段的不同情况。可以使用矩阵法，用最少的数据覆盖最多的状态。准备好数据后，根据迁移规则，可以查看各字段迁移后数据是否正确。一般来说，迁移规则有以下几种：

1）直接迁移，即原来是什么就是什么，原封不动照搬过来。对这样的规则，如果数据源字段和目标字段的长度或精度不符，需要特别注意查看是否真的可以直接映射，否则需要做一些简单运算。另外，还要查看迁移脚本中是否对长度或精度进行了处理，测试时，也需要准备对长度和 / 或精度不一致的数据进行测试，查看是否能够正确迁移。

2）字段运算，对数据源的一个或多个字段进行数学运算得到目标字段，这种规则一般是对数值型字段而言。

3）参照转换，在转换中通常要用数据源的一个或多个字段作为 Key，在一个关联数组中搜索特定值，而且应该只能得到唯一值。一般来说，这样的转换主要适用于某些类似于 ID 的字段。

4）字符串处理，从数据源某个字符串字段中经常可以获取特定信息，例如身份证号。而且，经常会有数值型值以字符串形式体现。对字符串的操作通常有类型转换、字符串截取等。但是字符类型字段的随意性也会带来脏数据的隐患，所以在测试这种情况的时候，一定要考虑异常情况。

5）空值判断，对于老系统中的空值字段，不能简单地认为迁移后还是空值，需要根据实际的情况，考虑该字段在新库中应该为哪个字段，还要考虑老系统中该字段不为空的情况。

6）日期转换，需要考虑新老系统对日期的不同表示方法。

7）聚合运算，对于事实表中的度量字段，它们通常是通过对数据源一个或多个字段运用聚合函数得来的，在标准 SQL 中常用的聚合函数包括 sum、count、avg、min 和 max。

8）既定取值，这种规则和以上各种规则的差别就在于它不依赖于数据源字段，对目标字段取一个固定的或是依赖系统的值。

（5）查看迁移后的数据在业务逻辑上是否正确使用

从老系统中迁移过来的数据，要在业务系统中进行流程测试、功能测试，确保迁移后的数据可用。

2. 将新系统中的数据迁移到老系统中

将新系统中的数据迁移到老系统中时，一般不会全部迁移，而是将部分表迁移过去，使得老系统可以用新系统中的这些数据进行相关的统计。迁移的主要方式是批量迁移，也就是说，在一定的时间范围内运行一次脚本，将新系统中的数据迁移到老系统中。主要的测试策略如下。

（1）查看一定时间段内是否所有的数据都进行了迁移操作

迁移是将新系统中一定时间范围内有变化的数据反映到老系统，因此，需要测试在这个时间段内，新系统中有变化的数据是否都正确反映到老系统中。一般来说，数据迁移时，会有一个表专门用来记录在新系统中数据的变化情况，可以通过查看该日志表得到有变化的数据记录，然后在新系统中进行对应检查。

（2）查看新增的数据是否能够迁移

因为是批量迁移，所以需要确保新系统中新增的数据能够迁移到老系统中，可以根据ID 唯一确定新系统中生成的数据是否迁移到了老系统。

（3）查看数据修改是否能够正确反映到老系统中

新系统中不可避免地会对数据进行修改操作，相应地，老系统中对应的数据也需要改变。修改数据后就需要测试，修改新系统中的数据并执行脚本后，老系统中的数据是否会做同样的修改。

（4）查看数据删除是否正确反映到老系统中

在新系统中，对数据进行删除操作后，对应的老系统中的数据也需要被删除。

（5）查看迁移后各字段是否正确

字段对照检查，方法和前面的老系统迁移到新系统中一样。

（6）大数据量测试

因为是批量进行迁移，可能存在数据量较大的情况。此时，如果迁移脚本关联操作较多，可能存在脚本执行时间段内不能完成所有数据的迁移的情况，导致本次数据迁移没有完成，到下一次执行脚本时，又有数据没有迁移完成，最终造成大量的数据不能完成迁移操作。此时，需要优化迁移脚本，或者提高定时执行脚本的频率，减少脚本单次运行时间。大数据量的测试还需要关注迁移的数据是否会出现错误。

（7）业务测试

因为新系统的数据库表结构以及字段表示可能和老系统不一致，需要用迁移到老系统中的数据进行功能测试、流程测试，确保数据可用。

（8）不进行迁移的字段确认

因为新系统的数据库表结构以及字段表示可能和老系统不一致，新系统中部分字段可能在老系统中找不到对应的字段，所以不需要迁移。这一部分数据也需要进行验证，确保不会将不迁移的字段数据迁移到其他的字段中。

（9）字段长度不一致检查

新系统中字段长度和老系统对应字段长度不一致时，要么无法迁移，要么需要进行截取。如果不能迁移，就需要有错误日志，确定哪些字段不能迁移；如果需要截取，则需要确认截取的长度是否正确；如果进行截取，要考虑是否会对业务造成影响。

对于数据迁移的测试，需要关注两个方面。一个是业务层面，迁移后的数据在业务流程中应该是可用的，也不会对现有业务造成影响；另外一个层面是迁移后的数据应该是完整的、正确的、可用的，这就需要关注迁移规则是不是正确的，如果迁移规则是错误的，迁移后的数据就算符合迁移规则也是不正确的。

5.4.6　功能 / 性能测试

功能 / 性能测试是指由业务方根据系统设计中的测试用例来完成功能、性能及数据完整性校验等工作。校验包含人工审核及工具审核两个部分。

迁移完成后，在开启功能测试前，需要由应用负责人进行系统架构及部署方面的人工审核，如审核无误可进入工具审核阶段。

人工审核后，利用迁移脚本通过包含路径、文件列表、代码、数据表、数据库对象的对比进行对比审核，审核通过后开启功能测试。

功能测试将对云上新系统各项功能进行黑盒测试验证，根据功能测试用例逐项测试，检查产品是否达到用户要求的功能。功能测试结束后进入性能测试，性能测试将通过自动化测试工具模拟多种正常、峰值以及异常负载条件对系统的各项性能指标进行测试，从而评估系统的最大容量并发现性能瓶颈点。这部分在本书的第 9 章会做更详细阐述。

5.4.7　系统割接交付

本阶段主要完成新老应用系统的割接，并确保迁移上云后的应用系统可以稳定、高效地运行在云平台上，这个阶段包括云上资源申请和开通、数据库迁移、应用程序迁移和业务割接等工作。整个流程如图 5-6 所示。

1）**系统环境搭建**：根据系统需求，完成应用系统所需云产品的资源申请和环境准备，以及数据迁移工具的准备。

2）**应用程序部署**：按照应用程序部署方案，通过功能和性能测试之后，将应用程序部署到云平台上。

3）**文件 / 数据库同步**：将改造后的数据库，以及现有应用系统的存量数据、增量数据迁移到云平台，并且校验新老平台数据，确保云平台上数据的正确性。

4）**业务割接**：明确业务割接时间点后，按照业务割接方案完成应用系统到云平台的割接验证工作，完成流量切换。

5）**回滚机制**：每个系统都要回滚方案，包括应用程序的回滚和数据库的回滚。我们把系统割接交付过程看作一个独立的项目，系统割接过程中可能发生各种问题，因此项目执行人员需要充分预计、评估各类风险，并为可能发生的风险准备足够全面的预案。在这个过程中，主要涉及技术风险和业务风险。

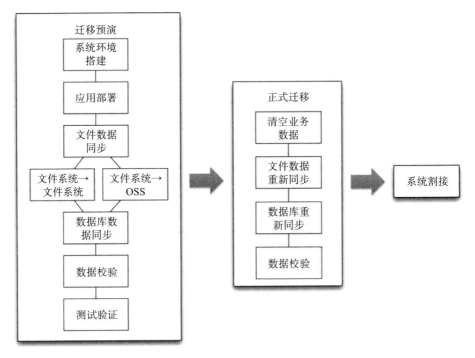

图 5-6　系统割接交付流程

1. 技术风险

技术风险主要包括迁移不完整和业务中断。

（1）迁移不完整

迁移预演完成后的测试过程中，由于配置文件修改不完全、二进制程序写死等原因，测试仍有可能访问原有系统或原第三方系统账号。测试表面虽然可以达到预期，但实际迁移后仍有无法访问的风险。

因此，迁移预演完成后的测试应安排独立性测试。测试过程使用独立网络，保证与原有系统完全隔离。

（2）业务中断

由于技术原因，迁移过程可能会导致业务中断。中断时间从秒级到日级不等。不同项目应有不同的方案。方案中要计算出计划停机时间和计划最长停机时间。正式迁移前 3～5 天，应在原系统页面显著位置提示系统升级时间和时长，此处时长应以计划最长停机时间计算。

同时，要准备基本功能测试用例，确保关键业务可以验收。此处最佳实践是使用自动化测试脚本，并且配套准备测试数据清理脚本，以便快速执行测试。

正式迁移时，业务中断期间应有友好的 HTML 页显示"正在维护"之类的信息，或使用跳转页面使系统跳转至新系统上。主要迁移工作完成时，应执行基本功能测试用例，确保验收通过。

2. 业务风险

业务风险主要包括数据泄露、数据损毁、功能／性能测试未达标以及测试数据污染。

（1）数据泄露

迁移过程中，应严格确保数据保密性。但由于人员因素，仍有数据泄露的风险。应尽量安排编制内人员参与，所有参与人员必须签署保密协议。不能携带移动存储设备，不能连接各种云盘。所有参与人员必须使用专用操作电脑，电脑安装有录屏软件，全程记录所有操作。

（2）数据损毁

迁移过程中的数据需要备份，每次备份后应按照数据完整性要求校验数据的完整性。但由于人员或硬件因素，仍可能出现数据损毁的风险。应按照原有业务系统的数据安全要求在任意时间内保证至少有几份有效数据副本。可不定期对迁移小组进行抽查，若发现数据有效副本缺失，需中断所有迁移操作，及时补救处理。

（3）功能／性能测试未达标

迁移之前应按照原有业务系统的测试用例，对原有系统进行完整的功能、性能测试，出具真实的测试报告。预迁移完成后，应对预迁移的系统按照原有业务系统的测试用例，再次进行完整的功能、性能测试，出具真实的测试报告。

由于软硬件环境等因素，可能出现原系统可以通过的用例在预迁移系统上无法通过的情况。预迁移完成后的测试报告若没有达到预期效果，不可向下进行后续操作。功能测试未达标时，需要组织开发方、迁移执行方进行排查解决。分析性能测试未达标的具体原因后，可以充分利用云平台弹性特性进行扩展。

（4）测试数据污染

测试过程应该尽量在预迁移环境中进行，但可能因为其他条件限制，必须在正式环境中进行。测试过程中可能会产生测试数据，应用测试数据清除方案对测试数据进行清理。但仍有可能由于人员问题造成将测试数据遗漏在生产系统里。建议使用自动化测试工具，利用脚本对系统进行测试，并且准备对应的测试数据清理脚本，对测试过程中产生的测试数据进行清理。自动化测试脚本和测试数据清理脚本应得到充分调试，确保无误。

5.5　系统迁云技术选型

因实际需求和应用特征的不同，应用系统迁移上云有不同的技术路径，不同的路径对应不同的迁移上云解决方案。图 5-7 列出了应用系统总体的迁移上云路径。

影响迁云决策的因素很多，比如系统的复杂度、重要性、安全性要求、迁移周期、性能要求和扩展性要求等。这些都会成为我们判断时的输入条件，而判断分支的第一步就是确定系统是直接上云还是改造上云。平迁上云相当简单，我们需要做的只是在云上搭建一套与云下一样的 Oracle 数据库，导入数据；将云下的应用重新在 ECS 上部署一套，或者直接打造成镜像上传到云平台，根据镜像生成一个已经部署好应用的 ECS。在这个过程中，我们依赖的云上资源就是虚拟服务器 ECS，如何选择适合规格的 ECS 是平迁上云的关键。改造上云将会产生更多的分支选择，这是因为云产品十分丰富，不同的云产品适用于不同的业务应用场景，所以我们会把业务分解得更细，如按照业务类型分类，以及按照业务的规模、数据的规模进行判断。接下来的两节将详细讨论技术选型的过程。

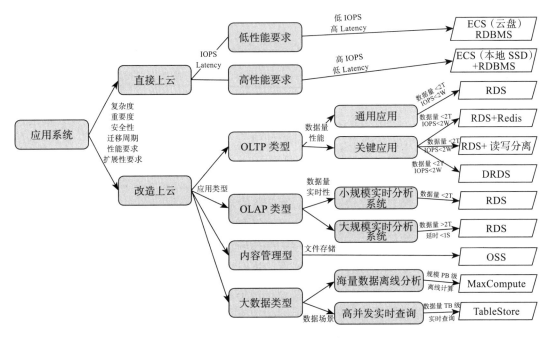

图 5-7   系统迁云技术选型参考

5.6 直接迁移上云

应用系统是否可直接迁移上云主要看数据库是否要做异构化改造，是沿用原有的商业数据库还是采用阿里云提供的数据库。主要从以下几个方面判断：

❏ **系统的复杂度**。应用对数据库特征强依赖，以及应用层对数据库的强耦合会导致改造的难度和风险增加。如果改造的难度和风险处于不可控范围，则可以考虑直接迁移上云。

❏ **迁移周期要求**。应用系统异构化改造会带来更长的迁移周期，若对应用系统迁移上云的周期有严格的要求，则可以选择直接迁移上云。

❏ **高可用要求**。采用直接迁移上云方式是在 ECS 上部署商业数据库环境，数据库的高可用由用户来保障；若采用阿里云产品，则数据库的高可用由阿里云保障。所以，直接迁移上云后，数据库的高可用级别是否能够达到实际应用的运行要求也是判断应用是否直接迁移上云的重要因素。

考虑以上几个方面后，如果得出结论可以直接迁移上云，接下来要重点考虑的就是系统对性能的要求了。相对而言，采用直接迁移上云的方式对数据库的性能会有所限制，同时数据库的性能扩展空间有限，所以选择直接迁移上云方式的应用必须考虑在规划的系统运行周期内性能上无较大规模的扩展要求。

1. 低性能要求

对应用系统而言，若希望数据库的 IOPS 性能在 [500，1000] 范围内、Latency>10ms，会被认为是低性能要求。迁移上云方案采用在 ECS（存储采用云磁盘）上直接部署商业数据库，比如 Oracle 或 DB2 的形式。具体迁移上云方法如下：

❑ 应用层基于 ECS 部署运行环境，应用程序直接迁移，同时修改应用程序的数据库连接。

❑ 数据层基于 ECS 部署商业数据库，数据存储采用 ECS 提供的云磁盘。数据库直接通过商业数据库自带备份恢复工具，比如 Oracle RMAN，实现快速迁移。

2. 高性能要求

对应用系统而言，若希望数据库的 IOPS 性能在 [1000，15 000] 范围内、Latency<10ms，则认为是高性能要求。迁移上云方案应采用 ECS（采用 SSD 存储）上直接部署商业数据库的形式。具体迁移上云方法如下：

❑ 应用层基于 ECS 部署运行环境，应用程序直接迁移，同时修改应用程序的数据库连接。

❑ 数据层基于 ECS 部署商业数据库，数据存储采用 ECS 提供的 SSD 磁盘。数据库直接通过自带工具实现快速迁移。

我们以 Oracle 为例，如果考虑到高性能的要求，可以配置一个相同的 ECS 实例为数据库的备机，主备之间通过 Oracle Data Guard 做数据同步。当主机宕机后，备机可以接管服务，切换时间通常在分钟级别。其架构如图 5-8 所示。

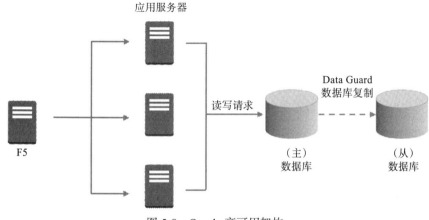

图 5-8　Oracle 高可用架构

5.7　改造迁移上云

对于传统应用系统，若其原有的架构设计和采用的数据库、中间件与阿里云产品存在较大的差异，则需要对原有应用系统进行改造后迁移上云。针对不同类型的应用系统，其改造的方案也有所不同，一般将应用系统分为 OLTP、OLAP、内容管理和大规模离线计算四个类型。

5.7.1　OLTP 类型

联机事务处理（OLTP）类型应用属于业务交易型系统，在各个行业内占比非常高，通常这类应用具有以下特征：

- ❏ 支持大量并发用户定期添加和修改数据。
- ❏ 反映随时变化的状态，但不保存其历史记录。
- ❏ 数据聚焦于某一类业务，其中包括用于验证事务的数据。
- ❏ 具有较复杂的结构。
- ❏ 提供用于支持日常运营的技术基础结构。
- ❏ 总体数据规模不大，单次访问的数据量较少。
- ❏ 业务逻辑相对稳定。
- ❏ 实时性要求高。
- ❏ 并发性要求高并且对事务的完整、安全性要求严格。

从应用系统的数据规模和性能要求上分析，可将 OLTP 类型的应用划分成通用应用和关键应用两类。通用应用为数据规模不大、性能要求不高的传统事务型应用；关键应用为数据规模和性能要求都比较高的事务型应用。

1. 通用应用

通用应用的性能要求较低，通常用以下几个关键指标进行界定：

- ❏ 应用为传统的 OLTP 类型系统。
- ❏ 数据规模（包括未来规划的时间范围内的数据规模）<1TB。
- ❏ 单表记录 <500 万行。
- ❏ IOPS<10 000。

对低性能要求的应用，数据库可直接采用 RDS。在实际迁移上云过程中会涉及数据库从 Oracle 向 RDS 的 MySQL 数据库的迁移。

2. 关键应用

关键应用对数据库规模和性能都有比较高的要求，在数据层需要有与通用应用不同的解决方案。

对于数据库性能要求高，但数据规模要求不高的应用，其关键指标如下：

- ❏ 数据规模小于 200GB。

❑ 单表记录小于 500 万行。

❑ IOPS 小于 10 000。

这类关键应用可通过引入数据缓存或采用读写分离的方式对 RDS 做性能扩展。引入数据缓存的方法是采用阿里云开放缓存服务 OCS，将部分查询数据加载至分布式缓存中，减少 RDS 的数据查询次数，提升系统的数据查询并发效率并降低响应时间。

读写分离是指采用分布式方式实现数据库的读和写的职能分离，写数据请求主要发生在主库，读请求访问只读库，可以根据需求对只读库进行扩展，以实现整体请求性能的提升。

对于数据库性能和数据规模要求都高的应用，其关键指标如下：

❑ 数据规模大于 200GB。

❑ 单表记录大于 500 万行。

❑ IOPS 大于 10 000。

这类关键应用可通过 DRDS（分布式关系数据库）实现对数据库性能或规模的扩展。DRDS 是通过水平切分的方式，将数据分布在多个 RDS 实例上，通过并行的分布式数据库操作来实现性能的提升。

总的来说，数据库迁移到阿里云 RDS，可以通过引入数据缓存、读写分离、分库分表等多种方式来获得更好的性能和扩展性，用以替代原有的数据库架构。

5.7.2　OLAP 类型

联机分析处理（OLAP）类型系统是数据仓库系统最主要的应用，用于支持复杂的分析操作，侧重于为决策人员和高层管理人员的决策提供支持，可以根据分析人员的要求快速、灵活地进行大数据量的复杂查询处理，并且以一种直观而易懂的形式将查询结果提供给决策人员，以便他们准确掌握企业（公司）的经营状况，了解对象的需求，制定正确的方案。

阿里云针对不同规模的 OLAP 应用有不同的解决方案。

1. 小规模 OLAP 系统

小规模 OLAP 系统主要针对数据规模在几百 GB 范围以内，单表数据规模在 500 万条以内的分析型应用。这类应用采用 RDS 作为数据分析数据库，并在 RDS 之上部署 OLAP 分析工具或应用以构建 OLAP 能力。

2. 大规模实时分析

对于数据存储规模在 100TB 级别、单表记录数达到千亿级别的系统，阿里云提供分析型数据库 AnalyticDB（Analytic Database）实现大规模数据的实时分析。AnalyticDB 是阿里巴巴自主研发的海量数据实时高并发在线分析（Realtime OLAP）云计算服务，可以在毫秒级针对千亿级数据进行即时的多维分析透视和业务探索。AnalyticDB 可用于以下用户场景：

- 需要使用或正在使用 BIEE、QlikView、Cognos 等 BI 产品，但是希望利用云上数据进行分析（替代 Teredata、SAP HANA、Greenplum 等引擎）。
- 业务基于对海量数据的分析，但是苦于现有产品的计算速度和响应时间无法满足业务系统的要求。
- 云上互联网企业希望拓展海量数据分析带来的业务提升，尤其是在用户主题应用和地理主题应用上希望有所拓展的应用。
- 其他需要实时（响应时间 3s 以下）处理海量数据（1 亿条以上）并需要高可用性的方案的用户。

5.7.3 文件/内容管理类型

文件/内容管理类型的应用系统涉及大量文件对象的存储和管理，传统的解决方案包括：
- 本地磁盘存储，数据定期备份。但这种方案存在存储容量和性能的扩展性有限、存储自身的高可用性等问题。
- 采用 IP-SAN、NAS 等对数据做集中存储，这种方案成本较高。
- 在数据库中存储文件。这种方案成本高，对数据库的存储资源消耗和性能影响都比较大。

针对文件对象存储，阿里云提供开放存储服务（OSS），它具备高可用、高扩展、高效性、低成本等特点，能有效解决内容管理类型应用的文件对象的存储问题。

应用系统需要基于 OSS 进行相关改造，主要包括：
- 根据应用系统文件的存储结构在 OSS 中规划 Bucket，以及文件目录结构。
- 设置 Bucket 访问权限（public-read-write/public-read/private），对于安全级别要求高的应用，可设置文件在 OSS 上以密文形式存储。
- 对程序代码进行扫描，查找涉及文件向存储读写的代码，将这些代码改造为以 OSS SDK 接口的实现。这里需要注意，对于较小的文件（小于 100M）可直接通过调用 SDK 提供的 Object 对象的方法做文件的读写操作；对于较大的文件（大于 100M），推荐采用 SDK 提供的 Multipart Upload 接口对文件做分块多线程上传，以提升文件上传效率。

5.7.4 大规模离线计算类型

对于大规模离线计算平台，阿里云提供开源体系的解决方案 E-MapReduce 和阿里自研的 MaxCompute 大数据计算服务。

E-MapReduce 是构建于阿里云 ECS 弹性虚拟机之上，利用开源大数据生态系统，包括 Hadoop、Spark、HBase，为用户提供集群、作业、数据等管理的一站式大数据处理分析服务。MaxCompute 大数据计算服务是一种快速、完全托管的 TB/PB 级数据仓库解决方案。

阿里云 MaxCompute 提供了大量的大数据产品，包括大数据基础服务、数据分析及展现、数据应用、人工智能等产品与服务。这些产品均依托于阿里云生态，在阿里内部经历过锤炼和业务验证，可以帮助组织迅速搭建自己的大数据应用及平台。

在产品选择上，希望将 Hadoop、Spark 等大数据系统无缝迁移的企业可以选择 E-MapReduce。阿里云在 MaxCompute 平台上将内部使用的产品与工具进行开放，具有高性能、高安全性和免运维等特性，无平迁上云需求的系统可以优先考虑 MaxCompute 平台。

5.8　云上安全保障

阿里云基于阿里巴巴集团十余年攻防技术积累，为云用户提供多层次、立体化、基于不同安全技术实现的网络安全纵深防御体系，其总体架构如图 5-9 所示。

基于图 5-9 所示的云计算安全架构，同时根据政企信息系统的安全需求和风险状况，我们从物理安全、网络安全、云平台安全、系统安全、应用安全、数据安全六个层面进行安全体系架构设计。

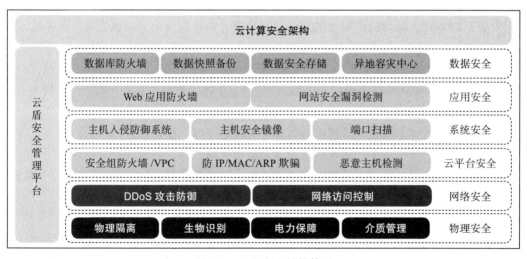

图 5-9　云上安全架构体系

1. 物理安全

数据中心包含以下标准的物理安全控制要求：

❑ 数据中心各线上设备区域系统、各核心骨干区域系统、各动力区域系统、各仓储系统、各报警监控系统的访问均需使用定制的电子卡，且电子卡由数据中心的专门物业保管，特定授权需求方应按需求领取 / 归还，并配备紧急电子卡以备不时之需（如常规电子卡遗失）。一旦遗失，应立即向电子卡管理系统申请进行权限注销。

❑ 数据中心的物理设备（包括其对应的各种组件）、配件耗材的安置或存放区域必须与所有办公区域和公共区域隔离（如办公室或大堂）。

❑ 数据中心所有的阿里云专属的物理设备、设备配件、网络耗材，以及设备厂商的维修设备、配件、耗材等进出数据中心，必须由阿里云内部授权人员发送盖有专人保管印章的设备进出单传真，数据中心现场核实无误后方可允许设备、配件、耗材等进出。

❑ 仓储系统中的重要配件，如核心网络设备的网络模块、精密存储介质等，应在仓储系统中专门的电子加密保险箱里存放，且由专人负责保险箱的开关。

❑ 仓储系统中的任何配件，必须有授权工单和授权人员方能领取，且领取时必须在仓储管理系统中进行登记，阿里云有专人定期对所有仓储系统物资进行综合盘点和追踪。

❑ 数据中心内部的每个区域（外部走廊区域，或仓库门口区域）都使用摄像机，物业保安 7×24 小时分段巡逻，并对所有基础设施进行 7×24 小时视频监控。

❑ 采用全方位电子摄像机对阿里云的基础设施内外部区域进行视频监控，对设施区域中的其他系统进行检测（如动力和制冷）并监控跟踪入侵者。

❑ 所有人员活动记录以电子方式保存（长期），所有视频记录被保存至少 3 个月，以备后期审计，同时提供额外的安全控制措施，如特定区域采用铁笼隔离、掌纹识别技术。

❑ 只允许长期授权名单内的内部人员（实时更新）或审批通过的其他人员，以及授权认可的第三方固定人员名单内的人员（每月更新）进入数据中心，且非长期授权人员要以核实需求工单真实性的形式进行二次审核，准确无误后方可进入。

❑ 非长期授权、非固定人员授权名单内的人员访问时，必须要求阿里云内部需求方在流程系统上提交需求，由各层级主管提前审批通过后，方可同意其访问想要访问的内部特殊区域，并由对应数据中心的驻场人员全程指导陪同。阿里云不定期对访问数据中心的人员登记情况进行审计，严格控制非授权人员访问数据中心。

平台会采用一系列措施来保障运行环境安全：

❑ 电力：为保障阿里云业务 7×24 持续运行，阿里云数据中心采用冗余的电力系统（交流和高压直流），主电源和备用电源具备相同的供电能力，且主电源发生故障后（如电压不足、断电、过压或电压抖动），会由柴油发电机和带有冗余机制的电池组对设备进行供电，保障数据中心在一段时间内的持续运行能力，这是阿里云数据中心一个关键的组成部分。

❑ 气候和温度：阿里云任意一个数据中心均采用空调（新风系统冷却或水冷系统冷却）保障服务器或其他设备在一个恒温的环境下运行，并对数据中心的温湿度进行精密电子监控，一旦发生告警立即采取对应措施。而且，设备冷风区域做了冷风通道密闭，可充分提高制冷效率，绿色节能。空调机组均采用 N+1 的热备冗余模式（部分数据中心采用 N+2 的冷、热双重冗余模式），空调配电柜采用不同的双路电源模式，当其中一路市电电源发生故障后空调能正常接收供电。而且，在双路市电电源发生故障后，可由柴油发电系统提供紧急电源，减少服务中断的可能性，以防止设备过热。

- 火灾检测及消防：应配备自动火灾检测和灭火设备，以防止破坏计算机硬件。火灾检测系统的传感器位于数据中心的天花板和底板下面，利用热、烟雾和水传感器实现。在火灾或烟雾事件触发时，在着火区提供声光报警。在整个数据中心，也安装手动灭火器。数据中心的工作人员应接受火灾预防及灭火演练培训，包括如何使用灭火器。

2. 网络安全

（1）网络访问控制

阿里云采用了多层防御机制，以帮助抵御网络边界面临的外部攻击。在云网络中，只允许被授权的服务和协议传输，未经授权的数据包将被自动丢弃。云网络安全策略包括以下内容：

- 控制网络流量和边界，使用 ACL 技术对网络进行隔离。
- 网络防火墙和 ACL 策略的管理包括变更管理、同行业审计和自动测试。
- 通过自定义的前端服务器定向所有外部流量的路由，可帮助检测和禁止恶意的请求。
- 建立内部流量汇聚点，从而更好地进行监控。

（2）DDoS 攻击防御

阿里云针对 DDoS 攻击提供 DDoS 基础防护和 DDoS 高防 IP 两款产品对攻击流量进行清洗和防护。DDoS 基础防护和 DDoS 高防 IP 产品的原理相同，区别在于可防护流量带宽不同。下面简单介绍阿里云 DDoS 产品的适用场景和实现原理。

- 目前可以防护 SYN Flood、UDP Flood、ACK Flood、ICMP Flood、DNS Query Flood、NTP Reply Flood、CC 攻击等 3 ～ 7 层 DDoS 攻击。
- 从引流技术上，可支持 BGP 与 DNS 两种方案。
- 防护的方式采用被动清洗方式为主，主动压制为辅，对攻击进行综合运营托管。
- 针对攻击，在传统的代理、探测、反弹、认证、黑白名单、报文合规等标准技术的基础上，可结合 Web 安全过滤、信誉、七层应用分析、用户行为分析、特征学习、防护对抗等多种技术，对威胁进行阻断过滤，保证被防护用户在遭到持续攻击状态下，仍可对外提供业务服务。

3. 云平台安全

（1）云平台操作系统

平台物理服务器使用经过性能调优和安全加固的、定制化的 Linux 操作系统。

（2）防 IP/MAC/ARP 欺骗

在云网络里，IP/MAC/ARP 欺骗一直是局域网面临的严峻考验。通过 IP/MAC/ARP 欺骗，黑客可以扰乱网络环境、窃听网络机密。云平台通过宿主机（物理服务器）上的网络底层技术机制，在数据链路层隔离由云服务器向外发起的异常协议访问，并阻断云服务器 ARP/MAC 欺骗，在网络层防止云服务器 IP 欺骗。

（3）恶意主机检测

在物理服务器上部署主机入侵检测模块，可以及时发现物理服务器被入侵成为恶意主机的情况。

（4）安全组防火墙 /VPC

云平台使用安全组防火墙和 VPC（Virtual Private Cloud，虚拟专有云）两种安全功能，从而提供与传统 IT 环境下 VLAN 隔离相同强度的网络隔离手段。同一安全组内的不同云服务器可相互访问，不同安全组的云服务器不可相互访问。VPC 提供更贴近传统网络安全域划分的安全控制手段，其主要功能如下：

- ❑ 用户可自定义网络拓扑以及 IP 地址段。
- ❑ 云 VM 跨机房漂移。
- ❑ 纯私网的高安全性云业务，支持 VPN 连接模型 site to site（点到点）方式。

4. 系统安全

1）**主机安全镜像**：在虚拟机操作系统层面，阿里云通过安全镜像市场提供经过安全加固、更新了补丁的操作系统镜像，确保虚拟机上线后就处于比较安全的状态。

2）**主机入侵防御系统**：在虚拟机主机上部署主机入侵防御系统，针对网络安全最大威胁之一的密码暴力破解提供有效防护。主机入侵防御系统提供以下功能：

- ❑ 账号暴力破解防御：支持 Windows 和 Linux，针对 SSH、RDP、Telnet、FTP、MySQL、SQL Server 等常见程序进行监控。
- ❑ 账号异常登录检测：在服务器异常登录事件中，有超过半数事件是入侵或者攻击行为。根据登录情况，识别常用的登录区域，精确到地市级。一旦出现在其他地域尝试登录的情况，就会通过手机短信预警，减少不必要的损失。
- ❑ 恶意代码检测：检测 PHP、ASP、JSP、.NET、Java 等代码编写的 Web Shell，对检测出来的后门进行访问控制和隔离操作，防止后门被再次利用。

3）**端口扫描**：对云服务器进行快速、完整的端口扫描，使用最新的指纹识别技术判断运行在开放端口上的服务、软件以及版本，一旦发现未经允许开放的端口和服务，会第一时间提醒用户予以关闭，降低系统被入侵的风险。

5. 应用安全

1）**Web 应用防火墙**：Web 应用防火墙（WAF）由 WAF 引擎中心、运营监控中心以及云用户控制中心组成，依托云计算架构，具备高弹性、大冗余的特点，能够根据接入网站的多少和访问量级进行 WAF 集群的弹性扩容，提供 24 小时全面的 Web 安全防御和漏洞快速响应服务。

2）**网站安全漏洞检测**：网站安全漏洞检测覆盖的漏洞类型包括 OWASP、WASC、CNVD 等，支持恶意篡改检测，支持 Web 2.0、AJAX、各种脚本语言、PHP、ASP、.NET 和 Java 等环境，支持复杂字符编码、chunk、gzip、deflate 等压缩方式及多种认证方式（Basic、NTLM、Cookie、SSL 等），支持代理、HTTPS、DNS 绑定扫描等百余种漏洞扫描。

网站木马检测服务对 HTML 和 JavaScript 引擎解密恶意代码，通过特征库匹配识别，同时支持通过模拟浏览器访问页面分析恶意行为，发现网站未知木马，实现木马检测的零误报。

6. 数据安全

1）**数据安全生命周期**：云平台依据数据的生命周期和云计算特点，构建从数据访问、数据传输、数据存储到数据销毁的云端数据安全框架。

❑ 数据访问：用户访问云端资源需通过控制台进行日常操作和运维，用户与云产品采用对称加密对实现身份鉴别。运维人员对云平台的运维操作均需通过静态密码结合动态令牌实现双因素认证，操作权限需经过多层安全审批并进行命令级规则固化，违规操作会实时审计报警。

❑ 数据传输：针对用户个人账户数据和云端生产数据两种不同的数据对象，分别从客户端到云端、云端各服务间、云服务到云服务控制系统三个层次进行传输控制。其中，个人账户数据从客户端到云端传输均采用 SSL 加密，从云端各子系统间、云服务到云服务控制系统间均采用程序加密保证客户个人账户数据云端不落地。云端生产数据从客户端到云端传输均只可通过 VPN 或专线进行，云端存储支持服务器端加密并支持客户端密钥加密数据后云端存储。

❑ 数据存储：所有云端生产数据不论使用何种云服务均采用碎片化分布式离散技术保存，数据被分割成许多数据片段后遵循随机算法分散存储在不同机架上，并且每个数据片段会存储多个副本。云服务控制系统依据不同用户 ID 隔离其云端数据，云存储利用客户对称加密对进行云端存储空间访问权限控制，保证云端存储数据的最小授权访问。

❑ 数据销毁：云平台采用内存释放和数据清空手段在用户要求删除数据或设备在弃置、转售前将其所有数据彻底删除。针对云计算环境下因大量硬盘委托外部维修或服务器报废可能导致的数据失窃风险，数据中心全面贯彻替换磁盘每盘必消、消磁记录每盘可查、消磁视频每天可溯的标准作业流程，强化磁盘消磁作业视频监控策略，聚焦监控操作的防抵赖性和视频监控记录保存的完整性。

2）**数据库防火墙**：通过在 RDS 服务集群前端部署数据库防火墙，提供如下防护功能：

❑ SQL 注入攻击检测：系统分析 RDS SQL 日志，检测并发现注入攻击的 SQL 语句，在前端界面报警并提醒用户 RDS 遭受 SQL 注入攻击，并显示用户遭受 SQL 注入攻击的详细信息和修复方案。

- ❑ SQL 权限提升溢出攻击检测：系统分析 RDS SQL 日志，检测发现提权溢出的 SQL 语句，报警并告知运营人员该 RDS 用户攻击系统，运营人员自行对该 RDS 用户进行处理。
- ❑ 数据库连接 CC 攻击防御：系统能有效地防御来自外网的 CC 攻击。
- ❑ SQL 资源耗尽攻击检测：系统分析 RDS SQL 日志，检测发现 DDoS 资源的 SQL 语句，在前端界面报警并提醒用户 RDS 遭受 SQL 资源耗尽攻击，并显示用户遭受 SQL 攻击的详细信息和修复方案。
- ❑ 数据库口令暴力破解检测和阻断：在 SQL Server 和 MySQL 中，收集用户登录的错误次数，如果发现某账户多次登录失败，在云盾前端界面报警并提醒用户 RDS 暴力密码猜解，后端拦截该登录请求。
- ❑ 数据库审计：记录所有对 RDS 服务的数据库操作。

5.9 应用镜像服务迁云

5.9.1 镜像迁移概述

镜像迁移是指通过把源主机上的操作系统、应用程序及数据"镜像"到一个虚拟磁盘文件并上传到阿里云镜像中心，成为上传用户的自定义镜像后，通过此镜像启动一个和源主机一模一样的 ECS 主机实例，从而达到应用上云迁移的目的。镜像迁移与手工重新部署迁移的技术对比如表 5-2 所示。

表 5-2　镜像迁移与手工重新部署迁移的技术对比

迁移技术类型		实现手段	优点	缺点
手工重新部署迁移		和物理主机部署方式一致	通用性强	效率低，操作复杂，需要较多人工干预
镜像迁移	冷迁移	通过工具直接镜像被迁移服务器主机，无法保障数据一致性	简单、效率高、成功率高	适用范围有限
	热迁移	通过镜像迁移工具部署在被迁移服务主机或远程连接的方式迁移，迁移过程可以保持数据实时同步	简单、效率高、业务不中断	适用范围有限

手工重新部署在不切换操作系统的情况下，与云下部署应用程序没有差别，这里不做展开说明，本节重点介绍如何进行镜像迁移。目前，阿里云的镜像迁移主要有以下几种需求场景：

- ❑ 云下 IDC 机房的物理主机迁移到阿里云 ECS 主机实例。

❑ 传统虚拟化平台的虚拟主机迁移到阿里云 ECS 主机实例。

❑ 其他公有云的虚拟主机实例迁移到阿里云 ECS 主机实例。

❑ 阿里云 ECS 主机实例在各 Region、各 VPC 之间进行迁移。

根据迁移类型，镜像迁移又可以分为 P2V 迁移和 V2V 迁移。

❑ P2V 迁移：指将物理服务器上的操作系统及其上的应用软件和数据迁移到阿里云平台管理的 ECS 服务器中。这种迁移方式下，主要使用各种工具软件把物理服务器上的系统状态和数据"镜像"到一个虚拟磁盘文件中，阿里云启动的时候在虚拟磁盘文件中"注入"存储硬件与网卡驱动程序，使之能够启动并运行。

❑ V2V 迁移：V2V 是指从其他云平台或传统虚拟化平台的虚拟主机迁移到阿里云的 ECS 虚拟主机，比如 VMware 迁移到阿里云、AWS 迁移到阿里云等。

5.9.2　镜像迁移可行性评估

目前无论是采用 P2V 还是 V2V 的方式迁移到阿里云都存在一些限制，我们在选择镜像迁移的时候需要对被迁移的服务器主机和镜像迁移的工具进行如下方面的评估：

❑ 被迁移服务器主机操作系统类型、文件系统类型、服务器已使用空间大小。

❑ 镜像迁移工具支持导出的虚拟磁盘镜像文件格式。

❑ 兼容性要求及限制。

1. Windows 镜像

（1）重要建议

❑ 导入 Windows 操作系统的镜像前，请确认文件系统的完整性。

❑ 请检查系统盘的剩余空间，确保系统盘没有被写满。

❑ 关闭防火墙，并放行 RDP 3389 端口。

❑ administrator 账号的登录密码必须是 8 ～ 30 个字符，并且同时包含大写或小写字母、数字和特殊符号。其中特殊字符可以是 ()`~!@#$%^&*-+=|{}[]:;＇<>,.?/。

❑ 根据镜像的虚拟磁盘大小而非使用容量配置导入的系统盘大小，系统盘容量范围支持 40GiB ～ 500GiB。

❑ 请勿修改关键系统文件。

❑ 关闭 UAC。

（2）支持项

❑ 支持多分区系统盘。

❑ 支持 NTFS 文件系统，支持 MBR 分区。

❑ 支持 RAW、qcow2 和 VHD 格式镜像。

❑ 被迁移服务器主机操作系统如为 Windows（32 和 64 位），则支持以下版本：
Microsoft Windows Server 2016

Microsoft Windows Server 2012 R2（标准版）

Microsoft Windows Server 2012（标准版、数据中心版）

Microsoft Windows Server 2008 R2（标准版、数据中心版、企业版）

Microsoft Windows Server 2008（标准版、数据中心版、企业版）

含 Service Pack1（SP1）的 Windows Server 2003（标准版、数据中心版和企业版）或更高版本

（3）不支持项

❑ 不支持在镜像中安装 qemu-ga，否则会导致 ECS 所需要的部分服务不可用。

❑ 不支持 Windows XP、专业版和企业版 Windows 7、Windows 8 和 Windows 10。

❑ 导入的 Windows 镜像提供 Windows 激活服务。

2. Linux 镜像

（1）重要建议

❑ 导入 Linux 操作系统的镜像前，请确认文件系统的完整性。

❑ 请检查系统盘的剩余空间，确保系统盘没有被写满。

❑ 关闭防火墙，并放行 TCP 22 端口。

❑ 安装虚拟化平台 XEN 或者 KVM 驱动。

❑ 建议安装 cloud-init，以保证能成功配置 hostname、NTP 源和 yum 源。

❑ 需要开启 DHCP（Dynamic Host Configuration Protocol，动态主机配置协议）。

❑ root 账号的登录密码必须是 8 ～ 30 个字符，并且同时包含大写或小写字母、数字和特殊符号。其中特殊字符可以是 ()`~!@#$%^&*-+=|{}[]:;‘<>,.?/。

❑ 请勿修改关键系统文件，如 /sbin、/bin 和 /lib* 等目录。

（2）支持项

❑ 支持 RAW、qcow2 和 VHD 格式镜像。

❑ 支持 xfs、ext3 和 ext4 文件系统，支持 MBR 分区。

❑ 被迁移服务器主机操作系统如为 Linux（64 位），则支持以下版本：

RedHat Enterprise Linux（RHEL）5、6、7

RedHat

Aliyun Linux

FreeBSD

CentOS 5、6、7

Ubuntu 10、12、13、14

Debian 6、7

OpenSUSE 13.1

SUSE Linux 10、11、12

CoreOS68 1.2.0+

（3）不支持项

❑ 不支持多个网络接口。

❑ 不支持 IPv6 地址。

❑ 不支持调整系统盘分区，目前只支持单个根分区。

❑ 不支持开启 SELinux。

❑ 关闭防火墙，默认打开 22 端口。

❑ 关闭或删除 Network Manager。

❑ 导入的 RedHat Enterprise Linux（RHEL）镜像必须使用 BYOL 许可。需要自己向厂商购买产品序列号和服务。

❑ 不支持根分区使用 LVM。

3. 注意事项

（1）被迁移服务器磁盘及空间使用情况

如果被迁移的服务器来自传统 IDC、传统虚拟化平台以及其他云平台，则只支持系统盘迁移，不支持数据盘的迁移，并且系统盘大小不能超过 500GB。

若被迁移的服务器本身在阿里云上，只是需要迁移到不同的 region 或者不同 VPC 中，则可以支持系统盘和数据盘进行同时迁移，系统盘大小同样不能超过 500GB。

（2）非标准镜像

不在公共镜像列表里的操作系统平台镜像为非标准平台镜像。对于来自标准平台，但是系统关键性配置文件、系统基础环境和应用方面没有遵守标准平台要求的镜像，我们也认为其是非标准镜像。如果要使用非标准平台镜像，在导入镜像时只能做以下选择：

❑ Others Linux：ECS 统一标识为其他系统类型。如果导入 Others Linux 平台镜像，ECS 不会对所创建的实例做任何处理。如果在制作镜像前开启了 DHCP，ECS 会自动配置网络。完成实例创建后，需要通过管理控制台的远程连接功能连接实例，再自行配置 IP、路由和密码等。

❑ Customized Linux：定制版镜像。导入 Customized Linux 镜像后，应按照 ECS 标准系统配置方式配置实例的网络和密码等。

4. 镜像迁移工具支持导出的虚拟磁盘镜像文件格式

阿里云支持上传的镜像文件格式为 RAW、VHD 和 qcow2。其他格式的镜像文件都不支持，需要通过镜像文件格式转换工具进行转换，考虑到镜像大小，建议优先转换成 VHD 格式。

5.9.3 镜像迁移和转换工具

目前，在镜像迁移过程中主要使用镜像制作工具及镜像文件格式转换工具。镜像制作工具的工作主要是把被迁移服务器主机的操作系统及应用程序和数据制作成镜像文件。因为不同的虚拟化平台的镜像文件或虚拟磁盘文件使用的格式不同，所以需要镜像格式转换工具对镜像文件格式进行转换来适配不同虚拟化平台。

市面上有较多的镜像迁移工具可以选择，比如阿里镜像迁移工具（本书第 1 版中介绍的alip2v 的升级替代工具）和 Disk2VHD、DD 等镜像文件制作工具，以及 XenConvert、StarWind Converter、qemu-img 等镜像格式转换工具。它们可以搭配使用，下面来一一介绍。

1. 阿里镜像迁移工具

阿里云自主研发的镜像迁移工具平衡了 ECS 用户的线上 / 线下服务器负载或者各种不同云平台之间的负载。以其轻巧便捷的特点，迁云工具支持在线迁移物理机服务器、虚拟机以及其他云平台的云主机迁移至 ECS 经典网络平台或专有网络平台，实现统一部署资源的目的。

迁云工具属于 P2V 或者 V2V 工具范畴。迁云工具能将计算机磁盘中的操作系统、应用程序以及应用数据等迁移到 ECS 或虚拟磁盘分区中生成 ECS 镜像，可以使用该镜像快速创建 ECS 实例，以实现 P2V 和 V2V。

我们会用一个小节来重点介绍这款工具的使用。特别说明，在本书讨论的企业 IT 整体迁云中，应用镜像迁移是其中的一部分，阿里云镜像迁移工具的核心功能是支持应用镜像迁移到 ECS，但是产品团队将这个工具命名为"阿里云迁云工具"，为了照顾产品团队的命名偏好，本章所提到"阿里迁云工具"都特指阿里云官方提供的镜像迁移工具。

2. Disk2VHD

Disk2VHD 用于将逻辑磁盘转换为 VHD 格式的虚拟磁盘。利用该工具可以轻松地将当前 Windows 系统中的 C 盘生成为一个 VHD 文件，然后上传到阿里云。其界面如图 5-10 所示。

Disk2VHD 能够运行在 Windows XP SP2、Windows Server 2003 SP1 或更高版本的 Windows 系统之上，并且支持 64 位系统。

3. Linux DD 命令工具

DD 命令是 Linux 数据复制命令，通过 DD 命令可以将 Linux 与分区所在系统磁盘镜像到一个 RAW 格式的文件。利用 Linux DD 的这个特性可以制作镜像文件。

4. XenConvert 镜像格式转换工具

XenConvert 用于实现物理到虚拟（P2V）的转换。另外，该工具提供了镜像格式转换的功能，包括将 VMDK 格

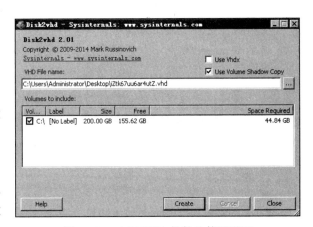

图 5-10　Disk2VHD 软件的使用界面

式转换为 VHD 格式。其界面如图 5-11 所示。

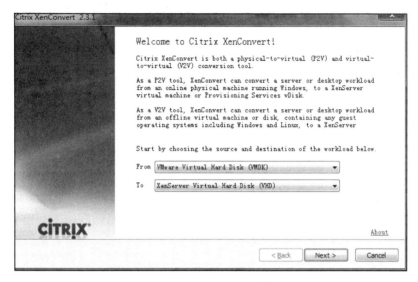

图 5-11　Xen Convert 软件的使用界面

5. StarWind Converter

StarWind Converter 是一个格式转换软件，可以将 VMDK 转换为 VHD、将 VHD 转换为 VMDK，或转为 StarWind 的原生 IMG 格式。该软件的使用界面如图 5-12 所示。

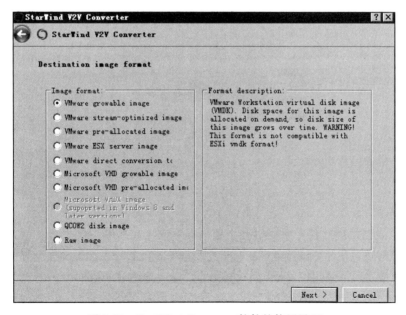

图 5-12　StarWind Converter 软件的使用界面

6. qemu-img

qemu-img 是 QEMU 的磁盘管理工具，也是 QEMU/KVM 使用过程中一个比较重要的工具。qemu-img 命令工具的 convert 选项支持多种镜像文件的格式的互相转换，主要包括 Qcow、Qcow2、VHD、RAW、VMDK 等。比如，VMDK 转换到 VHD 的命令如下：

```
qemu-imgconvert-fvmdk-Ovpcvmware_img.vmdkaliyun_img.vhd
```

5.9.4　阿里迁云工具

这一节介绍如何使用阿里官方迁云工具迁移 IDC 服务器、虚拟机或者云主机。除了本书中介绍的 JSON 文件配置驱动程序迁移方式，阿里迁云工具还支持 Windows GUI 和 CLI 方式，原理与程序方式类似，不做展开说明。

下载迁云工具到用户的源服务器后，根据编写的配置文件，迁云工具为源服务器的磁盘分区中的操作系统、应用程序与应用数据在线制作数据快照，并在 ECS 侧同步数据和生成自定义镜像。用户可以使用该自定义镜像快速创建 ECS 实例。图 5-13 给出了使用迁云工具迁移源服务器的流程。

图 5-13　阿里云迁云工具的工作流程

1. 迁移场景

场景一：微型系统迁移。系统中有小型数据库或无数据库，数据量级为 10 ～ 100GB。比如个人应用网站、开发测试环境等。对于这类系统，配置好主配置文件，直接运行主程序即可。迁移完成之后创建实例验证。

场景二：小型系统迁移。系统中有少量应用服务器 + 数据库服务器，数据量级为 100 ～ 1000GB。比如小型企业应用站点等。对于这类系统，可以在每个服务器部署一个迁云工具，分别迁移应用服务器和数据库服务器；在迁移数据库服务器时，建议选择在系统维护时进行，先暂停数据库服务后再迁移；迁移完成后，依次创建实例验证系统业务正常性以及数据库同步性。

场景三：中型系统迁移。系统中有众多应用服务器 + 数据库服务器，有中型数据库，数据量为 1000GB 以上。比如中型企业应用站点等。对于这类系统，应提前演练系统迁移测试，评估各个系统的迁移时间，以及切换到阿里云后的各系统配置对接过程。必要时应考虑使用专线来加快传输速度。条件允许的情况下，建议暂停业务数据库后再迁移，以保持数据文件的一致性，也可以先只迁移应用环境，之后通过使用阿里云的 DTS 服务来进行数据库的迁移。

2. 迁移时间和对源系统的影响

（1）迁移时间预估

预估迁移时间时，通常采用以下公式：

$$迁移总时间 = 传输时间 + 打快照时间$$
$$传输时间 = 实际数据量 / 实际网速$$
$$打快照时间 = 实际数据量 / 打快照速度$$

注意：迁云工具传输数据时默认是打开压缩传输选项的，相当于使用 zlib 库默认 6 级的压缩率，理想情况下传输速度会有 30% ～ 40% 的提升。打快照时间依赖于阿里云快照服务，目前速度在 5 ～ 10MB/s 左右，阿里云会持续优化这项服务。

（2）迁移工作对源系统的影响

迁云工具不会干涉源系统业务，除了占用网络资源，对于其他（如 CPU、内存等）资源的消耗一般很少；同时可以使用主配置里的 bandwidth_limit 参数来设置上传带宽上限。

迁云工具会生成少量日志文件和缓存数据文件，除此之外不会修改源系统文件。

3. 注意事项

1）确保系统本地时间与实际时间一致，否则会报 IllegalTimestamp 异常。

2）待迁云的源服务器必须能够访问公网，且防火墙入方向必须放行下列通信端口以访问相关公网服务：

❏ 通过 HTTP 80 端口访问 ECS 和 VPC：http://ecs-cn-hangzhou.aliyuncs.com 和 http://vpc.aliyuncs.com。

❏ 通过 HTTPS 443 端口访问 STS：https://sts.aliyuncs.com。

❏ 通过 8080 和 8703 代理端口访问中转实例的公网 IP 地址。

3）迁云工具暂不支持迁移增量数据。对于源服务器上需要保持数据完整的业务，可以选择一个业务空闲时段，暂时停止这些业务，再迁移数据。

4）为避免迁云失败，请勿停止、重启或者释放中转实例。迁云完成后，该中转实例会自动释放。

5）每成功迁云一次，配置文件 client_data 会自动记录迁云成功后在 ECS 控制台创建的 ECS 实例的相关数据。再次迁云时，需要使用初始下载的客户端配置文件。为避免迁云失败，若没有 VPC 内网迁云需求，请勿自行修改配置文件 client_data。

6）迁云工具需要使用 AccessKeyID 以及 AccessKeySecret，AccessKey 是用户的重要凭证，请妥善保管，防止泄露。

7）如果使用的是 RAM 子账号，请确保已被授权云服务器的 ECSAliyunECSFullAccess 权限和专有网络 VPCAliyunVPCFullAccess 权限。

8）源端为 Linux 服务器时，还有几点特别注意：

❑ 源服务器必须已经安装了 Rsync 库。

❑ 确保源服务器已关闭 SELinux。

❑ 确保源服务器已安装 Virtio（KVM）驱动。

❑（可选）对于 CentOS 5、RedHat 5 和 Debian 7 等系统，需要更新 GRUB 程序至 1.99 及以上版本。

4. 从公网迁移镜像

从公网迁移镜像的主要步骤如下：

（1）下载工具

在阿里云官网首页搜索"迁云工具"，并按照提示下载，工具分 Linux 和 Windows 两个版本。

（2）使用迁云工具

❑ 登录待迁云的服务器、虚拟机或者云主机。

❑ 将下载的迁云工具压缩包解压到指定的目录。

❑ 在控制台创建 AccessKey，用于输出到配置文件 user_config.json 里。

❑ 根据实际情况，编辑配置文件 user_config.json 和过滤无需迁云的目录。

❑ 以管理员或 root 用户身份运行迁云工具：

■ Windows 服务器：右击 go2aliyun_client.exe，选择以管理员身份运行。GUI 版本程序的操作指南可参阅迁云工具 WindowsGUI 版本介绍。

■ Linux 服务器：运行 chmod+x./go2aliyun_client。运行 ./go2aliyun_client。

❑ 等待运行结果。

■ 当出现"GotoAliyunFinished!"提示时，前往 ECS 控制台镜像详情页查看结果。

■ 当出现"GotoAliyunNotFinished!"提示时，检查同一目录的 Logs 文件夹下的日志文件排查故障。修复问题后，重新运行迁云工具恢复迁云工作，迁云工具会从上一次执行的进度开始继续迁云。需要注意的是，迁云中断后再次运行工具时或者工具提示迁云已完成时都会从 client_data 文件拉取信息。迁云工作完成后想再次运行迁云工具时，需要使用初始的 client_data 文件或者清空现有的 client_data 文件数据。

（3）user_config.json 说明

user_config.json 是一个以 JSON 语言编写的配置文件，主要包含源服务器的一些必要配置信息，其中包括用户的 AccessKey 信息、生成的目标自定义镜像的配置信息等。需要手动配置部分参数，修改后，仔细检查 JSON 语言格式的规范性，关于 JSON 的语法标准请参阅 RFC7159。

如果使用的是 Windows GUI 版本主程序，可以在 GUI 界面完成 user_config 配置。

❑ user_config.json 模板

```
{
"access_id":"",
"secret_key":"",
"region_id":"",
"image_name":"",
"system_disk_size":40,
"platform":"",
"architecture":"",
"bandwidth_limit":0,
"data_disks":[]
}
```

表 5-3 给出了其中各参数的说明。

表 5-3　user_config.json 参数说明

参数名	类型	是否必填	说明
access_id	String	是	用户阿里云账号的 API AccessKeyID
secret_key	String	是	用户阿里云账号的 API AccessKeySecret
region_id	String	是	服务器迁移入阿里云的地域 ID，如 cn-hangzhou（华东 1）
image_name	String	是	为服务器镜像设定一个镜像名称，该名称不能与同一地域下现有镜像名重复。 长度为 [2，128] 个英文或中文字符，必须以大小写字母或中文开头，可包含数字、点号（.）、下划线（_）、半角冒号（:）或短横线（-）。 不能以 http:// 和 https:// 开头
system_disk_size	int	是	为系统盘指定大小，单位为 GiB。取值范围为 [40，500] 该参数取值应大于源服务器系统盘实际占用大小，例如，源系统盘大小为 500GiB，实际占用 100GiB，那该参数取值只要大于 100GiB 即可
platform	String	否	源服务器的操作系统。取值范围如下： ❑CentOS ❑Ubuntu ❑SUSE ❑OpenSUSE ❑Debian

（续）

参数名	类型	是否必填	说明
platform	String	否	❏ RedHat ❏ Others Linux ❏ Windows Server 2003 ❏ Windows Server 2008 ❏ Windows Server 2012 ❏ Windows Server 2016 参数 platform 的取值需要与以上列表保持一致，必须区分大小写，并保持空格一致
architecture	String	否	系统架构。取值范围如下： ❏ i386：32 位系统架构 ❏ x86_64：64 位系统架构
bandwidth_limit	int	否	数据传输的带宽上限，单位为 KB/s。 默认值为 0，表示不限制带宽速度
data_disks	Array	否	数据盘列表，最多支持 16 块数据盘。具体参数参阅表 5-4。 该参数可以置为缩容数据盘的预期数值，单位为 GiB，该值不能小于数据盘实际使用空间大小

（4）数据盘配置参数说明

表 5-4 给出了数据盘配置参数的说明。

表 5-4 数据盘配置参数说明

参数名	类型	是否需要手动配置	说明
data_disk_index	int	是	数据盘序号。取值范围为 [1, 16]，初始值为 1
data_disk_size	int	是	数据盘大小，单位为 GiB。取值范围为 [20, 32 768]。该参数取值需要大于源服务器数据盘实际占用大小，例如，源数据盘大小为 500GiB，实际占用 100GiB，那该参数取值只要大于 100GiB 即可
src_path	String	是	数据盘源目录。取值范围如下： ❏ Windows 指定盘符，例如，D、E 或者 F。 ❏ Linux 指定目录，例如，/mnt/disk1、/mnt/disk2 或者 /mnt/disk3。 注意：不能配置为根目录或者系统目录，例如，/bin、/boot、/dev、/etc、/lib、/lib64、/sbin、/usr 和 /var。迁移带数据盘的 Linux 服务器后，启动实例时默认不挂载数据盘。可以在启动 ECS 实例后运行 ls/dev/vd* 命令查看数据盘设备，根据实际需要手动挂载，并编辑 /etc/fstab 配置开机自动挂载

（5）迁移示例 1：迁移一台带数据盘的 Windows 服务器

1）假设源服务器配置信息如下：

❏ 操作系统：Windows Server 2008

❏ 系统盘 C：30GiB

❏ 数据盘 D：100GiB

❑ 数据盘 E：150GiB

❑ 数据盘 F：200GiB

❑ 系统架构：64 位

2）ECS 迁移目标如下：

❑ 目标地域：阿里云华东 1 地域（cn-hangzhou）

❑ 镜像名称：CLIENT_IMAGE_WIN08_01

❑ 系统盘设置：50GiB

3）user_config.json 配置如下：

```
{
"access_id":"YourAccessKeyID",
"secret_key":"YourAccessKeySecret",
"region_id":"cn-hangzhou",
"image_name":"CLIENT_IMAGE_WIN08_01",
"system_disk_size":50,
"platform":"WindowsServer2008",
"architecture":"x86_64",
"data_disks":[{
"data_disk_index":1,
"data_disk_size":100,
"src_path":"D:"
},{
"data_disk_index":2,
"data_disk_size":150,
"src_path":"E:"
},{
"data_disk_index":3,
"data_disk_size":200,
"src_path":"F:"
}
],
"bandwidth_limit":0
}
```

（6）迁移实例 2：迁移一台带数据盘的 Linux 服务器

1）假设源服务器配置信息如下：

❑ 发行版本：CentOS 7.2

❑ 系统盘：30GiB

❑ 数据盘 /mnt/disk1：100GiB

❑ 数据盘 /mnt/disk2：150GiB

❑ 数据盘 /mnt/disk3：200GiB

❑ 系统架构：64 位

2）迁云目标如下：

❑ 目标地域：阿里云华东 1 地域（cn-hangzhou）

❑ 镜像名称：CLIENT_IMAGE_CENTOS72_01

❑ 系统盘设置：50GiB

3）User_config.json 配置如下：

```
{
"access_id":"YourAccessKeyID",
"secret_key":"YourAccessKeySecret",
"region_id":"cn-hangzhou",
"image_name":"CLIENT_IMAGE_CENTOS72_01",
"system_disk_size":50,
"platform":"CentOS",
"architecture":"x86_64",
"data_disks":[{
"data_disk_index":1,
"data_disk_size":100,
"src_path":"/mnt/disk1"
},{
"data_disk_index":2,
"data_disk_size":150,
"src_path":"/mnt/disk2"
},{
"data_disk_index":3,
"data_disk_size":200,
"src_path":"/mnt/disk3"
}
],
"bandwidth_limit":0
}
```

（7）过滤无需迁移的目录文件

为了节省空间并缩短迁移的时间，建议过滤无需迁移的目录和文件。我们可以通过配置 rsync 来实现。

❑ 默认过滤的文件

Windows 中的以下文件默认过滤：pagefile.sys、$RECYCLE.BIN 和 SystemVolumeInformation。

Linux 中的以下文件默认过滤：/dev/*、/sys/*、/proc/*、/media/*、lost+found/*、/mnt/* 和 /var/lib/lxcfs/*

❑ 过滤 Windows 系统文件

1）系统盘过滤方法：配置 Excludes 目录下的 rsync_excludes_win.txt。

2）数据盘过滤方法：在 Excludes 目录下新建并配置 rsync_excludes_win_disk1.txt、rsync_excludes_win_disk2.txt、rsync_excludes_win_disk3.txt。依次类推，有几个数据盘就新建几个过滤文件。

假设需要过滤 C 盘文件夹 C:\MyDirs\Docs\Words 和文件 C:\MyDirs\Docs\Excels\Report1.xlsx，可在 rsync_excludes_win.txt 中添加以下过滤配置：

```
/MyDirs/Docs/Words/
```

```
/MyDirs/Docs/Excels/Report1.xlsx
```

假设需要过滤 D 盘文件夹 D:\MyDirs\Docs\Words 和文件 D:\MyDirs\Docs\Excels\Report1. xlsx，可在 rsync_excludes_win_disk1.txt 中添加以下过滤配置：

```
/MyDirs/Docs/Words/
/MyDirs/Docs/Excels/Report1.xlsx
```

❏ 过滤 Linux 系统文件

假设需要过滤系统盘（根目录 /）文件夹 /var/mydirs/docs/words 和文件 /var/mydirs/docs/excels/report1.sh，可在 rsync_excludes_linux.txt 中添加以下过滤配置：

```
/var/mydirs/docs/words/
/var/mydirs/docs/excels/report1.sh
```

假设需要过滤数据盘目录 /mnt/disk1 中的文件夹 /mnt/disk1/mydirs/docs/words 和文件夹 /mnt/disk1/mydirs/docs/excels/report1.sh，可在 rsync_excludes_linux_disk1.txt 中添加以下过滤配置：

```
/mydirs/docs/words/
/mydirs/docs/excels/report1.sh
```

5. VPC 内网迁移镜像

如果能直接从 IDC、虚拟机环境或者云主机访问某一阿里云地域内的专有网络 VPC，建议使用源服务器与 VPC 内网互连的迁云方案。VPC 内网迁云能获得比通过公网更快速、更稳定的数据传输效果，提高迁云工作效率。事实上，这种方式也更安全，我们推荐用户首选在 VPC 内进行镜像迁移。

（1）前提条件

VPC 内网迁云要求用户能从 IDC、虚拟机环境或者云主机访问目标 VPC。具体实现方案可以选择高速通道服务或者 VPN 网关服务，利用高速通道的专线接入功能或者在目标 VPC 中搭建 VPN 网关。

（2）client_data 说明

VPC 内网迁云时需要用户自行编辑 client_data 文件。client_data 记录了迁云过程中的数据文件，包含以下信息：

❏ 迁云中转实例的 ID、名称、公网带宽和 IP 地址等属性。

❏ 迁移数据盘的进程信息。

❏ 生成的自定义镜像名称。

❏ 中转实例部署的地域和网络类型。

❏ 中转实例使用的 VPC、虚拟交换机和安全组。

client_data 需要修改一些参数，以支持迁移任务正常执行，可参考表 5-5 中的 client_data 参数说明。

表 5-5　client_data 参数说明

参数	类型	是否必填	说明
net_mode	Integer	否	选择数据传输方式。取值范围如下： ❑ 0：数据从公网传输，此时要求源服务器能访问公网，数据从公网传输。 ❑ 1：数据从 VPC 内网传输，此时要求源服务器能访问指定 VPC。 ❑ 2：数据从 VPC 内网传输，此时要求源服务器同时能访问公网和指定 VPC。 VPC 内网迁云需要将 net_mode 设置为 1 或者 2。 默认值为 0
vpc	Array	否	已经配置了高速通道服务或者 VPN 网关的 VPC ID。当 net_mode=1 或 net_mode=2 时为必填参数。由必填的 vpc_id 和选填的 vpc_name 及 description 三个字符串（String）参数构成一个 JSON 数组，分别表示 VPC ID、VPC 名称和 VPC 描述
vswitch	Array	否	指定 VPC 下的一台虚拟交换机 ID。当 net_mode=1 或 net_mode=2 时为必填参数。由必填的 vswitch_id 和选填的 vpc_name 及 description 三个 String 参数构成一个 JSON 数组，分别表示虚拟交换机 ID、虚拟交换机名称和虚拟交换机描述
securegroupid	String	否	指定 VPC 下的安全组 ID

（3）源服务器能访问指定 VPC

以下步骤适用于 net_mode=1 的情形。迁云工程会分成 3 个阶段，其中阶段 1（Stage1）和阶段 3（Stage3）在备用服务器中完成，需要备用服务器能访问公网；阶段 2（Stage2）在待迁移的源服务器中进行。

步骤 1：登录一台能够访问公网的服务器 A。

步骤 2：编辑迁云工具的 client_data 文件，设置 net_mode=1，填入已经配置了高速通道服务或者 VPN 网关的 vpc_id、vswitch_id 和 zone_id 参数。

步骤 3（可选）：在 client_data 文件中配置 security_group_id 参数，但安全组入方向必须放行代理端口 8080 和 8703。

步骤 4：按照公网迁云步骤在服务器 A 内运行迁云工具，直到出现提示"Stage1 Is Done！"。如图 5-14 所示。

图 5-14　阶段 1 运行截图

步骤 5：登录需要迁移的源服务器，复制服务器 A 的迁云工具配置，包括 user_config.json、rsync 和 client_data 文件，保持配置文件内容一致。

步骤 6：按照公网迁云步骤在待迁移的源服务器内运行迁云工具，直到提示 Stage 2 is Done！。如图 5-15 所示。

```
[2018-04-10 20:47:43]  [Info]   Do Grub...
[2018-04-10 20:48:20]  [Done]   Stage 2 is Done!
[2018-04-10 20:48:20]  [Info]   Goto Aliyun Not Finished, Ready To Next Stage!
Enter any key to Exit...
```

图 5-15　阶段 2 运行截图

步骤 7：登录步骤 1 中的服务器 A，复制步骤 5 中待迁移的源服务器的迁云工具配置，包括 user_config.json、rsync 和 client_data 文件，必须保持配置文件内容一致。

步骤 8：按照公网迁云步骤在服务器 A 内再次运行迁云工具，直到出现提示 Stage 3 Is Done!，表示 VPC 内网迁云顺利完成。如图 5-16 所示。

```
[2018-04-10 20:55:52]  [Done]   Create Image Successfully!
[2018-04-10 20:55:53]  [Info]   Server ECS Is Released!
[2018-04-10 20:55:53]  [Done]   Stage 3 is Done!
[2018-04-10 20:55:53]  [Done]   Goto Aliyun Finished!
Enter any key to Exit...
```

图 5-16　阶段 3 运行截图

（4）源服务器能同时访问指定 VPC 和公网

以下步骤适用于 net_mode=2 的情形，操作过程与 net_mode=0 时（即公网迁云）相同。net_mode=2 时，数据自动从 VPC 迁移上云，其他过程通过公网完成，传输速度稍微慢于 VPC 内网迁云方式一（net_mode=1）。

步骤 1：登录能够访问公网的源服务器，按照公网迁云步骤运行迁云工具。

步骤 2：编辑迁云工具的 client_data 文件。设置 net_mode=2，填入已经配置了高速通道服务或者 VPN 网关的 vpc_id、vswitch_id 和 zone_id 参数。

步骤 3（可选）：在 client_data 文件中配置 security_group_id 参数，但安全组入方向必须放行代理端口 8080 和 8703。更多详情，请参阅添加安全组规则。

步骤 4：按照公网迁云步骤运行迁云工具。

5.9.5　通用镜像迁移方案

上一节介绍了用阿里迁云工具进行自动镜像迁移的步骤，使用这个工具，用户只需要做简单的配置就能完成一个服务器到云上的迁移。但是，这种方案的的限制条件也是非常明显的，首先要求云上云下的网络必须打通，当这些条件不能完全满足时，就需要一个更通用的方案来支持镜像的上云迁移。在这一节，我们重点介绍通用镜像迁移到阿里云的流程。

镜像迁移分 5 个步骤进行，如流程图 5-17 所示。

1. 镜像迁移可行性评估

当我们选择镜像迁移前，需要对被迁移的服务器主机的详细信息进行调研，按照镜像迁移可行性评估中描述的要求及限制进行评估，判断是否可行及是否需要采用镜像迁移的方式来进行迁移。

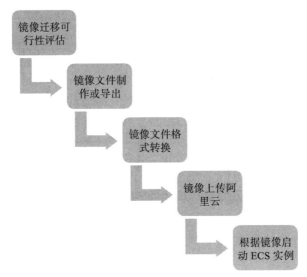

图 5-17 镜像迁移实施流程图

如果被迁移服务器主机数量规模大并且大多带有系统盘，同时网络条件不好，那么建议不要使用镜像迁移方式。因为往往镜像文件都比较大，在此条件下进行镜像迁移反而会增加迁移的时间及人力成本。

如果被迁移服务器主机中的应用配置比较复杂、无人维护、网络条件好，则建议使用镜像迁移的方式。虽然数据盘不支持镜像迁移，但是可以先把系统盘镜像迁移到阿里云后，再采用文件同步的方式将数据盘同步到阿里云的数据盘。

通常，在镜像迁移前需要一些准备工作。

（1）准备存放镜像文件的公共目录

❑ Windows 类：通过 DISK2VHD 工具对 Windows 操作系统的系统盘进行镜像文件制作时，可以把镜像文件存放地址设置为公共目录地址，比如某台有大容量空间的 Windows 系统共享目录。设置 Windows 共享目录的方式如图 5-18 所示。

然后，在 DISK2VHD 的镜像文件保存地址中输入网络路径，比如 \\iZtk67uu6ar4utZ\VHD_DIR，可以将镜像文件写入共享目录中进行统一管理。

❑ Linux 类：通过 DD 工具对 Linux 操作系统的系统盘进行镜像文件制作的时候，可以把输出路径设置为一些挂载 NFS 的

图 5-18 设置 Windows 共享目录

共享目录，把镜像文件输出到统一的共享目录中（共享目录通常部署到镜像文件格式转换工具平台上）。

下面给出一个 NFS 环境搭建方法示例。

1）环境示例。

❑ 共享目录服务器端：CentOS 6.5 192.168.0.10

❑ 被迁移服务器端：CentOS 6.5 192.168.0.11

2）共享目录服务器端安装配置。

①先用 rpm-qa 命令查看所需安装包（nfs-utils、rpcbind）是否已经安装：

```
[root@local/]#rpm-qa|grep"rpcbind"rpcbind-0.2.0-11.el6.x86_64
[root@local/]#rpm-qa|grep"nfs"nfs-utils-1.2.3-39.el6.x86_64
nfs4-acl-tools-0.3.3-6.el6.x86_64nfs-utils-lib-1.1.5-6.el6.x86_64
```

②如果出现上述查询结果，说明服务器自身已经安装了 NFS；如果没有安装，则用 yum 命令来安装：

```
[root@local/]#yum-yinstallnfs-utilsrpcbind
```

③创建共享目录：

```
[root@local/]#mkdir/sharestore
```

④配置 NFS 共享文件路径，编辑 /etc/exports 添加下面一行，添加后保存退出。

```
[root@local/]#vi/etc/exports
/sharestore*(rw,sync,no_root_squash)
```

⑤启动 NFS 服务（先启动 rpcbind，再启动 nfs；如果服务器自身已经安装过 NFS，那就用 restart 重启两个服务）：

```
[root@local/]#servicerpcbindstart
Startingrpcbind:                        [OK]
[root@local/]#servicenfsstart
StartingNFSservices:                    [OK]
StartingNFSquotas:                      [OK]
StartingNFSmountd:                      [OK]
StoppingRPCidmapd:                      [OK]
StartingRPCidmapd:                      [OK]
StartingNFSdaemon:                      [OK]
[root@local/]#
```

⑥设置 NFS 服务开机自启动：

```
[root@local/]#chkconfigrpcbindon
[root@local/]#chkconfignfson
```

3）被迁移服务器端挂载配置。

①创建一个挂载点：

```
[root@localhost~]#mkdir/mnt/store
```

②挂载：

```
[root@localhost~]#mount-tnfs192.168.0.10:/sharestore/mnt/store
```

（2）镜像文件格式转换工具平台准备

搭建镜像文件格式转换平台的工作主要是安装镜像格式转换工具，并且需要保证平台磁盘空间有较大容量以保存镜像文件，同时应对镜像文件进行统一存储和管理。具体容量空间大小需根据迁移镜像规模而定。在格式转换平台上需要安装 OSS 工具，在镜像文件格式转换后上传到用户具体账号下阿里云 OSS 对象存储中。

Windows 类操作系统可以安装 XenConvert 或 StarWindConverter 工具作为镜像文件格式转换平台的基础工具，安装过程非常简单，这里不再叙述。

Linux 类操作系统需安装 qemu-img 工具作为镜像文件格式转换平台的基础工具，安装方法如下（以 CentOS 为例）：

```
yuminstallqemu-img
```

（3）镜像导出前操作系统的检查准备工作

对 Windows 系统，应关闭防火墙、UAC，启用远程桌面。

1）依次单击"开始→控制面板→ Windows 防火墙→打开和关闭防火墙"，选择关闭防火墙。

2）关闭 UAC（用户账户控制）的方法为依次单击"开始→运行→输入 MSCONFIG 打开系统配置→工具 Tab →更改 UAC 设置→设置最低"，然后重启系统。

3）依次单击"开始→计算机→属性→远程设置"，启用远程桌面。对 Linux 系统，应关闭防火墙、Selinux、NetworkManager。

- 关闭 Linux 系统防火墙：执行命令 chkconfig iptablesoff，重启生效。
- 关闭 Selinux：修改 /etc/selinux/config 文件中的 SELINUX="" 为 disabled，重启生效。
- 关闭或删除 NetworkManager。
- 在 /etc/fstab 文件中去掉 mount 配置。

2. 镜像文件制作或导出

对于传统 IDC 的物理服务器主机或者其他云平台服务器主机，若系统为 Windows，我们使用 DISK2VHD 工具进行 Windows 系统 C 盘的镜像文件制作。若系统为 Linux，则推荐使用 Linux 自带的 DD 工具来制作镜像文件。下面介绍这两个工具的使用方法。

（1）DISK2VHD

1）下载安装。

在 https://docs.microsoft.com/zh-cn/sysinternals/downloads/disk2vhd 下载最新的 DISK2VHD 软件安装包，目前的版本是 2014 年 1 月 21 日更新的 v2.0.1。这是一个绿色软件，无需安装，解压后即可使用。

2）使用和制作镜像。

如图 5-19 所示，DISK2VHD 的操作非常简单，双击打开软件，弹出一个配置界面框，只需勾选要转换的卷（分区），选择一个 vhd 或 vhdx 文件的生成路径之后点击 Create（转换）按钮即可。

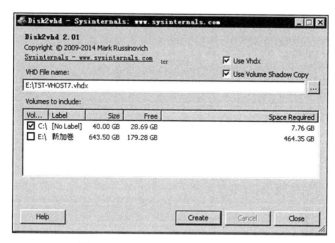

图 5-19　DISK2VHD 工具配置界面

3）等待镜像创建完成。

如图 5-20 所示，经过分钟级别的等待，被选中的 C 盘就会在指定位置生成 VHD 或 VHDX 镜像文件。

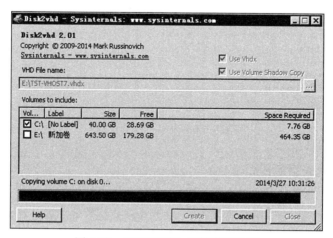

图 5-20　DISK2VHD 创建镜像进度

（2）Linux DD 工具

1）通过 df 和 fdisk 查看根分区位置，位于 /dev/vda。

```
[root@iZbp1be1ftlybmieiuqpqeZ~]#df-k
```

```
Filesystem1K-blocksUsedAvailableUse%Mountedon
/dev/vda141151808164921637405545%/
tmpfs1962256019622560%/dev/shm
//10.28.44.86/c$2097131484653209216318105623%/mnt/samba
10.27.88.123:/share_dir
                        206291712150970880448335332878%/mnt/nfs
/dev/mapper/p2v-lvm30832636279416826465604l0%/home[root@iZbp1be1ftlybmieiuqpqe
Z~]#fdisk-l

Disk/dev/vda:42.9GB,42949672960bytes
255heads,63sectors/track,5221cylindersUnits=cylindersof160
65*512=8225280bytes
Sectorsize(logical/physical):512bytes/512bytesI/Osize(minimum/optimal):512byte
s/512bytesDiskidentifier:0x00078f9c

DeviceBootStart    End    Blocks        IdSystem
/dev/vda1*1        5222   41940992      83Linux
```

2）通过 dd 命令制作镜像文件，命令如下：

```
[root@iZbp1be1ftlybmieiuqpqeZ~]#ddif=/dev/vdcof=/mnt/nfs/centos65.raw
```

3. 镜像格式转换

有的云平台可以导出镜像文件，而且基本是 VHD 的格式，在这种情况下，我们可以省去镜像制作和格式转换的步骤。

对于传统虚拟化平台 VMware 类型的虚拟主机迁移，我们不用制作镜像，目前 VMware 虚拟主机底层虚拟磁盘文件为 VMDK 格式，在 ESX Server 中把 VMDK 文件复制到镜像格式转换平台后，可直接转换。

❑ VMDK 转 VHD

```
qemu-imgconvert-fvmdkvmdkfile.vmdk-Ovpcvhdfile.vhd
```

❑ RAW 转 VHD

```
qemu-imgconvert-frawcentos65.raw-Ovpccentos65.vhd
```

qemu-imgconvert 的格式如下：

```
qemu-imgconvert[-c][-e][-fformat]filename[-Ooutput_format]output_filename
```

当然，也可以在 Windows 系统中部署 XenConvert 或者 StarWind Converter 工具进行格式转换，由于操作简单，这里不再详细叙述。

注意：VMware 的虚拟磁盘 vmdk 文件在创建的时候可以选择分割的方式，这样会导致一个虚拟机有 N 个虚拟磁盘文件。使用 XenConvert 转成 VHD 格式只能输入一个，因此需要使用 vmware-vdiskmanager.exe 将多个虚拟磁盘 vmdk 文件合并为一个 vmdk 文件。

4. 镜像文件上传并设置为自定义镜像

在云下导出或制作好镜像后，需要上传到阿里云的镜像中心，上传过程中需要使用 OSS 服务。如果使用的阿里云账号还没有开通 OSS 服务，请先开通 OSS 服务。使用 OSS 的第三方工具客户端 OSS API 或者 OSS SDK 可以把制作好的文件上传和导入到 GC ECS 用户自定义镜像相同地域的 bucket 里面，如果对怎么上传文件到 OSS 不熟悉，建议使用 OSSutil 工具上传镜像文件，可以在阿里云官网搜索关键字 "ossutil" 找到这个工具。镜像文件上传流程如图 5-21 所示。

镜像上传到 OSS 后，可以在阿里云控制台发起工单，申请 ECS 导入镜像的权限，并且主动把 OSS 的访问权限授权给 ECS 官方的服务账号。如图 5-22、5-23 所示。

图 5-21　镜像文件上传步骤

图 5-22　导入镜像——权限确认

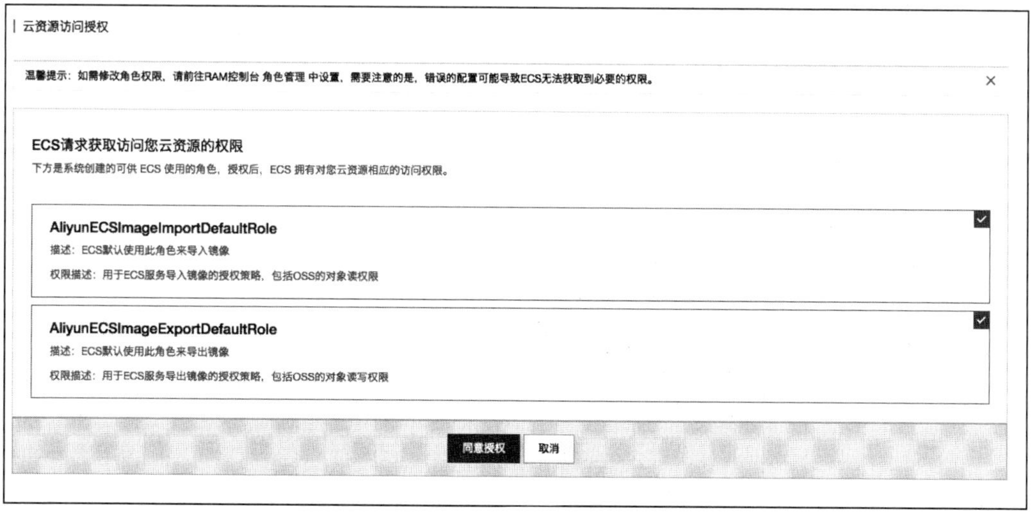

图 5-23　导入镜像——授权

授权完成后，进入阿里云 ECS 控制台导入镜像，导入前需要填写导入镜像信息表单，填写过程中需要注意镜像信息一定要正确。导入镜像页面如图 5-24 所示。

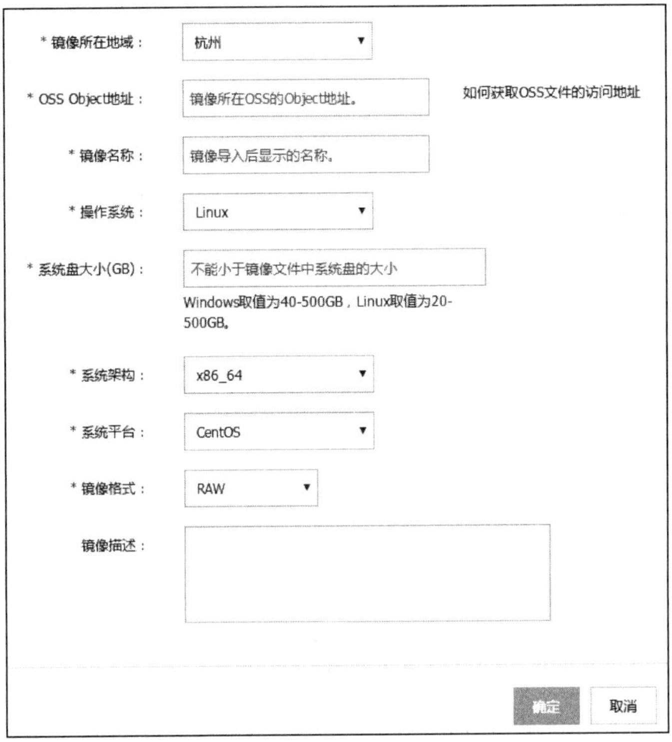

图 5-24 导入镜像表单信息

如果对导入表单信息有不清楚的地方，可以参考表 5-6 进行确认并填写。

表 5-6 镜像表单信息说明表

表单属性	属性解释
地域	选择将要部署应用的地域
镜像文件 OSS 地址	直接复制从 OSS 的控制台的 Object 对象获取的地址的内容
镜像名称	长度为 2 ～ 128 个字符，以大小写字母或中文开头，可包含数字、"."、"_" 或 "-"
系统盘大小	Windows 系统盘大小取值为 40 ～ 500GB，Linux 系统盘大小为 20 ～ 500GB
系统架构	64 位操作系统选择 x86_64，32 位操作系统选择 i386
操作系统类型	Windows 或者 Linux
系统发行版	暂时支持的操作系统发行版如下：Windows 支持 Windows Server 2003、2008、2012 和 Windows 7；Linux 支持 CentOS、RedHat、SUSE、Ubuntu、Debian、gentoo、FreeBSD、CoreOS、其他版本 Linux（请提交工单确认是否支持）。如果镜像的操作系统是根据 Linux 内核定制开发的，请发工单联系阿里云
镜像格式	支持 RAW 和 VHD 两种格式。建议使用 RAW 格式，成功率会高很多，不支持使用 qemu-image 创建 VHD 格式的镜像
镜像描述	填写镜像描述信息

在镜像导入过程中，通过任务管理找到该导入的镜像，可以对这个导入镜像进行取

消任务操作。导入镜像需要耐心等待，一般需要数小时才能完成，完成的时间取决于镜像文件的大小和当前导入任务的繁忙程度，可以在导入地域的镜像列表中看到这个镜像的进度。

5. 根据镜像启动 ECS 实例

镜像导入阿里云后，可以进入阿里云 ECS 控制台通过上传的镜像进行实例创建。在选择镜像的时候，镜像来源需要选择自定义镜像，可以在自定义镜像列表看到导入的镜像。如图 5-25 所示。

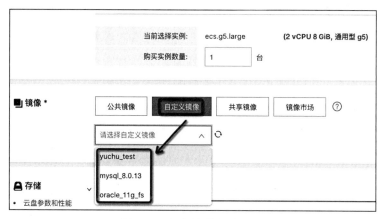

图 5-25　根据镜像创建 ECS

启动完成后，可以根据表 5-7 和表 5-8 来进入 ECS 实例分别进行 Windows 或 Linux 操作系统的相关检查。

表 5-7　Windows 镜像实例检查列表

检查内容	说明
IP（内网 IP/ 外网 IP）掩码网关	1）内网 IP 校验：能通过另外一台 vmping 通 2）外网 IP：外网 ping 通
路由	正常访问外网
密码	administrator 密码登录
hostname	点击"计算机 – 属性 – 高级系统设置 – 计算机名修改"后重启计算机
DNS	ping DNS 服务是否能 ping 通 / 是否能正常访问外网
默认网关	正常访问外网
host 文件	位于 C:\Windows\System32\drivers\etc 测试域名绑定
挂载数据磁盘	挂载磁盘是否成功，格式化磁盘是否成功 是否能正确写入文件（check 是否存在写保护）
ntp	校验机器时间

（续）

检查内容	说明
KMS	1）在运行输入框中输入 "Slmgr.vbs-dlv" 命令并回车 2）查看批量激活过期时间
注入启动 AliyunService 进程以及 XEN 或 KVM 模块	在任务管理器中查看是否存在以下进程 shutdownmon（老版本为 shutdownmon）/AliyunService

表 5-8　Linux 镜像实例检查列表

检查内容	说明
IP 掩码、网关（公私网卡）	1）内网 IP 校验：能通过另外一台 vm ping 通 2）外网 IP：外网 ping 通
路由	正常访问外网
密码	root 密码
hostname	修改 hostname
dns	ping DNS 服务是否能 ping 通 / 是否能正常访问外网
默认网关	正常访问外网
host 文件	/etc/sysconfig/network 修改 hostname，需要重启 reboot
sshkey	/etc/ssh/ssh_host_key（一般不会修改）
挂载数据磁盘	mount 磁盘是否成功，格式化磁盘是否成功 是否能正确写入文件（check 是否存在写保护）
ntp	查看服务器时间
yum/apt 源	自动安装 yum 或 apt 软件
注入启动 gshell 进程以及 XEN 或 KVM 模块	ps-ef	grepgshell	grep-vgrep	wc-l

5.9.6　阿里云上跨 VPC 和区域、账号镜像迁移实践

除了从云下 IDC 以及其他虚拟化或云环境迁移到阿里云，还有一些需求是来自云内自身的各个环境间的镜像迁移。目前在阿里云上的镜像迁移主要场景包括：

❑ 跨 VPC 迁移 ECS 实例，比如从 VPC A 迁移到 VPC B 环境中。

❑ 跨区域迁移 ECS 实例，比如从上海区域迁移到杭州区域。

❑ 跨账号迁移 ECS 实例，比如从账号 A 迁移到账户 B。

阿里云提供 ECS 实例快照和自定义镜像（支持系统盘和数据盘）的功能，并且自定义镜像可以跨区域复制和共享给其他账号使用，基于这些功能特性，我们就可以实现跨 VPC、跨区域、跨账号的镜像迁移。

跨 VPC 镜像迁移流程图如图 5-26 所示。

跨地域镜像迁移流程图如图 5-27 所示。

跨账号镜像迁移流程图如图 5-28 所示。

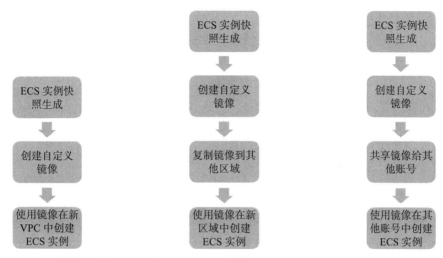

图 5-26　跨 VPC 镜像迁移流程　　图 5-27　跨地域镜像迁移流程　　图 5-28　跨账号镜像迁移流程

1. ECS 快照生成

所谓快照，就是某一个时间点上某一个磁盘的数据备份。需要注意的是，如果需要保持数据的一致性，就要采用停机或停服务的方式进行快照。ECS 快照操作流程如下：

1）登录云服务器管理控制台。

2）单击实例所在的地域，然后单击左侧导航的实例。单击实例的名称，或在实例右侧单击管理。

3）单击左侧的本实例磁盘，对系统盘和数据盘创建快照。

2. 创建自定义镜像

镜像是云服务器 ECS 实例运行环境的模板，一般包括操作系统和预装的软件。通常自定义镜像来源于以下渠道：

❑ 根据现有的云服务器 ECS 实例的快照创建自定义镜像。

❑ 把线下环境的镜像文件导入 ECS 的集群中生成一个自定义镜像。要创建自定义镜像，先进入 ECS 实例管理控制页面，单击"管理"，再单击左侧的"本实例快照"，确定快照的磁盘属性是系统盘（数据盘不能单独用于创建镜像）。然后单击"创建自定义镜像"。

3. 镜像跨区域复制

自定义镜像是不能跨地域使用的，但是如果需要跨地域使用自定义镜像，可以通过复制镜像的方式，可以把当前地域的自定义镜像复制到其他地域进行镜像迁移复制。

复制镜像需要通过网络把源地域的镜像文件传输到目标地域，复制的时间取决于网络传输速度和任务队列的排队数量。

复制自定义镜像的步骤如下：

1）登录云服务器管理控制台。

2）单击左侧导航中的镜像，可以看到镜像列表。

3）选择页面顶部的地域。

4）选中需要复制的镜像，镜像类型必须是自定义镜像，单击复制镜像。在弹出的对话框中，可以看到选中镜像的 ID。

5）选择需要复制镜像的目标地域。

6）输入目标镜像的名称和描述。

7）单击确定，镜像复制任务就创建成功了。

4. 镜像共享

在阿里云上，可以把自己的自定义镜像共享给其他用户，该用户可以通过管理控制台或 ECS API 查询到其他账号共享到本账号的共享镜像列表。被共享用户可以使用其他账号共享的镜像创建 ECS 实例和更换系统盘。

分享镜像的步骤如下：

1）登录云服务器管理控制台。

2）单击左侧导航中的镜像，可以看到镜像列表。

3）选择页面顶部的地域。

4）选中需要复制的镜像，镜像类型必须是自定义镜像，单击共享镜像。

5）在弹出的对话框中，选择账号类型和输入阿里云账号。有两种账号类型：

❏ Aliyun 账号：输入要共享给其他用户的阿里云账号（登录账号）。

❏ Aliyun ID：输入要共享给其他的阿里云账号 ID。Aliyun ID 可以从阿里云官网的用户中心获取：账号管理→安全设置→账号 ID。可通过下面链接直接登录访问：https://account.console.aliyun.com/#/secure。

6）单击共享镜像，完成自定义镜像的共享。

数据库服务迁云

DT 时代，人们在生产和生活中产生大量数据，图片、文本、影音等非结构化数据在每天新增的数据中占据相当大的比例，数据库依然是当今非结构化数据存储和管理的最佳系统。尤其对于企业来说，数据库往往是 IT 系统的中枢，应用系统迁云时，如果数据库无法迁移，往往会造成云上和云下应用与数据库之间访问和存取的割裂，迁云的效果将大打折扣。本章我们将重点讨论如何完美地将云下商业数据库迁移到阿里云的 RDS 和 DRDS 上。

6.1 RDS

关系型数据库服务（Relational Database Service，RDS）是一种稳定可靠、可弹性伸缩、简单易用的在线数据库服务，依托于阿里专业的数据库技术体系，RDS 具有完善的自动化运维体系、性能监控体系和多重安全防护措施。和传统数据库服务模式相比，RDS 承担了耗时耗力的数据库管理任务，包括服务器选型、数据库安装、备份、监控、高可用、性能分析、防 SQL 注入等。RDS 以即开即用方式提供数据库服务，有极高的服务可用性和数据可用性，用户可以专注于应用和业务的发展。

RDS 兼容 MySQL、SQL Server、PostgreSQL 等关系型数据库的访问协议，用户现有的数据库代码、应用代码可以直接部署在 RDS 上，无需做太多改造。表 6-1 对使用 RDS 和自建数据库做了对比。

RDS 作为一种数据库服务，本身采用主从备份架构，当主机宕机或者出现故障后，备机可以在秒级（SLA 30s）完成无缝切换，应用甚至不会感知到切换过程。RDS 提供自动多重备份的机制，默认保留最近 7 天的备份。用户可以自行选择备份周期，也可以根据自身业务特点随时进行手动备份，RDS 数据可回溯到任意备份保留的时间点。用户可以选择 7 天内的任意时间点创建一个临时实例进行数据恢复，临时实例生成后验证数据无误，即可将数据迁移到 RDS 实例，从而完成数据回溯操作。

表 6-1　RDS 和自建数据库对比

功能点	RDS	自建数据库
服务可用性	99.95%	双交换机网络环境、电源输入、高配置主机、双机主从复制、故障恢复、VIP 漂移、数据备份、自动数据还原等一系列配套设施需要自行保障
数据可靠性	99.999 9%	自行搭建主从复制，自建 RAID，MySQL Patch 维护等均需自行保障
系统安全性	防 DDoS 攻击，流量清洗；及时修复各种数据库安全漏洞	自行部署，价格高昂；自行修复数据库安全漏洞
数据库备份	自动备份	自行实现，但需要寻找备份存放空间以及定期验证备份是否可恢复
基础运维	不需要基础运维（如安装机器、部署数据库软件、机器损坏等维护工作）	需聘请运维工程师进行维护，花费大量人力成本
数据库优化	提供资源报警、性能监控图、数据库优化建议、SQL 运行报告、慢查询分析等数据库优化功能	需招聘专职 DBA 来维护，花费大量人力成本
部署扩容	即时开通，快速部署，弹性扩容，按需开通	需采购硬件、托管机房、部署机器等，周期较长
资源利用率	按实际结算，100% 利用率	需考虑峰值，资源利用率较低

我们以 RDS for MySQL 为例来了解一下 RDS 的基础架构（见图 6-1），阿里云为用户提供 Web 控制台和数据库域名端口号两种方式使用 RDS。

用户登录阿里云 RDS 控制台后，可以在控制台页面上对 RDS 进行多种管理控制操作，比如申请创建实例、备份数据库、升级数据库、迁移数据库、查看数据库监控状态以及释放实例等。这些动作都是通过任务调度系统去调度对应的子系统来实现的，这些子系统包括 HA 监控系统、备份系统、在线迁移系统和监控系统。每一套子系统都是以集群方式部署的，不存在单点故障。

位于图 6-1 中间位置的是数据库物理机集群。RDS 实例运行在一对物理服务器上，一个为主（Master）实例，另一个为备用（Slave）实例。多个实例同时运行在同一个物理服务器上，每个实例都会占用不同的端口，方便用户使用。RDS 服务对主实例和端口做了统一映射，暴露给用户的是一个随机的域名和标准 MySQL 使用的 3306 端口。备用实例由系统自动维护，主实例出现故障时，HA 控制系统自动发现并进行主备切换。

同时，出于系统安全考虑，RDS 处于多层防火墙的保护之下，可以有力地抗击各种恶意攻击，保证数据的安全，包括防 DDoS 攻击、防 SQL 注入、IP 白名单、SQL 审计等。RDS 服务器不允许直接登录，只开放特定的数据库服务需要的端口。RDS 服务器不允许主动向外发起连接，只能接受被动访问。

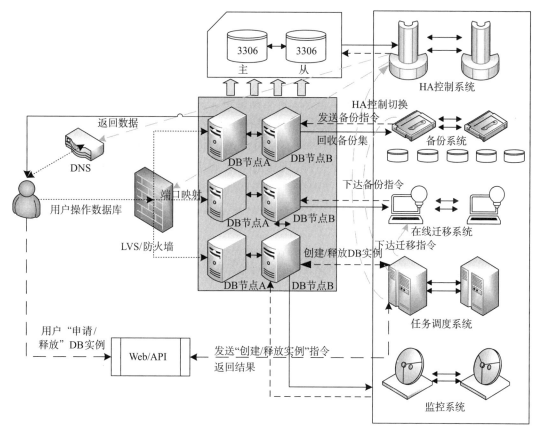

图 6-1　RDS for MySQL 基础架构图

看似普通的 RDS for MySQL 服务，其实背后沉淀了阿里巴巴多年来在 MySQL 运维、管理和开发方面的丰富经验，这样的可靠性、可用性和安全性绝不仅仅是用一台 Linux 服务器搭建一套 MySQL 数据库再加主备复制就能达到的。

6.2　DRDS

单实例 RDS 能够方便地满足用户对于 RDBMS 的需求，但对于很多应用而言，单实例最终都会遇到单机性能（TPS、QPS、内存容量、磁盘容量等）上的"天花板"。分库分表是解决系统瓶颈（容量 / 性能）的通用方案，可以将数据分散到多台机器，并保证请求能够平均地分发到这些机器上。业界开源的方案是使用 Mycat，但在阿里云上有更为成熟和稳定的产品来支持——分布式关系型数据库服务（Distributed Relational Database Service，DRDS）。DRDS 的主要功能就是帮助用户按照用户指定的规则实现自动的分库分表，也就是将原来只能在单机执行的 SQL，尽可能透明、高效地直接转变为能在多机执行的 SQL，从而实现数据存储的自由水平扩展。目前，在阿里集团内部有几百个应用系统使用 DRDS 超过 5 年，运行高效安全且稳定。

图 6-2 给出了 DRDS 部署的架构，可以帮助我们理解 DRDS 是如何将多个相互独立的 RDS 整合成一个统一的分布式集群数据库的。首先，DRDS 是架设在客户应用和 RDS 之间的一层云中间件服务，以 DRDS 实例形式存在，一个实例对外提供一个类似 RDS 的域名和端口。实例后面则是真正的 RDS 实例集群，分库和分表后的数据按照一定的哈希规则存放在后端 RDS 中，DRDS 实例本身并不存放任何业务数据。那么，DRDS 实例的功能是什么呢？客户端 SQL 的解析、路由分发以及每个 RDS 结果的拼装和组合都是在 DRDS 实例上完成的，同时一些高级功能，比如小表广播、异构索引表等都需要 DRDS 服务的数据复制集群来实现。因此，阿里云 DRDS 作为一个支持多语言客户端的分布式数据库存储服务，能够让用户在具有海量数据的分布式环境中拥有单机数据库的使用体验。

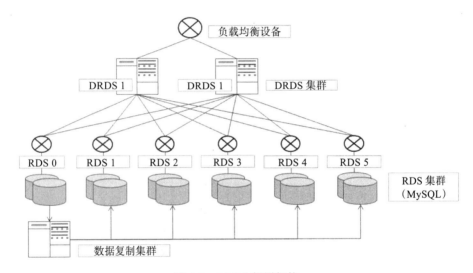

图 6-2 DRDS 部署架构

当然，分布式数据库和单机数据库本身必然存在使用习惯上的不同，例如低效的分布式事务、分布式 Join 等。针对这些问题，DRDS 的选择是优先考虑性能和稳定性，兼顾软件的兼容性。

6.3 异构数据库改造上云实践

毫无疑问，Oracle 数据库依然是今天企业市场关系型数据库的主流选择。众多的企业面临着云下 Oracle 数据库如何轻松实现异构改造到云上 RDS 的严峻问题。本节我们以将 Oracle 数据库改造到阿里云 RDS for MySQL 数据库为例来介绍异构数据库的改造迁云实践，希望能给读者一些启发。

6.3.1　Oracle 与 MySQL

作为世界上流行的两大关系型数据库，有关 Oracle 和 MySQL 的争论是一个老生常谈的话题。异构化改造不仅仅是对 SQL 语法的改写，由于 Oracle 和 MySQL 是完全不同的两种数据库类型，因此带来两种完全不同的研发思路。根据以往的项目经验，如果只是改写 SQL 语法，将 Oracle 运行良好的 SQL 直接移植到 MySQL，那么性能可能非常差，进而会得出 MySQL 性能比 Oracle 差的结论。

Oracle 的功能强大，只要能想到的业务逻辑在 Oracle 上基本都可以实现，的确也有很多系统的大部分业务逻辑是通过存储过程 / 函数 / 包来实现的，简单又高效。Oracle 有一种专用的扩展 PL/SQL 编程语言，支持用户通过数据库内部编程来实现各种复杂的业务逻辑。对于 MySQL，通常我们会将它先定位为数据库，主要用来存储数据，满足业务的基本 ACID 需求和 SQL 处理需求。MySQL 没有 Oracle 那样强大的 PL/SQL 语言，所以在业务逻辑处理方面能力偏弱。

在性能上，Oracle 对复杂查询、大数据量的 SQL 做了很好的优化，Oracle 执行计划同时支持 NestLoop（小数据量）、HashJoin、MergeJoin（大数据量），可以针对各种 SQL 快速找到优化的执行计划。相比 Oracle 强大的优化器，MySQL（5.6 版本之前）的执行计划只支持 NestLoop，优势主要在对单表查询、数据量小（这里的小指的是 Where 后面的结果集小，不是表大小）的表 Join 处理，从 QPS 上估计 MySQL 单实例可以支撑 3 ~ 5 万的 QPS。MySQL 对大数据量、多表 Join 查询、子查询的支持相对较弱。即使阿里云 RDS for MySQL 已经由阿里集团的数据库专家们做过许多的特殊优化，但对于一些特殊的需求，比如数据分析、随机多维度查询或者在数据库中做复杂的业务逻辑处理，RDS 都不擅长。我们通常建议把这些需求放到其他的产品或处理环节实现，比如分析型数据库 AnalyticDB 就擅长海量数据的快速分析和多维度查询，而复杂的业务处理逻辑则是应用程序可以充分发挥优势的场景。

如何确保改写后的 SQL 在 MySQL 中能运行得很好呢？除了遵守 MySQL 的基本研发规范之外，建议一定要反复做性能测试，不断识别出那些慢的 SQL，并重点针对这些 SQL 进行优化，直到性能符合预期。相比 Oracle，在使用 MySQL 方面还有很多技巧和限制，要利用好这些技巧和限制才能发挥出 MySQL 的最大功效。

最后，必须再提醒一句：不管是 Oracle 还是 MySQL，复杂 SQL 总是影响系统稳定性的主要因素，系统问题通常是由于复杂 SQL（执行计划走错）导致的，所以应注意在编写 SQL 时要努力化繁为简，而不是追求"炫技"般大而长。

6.3.2　MySQL 开发规范

在开始用 MySQL 替代 Oracle 进行开发工作之前，我们根据经验总结出如下一些规范，供读者参考：

❑ 主键：表必须要有主键，最好是自增主键，一定是 innodb 引擎。

❑ 加字段：由于 MySQL 5.5 还不支持 online ddl（加字段锁表），因此要控制单表数据量以减少 DDL 时间（建议数据量不要超过千万）。

❑ 冗余：应平衡范式和冗余，适当地在表中冗余字段（比如 userid、name 之类），可以减少关联查询。

❑ 存储过程：数据库扩容太难（涉及数据重新分布），尽量不在数据库做复杂运算，比如存储过程、函数、触发器。

❑ 大事务：在查询或事务处理上，应尽量化复杂为简单，复杂 SQL 应拆分为多步骤实现，拒绝大事务（比如一条 SQL 更新了几百万条记录）。

❑ 数据导入：批量数据导入应尽量使用 LoadData，或是批量插入，而不是单条导入数据。

❑ Join 查询：由于 MySQL 执行计划只支持 Nest Loop，尽量减少超过 3 个表以上的关联查询。

❑ 子查询：MySQL 5.5 版本及以下禁用子查询（In、Exists）。

❑ 专业度：建议有专业 DBA 参与，包括数据库架构设计、SQL 查询和索引创建等。

❑ MySQL 执行计划仅支持 NestLoop 嵌套查询，对多表（>3）关联 Join 查询的支持非常弱，对大数据的处理弱。

❑ 存储过程、函数功能支持弱，大部分 Oracle 语法都不兼容。

❑ 考虑到扩展性，数据量大的或对性能有要求的应尽量使用 MySQL 分库分表，建议使用 DRDS。

❑ MySQL 的使用和运维门槛极高（因为存在 MySQL bug、问题 debug、特殊 SQL 优化等），使用 RDS 是个很好的选择。阿里云上有超过 100 万公共云用户在使用 RDS，稳定性和安全都有极大保障。

6.3.3 MySQL 表设计

熟悉了以上的开发规范后，我们就可以进入 MySQL 表概要设计阶段。在进行 MySQL 表设计时，虽然通常已经有了 Oracle 中保留下来的建表语句，但是我们依然应该重新评估 Oracle 的表设计是否科学高效。除了遵循数据库表设计必须遵守的第一、第二和第三范式外，还有几个基本的原则：

1）一定要使用 innodb 引擎。

2）表一定要有主键，而且尽量使用自增主键 auto_increment，尽量不要使用联合主键。

3）字段能用整型的一定不用 varchar 类型。

4）Oracle 中的 date 类型对应 MySQL datetime 类型。

5）Oracle 中的 varchar、varchar(2) 对应 MySQL 的 varchar 类型。

6）MySQL 中应尽量减少对 Text、Lob、Blob 等的大量使用，如果是存储文件或图片，建议直接使用 OSS。

这里展开介绍一下 MySQL innodb 引擎主键的选择。和 Oracle 堆表随机存储数据不同，innodb 通过聚集索引来存储数据，通过主键来对数据进行顺序存储，也就是数据库的存储必须是按顺序的，如 1，2，3，4，5，100，102，绝不会出现 1，2，3，100，102，5，4 这样乱序的情况，这种机制要求主键 id 尽量设计为自增，自增意味 MySQL 中插入的数据都是存储在物理文件数据块的最后。如果没有设计为自增，意味写入的数据总是在不断插队，会出现数据块不断分裂的情况，这会导致明显的性能下降。从图 6-3 可以明显地看到，MySQL 中的索引数据都是顺序存放的。

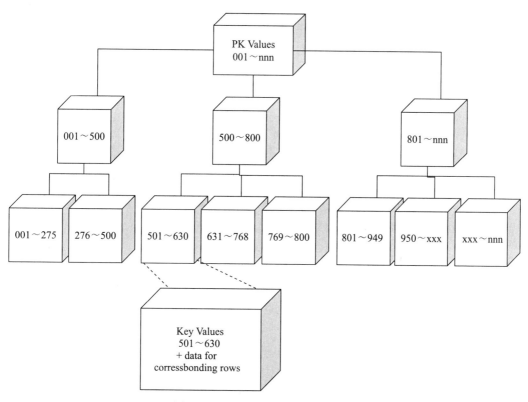

图 6-3　MySQL Primary Index 结构

MySQL 把主键之外的索引称为二级索引，比如创建 userid、name 二级索引，实际上数据库里面存储的是 userid、name、pkid（主键 id，二级索引通过主键 id 来定位具体的表数据）。如果使用联合主键或是主键长度很长的话（假设主键使用 bigint，就会和 varchar(64) 相差 56 个字节），会带来比较大的空间浪费和性能问题。

举个例子，我们要在 Oracle 中建一张名为 predicate_data 表，其 DDL 语句为：

```
CREATE TABLE predict_data(
  id integer NOT NULL,
  uid varchar2(80),
```

```
mid varchar2(80),
time date,
content varchar2(300),
constraint predict_data primary key(id)
);
# 字段注释
Comment on table predict_data is '预测表';
comment on column predict_data.id is '主键';
comment on column predict_data.uid is '用户名';
comment on column predict_data.mid is '博文id';
comment on column predict_data.time is '发文时间';
comment on column predict_data.content is '发文内容';
```

转化为 MySQL 的建表 DDL 语句为：

```
CREATE TABLE predict_data(
  id int NOTNULL COMMENT '主键',
  uid varchar(80) NOT NULL COMMENT '用户标记',
  mid varchar(80) DEFAULT NULL COMMENT '博文标记',
  time datetime DEFAULT NULL COMMENT '发博时间',
  content varchar(300) DEFAULT NULL COMMENT'博文内容',
  CONSTRAINT predict_data PRIMARY KEY(id),
) ENGINE=InnoDB DEFAULT CHARSET=gbk COLLATE=gbk_bin;
```

请读者仔细对比 Oracle 和 MySQL 的建表语句，除了基本语法的差异外，字段类型、字段注释、主键指定、附加参数都有显著区别。附录 A 列出了 Oracle 和 MySQL 数据类型的对比。

6.3.4 MySQL 分布式数据库

接下来会遇到一个普通单实例 MySQL 几乎无法逾越的问题，那就是数据的存储容量和性能的可扩展性。Oracle 采用 IOE 架构，企业级的磁盘阵列可以提供 PB 级的存储，硬件性能优越，单台物理服务器能支撑的 QPS/TPS 惊人，所以使用 Oracle 时更倾向于应用集中式的管理原则，对于数据量比较大的表，Oracle 倾向于采用分区来分散数据。相比之下，RDS 采用廉价 PC 服务器，单个实例（instance）不管是处理能力还是容量都是有限的。云计算的另一个特点是采用易于扩展的分布式架构，通过大量的 PC 服务器来弥补单台服务器能力的不足，在容量或性能出现瓶颈时通过增加 PC 服务器就能满足需求，所以我们在使用 RDS 时，不但要评估现在的性能需求，还要评估出未来 2 ～ 3 年的预期需求，在系统架构上预留好未来 2 ～ 3 年的性能和容量需求。后续随着压力上升，只需要升级实例规格，或是进行数据库拆分就可以实现扩容，这里我们会引入 DRDS。

举个典型的例子，假设我们预估到系统未来三年可能会用到 64 个最高规格的 RDS 实例。因此，在系统设计上，我们会预先拆分 64 个逻辑数据库、创建 64 个逻辑 schema，但对于这 64 个 schema，我们可能会购买小规格 RDS，随着压力变化再进行弹性扩容。我们也可以采用另一种方式，最初只购买 4 个最高规格的实例，每个实例都分配 16 个逻辑数据库，随着压力上升再不断地购买实例进行拆分。

结合淘宝网系统架构演变的几个阶段（如图 6-4 所示），我们来看看如何拆分数据库。简要地说，淘宝网在业务初期采用单个数据库，商品、交易和用户等 schema 都在一个库中；后来随着业务线垂直拆分，会员库、商品库、交易库各自成为独立的数据库；随着业务量和规模的不断扩大，单个业务的数据已无法在一个数据库中存放了，于是我们将单个业务（比如交易库）拆分成多个分库。

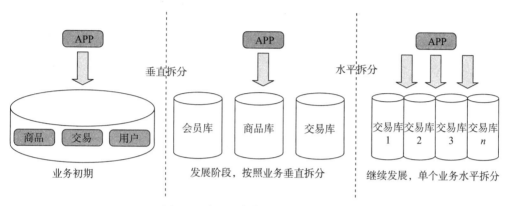

图 6-4　淘宝网架构演变的主要阶段

水平拆分带来的挑战是最大的，分成多少个数据库、根据什么规则来拆分、业务改造代价多大等都是阿里巴巴集团技术人员遇到过的技术难题。图 6-5 给出了水平拆分的示意图。

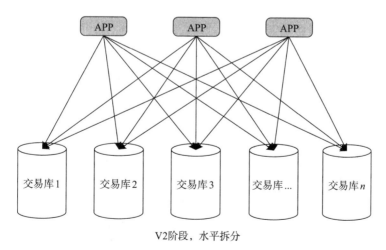

图 6-5　数据库水平拆分

接下来，我们讨论一下 DRDS 水平拆分的难点以及应对措施。

（1）拆分成多少个数据库

DRDS 默认支持的一个逻辑数据库在每个物理 RDS 上创建 8 个分库，如果一个 DRDS

后端挂载有 n 个 RDS，那么一个逻辑库在初始创建时会有 $8n$ 个分库。对一个 DRDS 数据库来说，创建之后分库的数量也就确定了，向 DRDS 后端挂载更多的 RDS 并不能增加分库数，DRDS 会自动将现有的分库在扩容后的所有 RDS 实例中做再平衡处理。数据再平衡的最小单位是分库，如果一个 DRDS 实例创建时有 4 个 RDS，那么初始化完成后它将会有 $0 \sim 31$ 号分库，最大可以扩容到 32 个 RDS 的规模。

为了给用户提供足够的灵活性，DRDS 还支持在逻辑表分库内进行分表。分表完全由用户进行自定义设置，在数据量不是特别庞大的时候，如果仅仅通过分库就能满足需求，则可以不进行分表。举个例子，如果一张逻辑表既要在 2 个 RDS 中进行分库，同时要在每个分库中拆分成 3 张分表，那么这张逻辑表会有 $8 \times 2 \times 3 = 48$ 张物理分表。请读者一定重视这个产品的功能限制，以免设计的容量不够，最后要么忍受不佳的性能，要么完全重建数据库。因为对表做 DDL 操作时会锁表，所以为了将锁表的影响控制在尽可能小的范围内，我们有一个基础经验是拆分后的单库单表数据量控制在 500 万行以下为宜。有了以上经验，我们只要预估应用系统生命周期内（比如 3 年）最大的数据峰值，将峰值除以 500 万，然后取最接近该值的 2 的次幂为分表数。例如，一张表预计峰值会达到 15 亿条记录，除以 500 万，值为 300，而与 300 最接近的 2 的倍数为 256。我们可以将这张表拆成 32 个分库，每个分库 8 个分表。

（2）拆分规则

确定拆分规则是分库分表工作中的核心问题。我们通常从数据是否均匀、查询维度和事务边界等方面来综合考虑拆分的维度。

首先，DRDS 的关键功能之一是将数据拆分规则分散到多个 RDS 库中，DRDS 分库键（字段）确定后，每插入一条数据，DRDS 服务器会计算该字段的哈希值，然后对哈希值取模，取模后的结果决定了数据会落在哪一个分库及分表。所以，为了避免某个或某几个 RDS 分库或分表异常庞大，在选取分库分表键时，也必须慎重选择字段值分布极不均匀的列。当然，由于业务不断在变化，数据也在不断变化，因此并不需要保证数据绝对均匀。

其次，我们结合业务，将针对该表的所有业务场景梳理出来，找到占比最大的一类查询。比如，对于一张银行的存款表，80% 的业务是储户查询自己的余额，那么我们选择将储户 id 作为拆分键。

最后，我们要尽可能保证拆分后事务的边界尽可能小，即单个 SQL 执行涉及的数据分片数要尽可能少，这样系统的锁冲突概率会越低。要做到这一点，就意味着针对 ER 中的一对多关系、一对一关系，要全部按照"一"进行切分。例如，一个用户有多个订单，那么将订单表和商品表都按照用户 ID 切分，就可以做到原有 SQL 能够直接运行，事务和 JOIN 也能最大程度地保留下来。然而，使用这种方式也是有代价的，当一个用户成长为规模非常大的用户，以至于单机无法承载的时候，就会发生热点问题。为了解决这个问题，可以采用如下解决方案：第一种方案是增加切分维度，比如除了用户 ID 外，再增加时间这个切分维度，代价是 SQL 中都需要加上这个维度；第二种方案是购买更高端的机器，从而进行纵向扩展以承载单个用户 ID 的数据，或针对这组 ID 进行单独处理，代价是要做特殊化处理，并且最终也会有天花板；第三种方案是更换切分维度，比如，将订单表按照订单 ID 切分，代价是原有的很多能够方便运行的 SQL 不能够直接运行了，需要采取最终一致的方式进行分布式事务，也有可能需要处理缓慢的分布式 Join 等情况。

（3）拆分键确认后，如何满足其他维度的查询

拆分键一旦固定，我们建议所有 SQL 语句的 Where 条件都带上拆分键进行查询，这样能快速定位到对应的分库分表，避免全表扫描。那么，对其他维度的查询该如何处理呢？我们给出如下建议：

1）给对应字段加上索引。

2）如果只有分库键，那么在分表设计时，以需要查询的维度选择分表键，这一点在拆分规则中也讲过。

3）DRDS 支持异构索引，即将表的数据完整地实时复制一份到一张新表，新表以另一个拆分键来进行组织。两张表同时存在，且命名不同，根据不同的业务选择查询不同的表。这是一种通用的以空间换取时间的解决方案。

4）新建一张辅助表，该表只记录查询条件字段和拆分字段的对应关系，我们称之为路由表或索引表。需要针对查询条件进行查询时，先到索引表快速根据查询条件找到该记录对应的拆分字段值，然后用拆分字段值去主表中查询对应记录。这个方案会增加一次查询，但比直接在原表中进行全表扫描的效率更高，如果需要更高的路由表查询效率，可以将路由表存放到更快的数据库（比如全索引列式存储分析型数据库 AnalyticDB）中来加速。

（4）跨数据库 Join

跨数据库的 Join 因为执行代价过高、速度过慢而在产品中做了限制，但大部分的 Join 语义都可以用高效的方式完成。请把握好一个原则——尽可能让 Join 发生在单机上。可采用如下几种方案：

1）按照同一个维度进行拆分。如果能够让 Join 物理上发生在单台机器上，那么任何一类复杂查询都是可以直接支持的。一般而言，这就意味着参与 Join 的多张表按照同一个维度进行切分。例如，一个用户有多个商品，每个商品都有自己的商品特征。这时，如果需要 Join，可以将所有数据按照用户或者按照商品进行切分，那么 Join 物理上就会发生在同一台机器上，DRDS 能够很轻松地保证所有在单机发生的 Join 查询，物理上都能够查出数据。对于非常复杂的 SQL，也可以通过注释的方式，直接向 DRDS 告知切分条件，这样就可以绕开 SQL 解析器进行查询。

2）小表复制。可以有选择地将一些不经常更新的、数据量比较小的元数据表复制到全部的节点上。这样，大表 Join 小表的时候，就从一个分布式 Join 变为了本地 Join。当然，完成这个过程需要付出一定的代价，即元数据表内的数据更新可能在一段时间（50 ～ 100ms）后才能在分库内看到。

3）在线查询与离线查询分离。对于复杂的大表和大表的分析、统计类查询，我们推荐采取专门的分析引擎来获取报表数据，比如使用 MaxCompute。这类查询使用传统数据库架构，

在数据量非常巨大的时候，很可能会影响线上的应用，因此强烈建议将在线和离线查询分开。

（5）分布式事务

分布式事务是一个经常被问到的问题，目前 DRDS 是不支持分布式事务的，因为在冲突比较严重的情况下，分布式事务的延迟可能会非常高，这本身是任何一个分布式数据库都无法避免的问题。

为了保证分布式数据库的执行效率，可以进行线性水平扩展。我们采取的原则一般是：若事务发生在单机，那么可以自由地进行事务；如果涉及分布式事务的场景，一般会采取最终一致的方式来解决问题，核心其实就是把锁去掉，从而降低延迟。

所谓的一致性，关键在一个"看"字。也就是说，一致性约束的是一个用户写入并提交数据之后，其他用户读这条记录的时候，要么看到的是事务开始之前的状态，要么是事务结束后的状态，而这两个状态之间的事务状态不会被其他人看到。

我们举一个例子。李雷要给韩梅梅 100 元，那么结果要么是韩梅梅有 100 元，要么是李雷有 100 元。李雷减少了 100 元，但韩梅梅还没加上 100 元的这个中间状态则不会被其他人看到。要达到一致性，一般性做法就是给数据加锁，让某个数据只能被某个进程或线程访问。但这样做的代价是锁住数据的时间越长，系统的并发程度越低，系统的 TPS 也就越低。尤其在分布式场景下，维持锁的延迟在加入了延迟这个因素后，变得非常巨大，以至于很难接受。

因此，在互联网行业中，大家普遍采用"最终一致"的方式，也就是说，李雷减少了 100 元，韩梅梅却没加上 100 元这个状态，因为速度非常快（只有毫秒级），并且对用户没有不良影响，所以就认为是允许了。用户可见的状态从原来的两个变成了三个。

需要注意的是，最终一致并不意味着弱一致，也就是说，韩梅梅"最终"必须能够拿到这 100 元，能够拿到就是"最终"一致。在异常状态下不能拿到，那就是"弱"一致。分布式消息系统的作用就是能够将"弱"一致变成"最终"一致，保证多方数据状态的最终正确性。

现在，阿里云已经正式推出了全局事务服务（Global Transaction Service，GTS），用来解决分布式环境下的事务一致性问题。在牺牲一小部分性能的前提下，如果应用对强一致性有硬性要求，可应用 GTS 通过极少的业务代码改造和配置，让客户轻松地享受分布式事务带来的便利。不仅是 DRDS，GTS 同时还支持 RDS、Oracle、MySQL、PostgreSQL、H2 等其他数据源，并可以配合 EADS、Dubbo 及多种私有 RPC 框架，同时还兼容 MQ 等中间件产品。

6.3.5 关键功能改造

Oracle 功能强大，但在实际项目中经常会遇到一些 Oracle 支持的功能或特性不被 MySQL 支持或支持得不好。本节我们选取一些典型的 Oracle 功能，说明其在 MySQL 上的实现方式。虽然无法覆盖所有的场景，但希望读者能举一反三、灵活应用，如果有问题，请通过前言中的邮箱地址联系我们，或者到云栖社区进行提问，我们将与大家一起学习、研究。

（1）隐式转换导致索引失效

假设我们创建一张表：

```
CREATE TABLE 'user'(
'id' smallint(5) unsigned NOT NULL AUTO_INCREMENT,
'account' char(11) NOT NULL COMMENT'???',
.....................
PRIMARY KEY('id'),
UNIQUE KEY 'username'('account'),
)ENGINE=InnoDB CHARSET=utf8;
```

针对该表的一条查询语句，account 的值使用数值型 13056870，而不是表定义的字符串类型：

```
SELECT * FROM USER WHERE account=13056870 LIMIT 10;
```

查看执行计划，如图 6-6 所示，这个 SQL 发生了全表扫描，没有用到 account 字段上的索引：

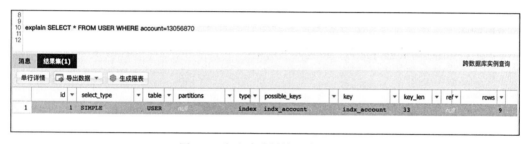

图 6-6 发生隐式转换的执行计划

在查询中输入字符串，然后查看执行计划，可以看到 key 列已经使用到 username 索引（如图 6-7 所示）：

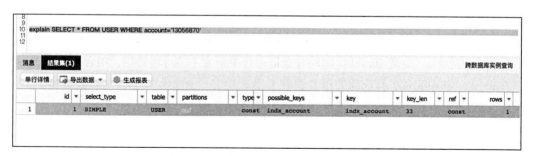

图 6-7 没有发生隐式转换的执行计划

显然，SQL 解析时将数值类型隐式转换成了字符串类型以匹配字段的定义，但发生隐式转换会导致索引无效，可以通过执行计划查看是否使用到索引。字段定义为字符，而 SQL 的传入条件为数字，这是常见的隐式转换场景，在设计开发阶段就要避免数据库字段定义与应用程序参数定义不一致。

（2）分析函数

Oracle 从 8.1.6 版本开始提供分析函数，用于计算基于组的某种聚合值。分析函数和聚合函数的不同之处是，分析函数对于每个组返回多行，而聚合函数每个组只返回一行。下面以 rank() 和 row_number() 两个函数为例来说明在 MySQL 中如何实现 Oracle 分析函数的功能。

❑ rank()

有如下一张学生成绩单表 A：

```
ID SCORE
1  28
2  33
3  33
4  89
5  99
6  68
7  68
8  78
9  88
10 90
```

需要按照成绩高低进行排名，得到如下结果：

```
ID SCORE  RANK
5  99     1
10 90     2
4  89     3
9  88     4
8  78     5
6  68     6
7  68     7
2  33     8
3  33     9
1  28     10
```

Oracle 中可以使用 RANK()、OVER() 函数，MySQL 不支持该函数，在 MySQL 中参考如下语句。通过引入变量 @rank，同时对变量进行步长为 1 的自增处理，组合按成绩进行排序的临时表，从而实现了对成绩的排名显示。

```
SELECT id,score,rank
FROM(SELECT tmp.id,tmp.score,@rank:=@rank+1 AS rank
FROM(SELECT id,score
FROM a ORDER BY score desc)tmp,
     (SELECT@rank:=0)a)RESUL;
```

❑ row_number()

有一张职工薪金表 B：

```
EMPID      DEPTID         SALARY
1          10             5500
```

2	10	4500
3	20	1900
4	20	6500
5	30	10000
6	40	23000
7	20	8000
8	30	7700
9	30	4300

需要按照部门分组，同部门内按薪水高低排序，得出如下结果：

EMPID	DEPTID	SALARY	RANK
1	10	5500	1
2	10	4500	2
3	20	1900	1
4	20	6500	2
7	20	8000	3
9	30	4300	1
8	30	7700	2
5	30	10000	3
6	40	23000	4

参考的 SQL 语句如下：

```
SELECT h.empid,h.deptid,h.salary,count(*) AS
rank FROM bash
LEFT OUTER JOIN b AS r
ON h.deptid=r.deptid
AND h.salary<=r.salary
GROUP BY h.empid,h.deptid,h.salary
ORDER BY h.deptid,h.salary desc;
```

上面的语句需要对职员工资按部门分组进行排序，这里巧妙地对自身进行左连接，连接时通过多字段进行分组，每个分组条件中按工资的高低比较进行统计，计数的结果正好与排名结果相同。

（3）sequence 自增 id

Oracle 通过创建一个序列（sequence）来实现主键自增，这个序列和表不是紧密关联的，在使用时需要应用程序显式调用序列（sequence）来写入。MySQL 自增 id 通过在每个表的字段设置 autoincrement 属性来实现，MySQL 自增 id 是表字段的可选属性，定义之后自增 id 由数据库自己维护，不需要应用程序做任何处理。

在 MySQL 中定义自增 id 的方法如下：

```
CREATE TABLE tmp_table
(P_Id int NOT NULL AUTO_INCREMENT,-- 自增 id 定义
Lastname varchar(20) not null,
Gmt_create datetime,
PRIMARY KEY(P_Id));
```

在 MySQL 中插入带自增 id 字段的表语法如下：

```
Insert into tmp_table(lastname,gmt_create)values('abc',now());
```

获取当前自增 id 值的代码如下：

```
SELECT LAST_INSERT_ID();
```

LAST_INSERT_ID 是与 table 无关的。如果 a 和 b 都定义了自增字段，向表 a 插入数据后，再向表 b 插入数据，LAST_INSERT_ID 会改变。在多用户交替插入数据的情况下，max(id) 显然不能使用，这时应使用 LAST_INSERT_ID。因为 LAST_INSERT_ID 是基于 Connection 的，只要每个线程都使用独立的 Connection 对象，LAST_INSERT_ID 函数将返回该 Connection 对 AUTO_INCREMENT 列最新的 insert 或 update 操作生成的第一个 record 的 ID。这个值不能被其他客户端（Connection）影响，既保证能够找回自己的 ID 又不用担心其他客户端的活动，而且不需要加锁。

MySQL 在单表中通过表字段 autoincrement 属性来使用自增 id 作为主键，那么 MySQL 分库分表中是如何做到 id 全局唯一呢？比如，MySQL 划分了 10 个数据库，每个库都有 tmp_table 表，如何确保 10 个库中的 tmp_table 主键 id 是全局唯一呢？

DRDS 通过模拟 Oracle 序列的实现方式，创建全局的 sequence 表来统一管理自增 id 的分配，每台 APP 服务器每次从 sequence 中取一段 id cache 到服务器上，用完了之后再去取。这套机制已经在 DRDS 中内置实现了，直接使用 sequence 服务即可。DRDS 可以确保分库分表的全局自增 id 唯一，但不确保每个分库的 id 分配都是连续自增。

（4）其他常见函数

除了前面介绍的分析函数在 MySQL 的实现示例，我们还整理了一些其他函数在 MySQL 中的实现方式。

❑ 字符串连接

```
Oracle: select 'asf'||chr(13)||''||' as f' from dual;
MySQL: select concat('asf','char(13)','asf');
```

❑ 数据类型转换相关函数

```
Oracle: Select to_number('123') from dual;

Select to_char(33) from dual;
MySQL: Select conv('123',10,10);
       Select cast('123' assigned integer);
       Select cast(33 as char(2));
```

❑ Decode 函数

```
Oracle: select decode(sign(12),1,1,0,0,-1) from dual;
MySQL: select case when sign(12)=1 then 1 when sign(12)=0 then 0 else -1 end;
```

❑ nvl 函数

```
Oracle: select nvl(1,0) from dual;
MySQL: select if null(1,0);
```

❑ 获取当前时间函数

```
Oracle: select sysdate from dual
MySQL:
      Select now();
      Select sysdate();
      Select current_date();
```

（5）存储过程和触发器

PL/SQL 是 Oracle 数据库专门针对 SQL 语言的扩展，它是一门编程语言，开启了数据库中业务逻辑集中化的大门。借助 Oracle PL/SQL，很多业务逻辑都可以在数据库中轻松实现，这正是 Oracle 存储过程、函数、package 强大的最直接原因。

MySQL 到 5.0 版本才开始支持存储过程，更重要的是，MySQL 没有类 PL/SQL 语言，只支持简单的标准 SQL，所以即使使用 MySQL 存储过程，也很难实现复杂的业务逻辑。

建议尽量把 Oracle 存储过程、函数、包通过应用程序来重写。尽量不使用存储过程。原则是：业务逻辑不要封装在数据库里面，而是交给应用程序处理，这样可以减少数据库资源消耗。大量业务逻辑封装在存储过程中的问题是使用困难，很难在多人和多个团队之间进行迭代开发，并且牵一发而动全身。我们在很多传统的客户现场经常看到，几百上千行的存储过程代码执行起来效率已经不高，而应用软件开发商的研发人员已经换了好几代，几乎没有人能再看懂其中的业务逻辑，也不敢随便做改动，导致效率更加低下。

6.3.6　RDS 性能优化

改造的工作基本结束，功能测试也运行通过，接下来有必要考虑进一步提升 RDS 性能。我们可以从如下一些方面入手。

（1）优化数据存储结构

在传统的 IT 架构中，开发人员希望将所有数据都存放在数据库中，以方便管理。而对于新闻客户端 APP，当发生热点新闻时，如果采用传统方式，则 RDS 响应缓慢，连接数达到 100%，客户端经常无法获取连接。因此，对于这类 90% 为查询、10% 为写和更新业务，且读压力非常大的系统，建议使用缓存数据库来支撑强大的读流量。

使用内存数据库，比如 Redis 或 Memcache 作为数据缓存层，能够减少后端数据库的访问次数。新闻点击量定时异步更新到数据库中，减少了数据库的更新次数。图片从数据库中拆分出来后存放到 OSS，同时使用 CDN 进行加速。目前，在云上，SLB+OCS+RDS+OSS 已经成为众多用户采用的经典组合。

（2）读写分离

报表统计业务处理虽然不像普通查询那样被频繁使用，但开启时需要消耗大量数据库性能，RDS CPU 和 IOPS 都会造成很高的占用率，影响前台应用正常访问。对于这种主库承担着前台高并发的写入、更新、查询，同时也需要定时对数据做一些复杂统计报表计算的场景，推荐用数据读写分离方案解决。

引入只读节点后，可将报表统计业务拆分到只读节点上，只读节点最多可以部署 5 个，支持客户自由调节主节点和只读节点的流量配比。只读节点现在只支持 MySQL 5.6 及以上版本，主节点在高压力的更新下，只读节点会出现延时。

（3）水平拆分

所有业务全部集中在一个实例中时，例如电商 CRM 营销平台，随着用户数量增加，业务高峰时 RDS CPU 很容易达到 100%。升级 RDS 规格是一种解决办法，但 RDS 规格总是有上限的，此时需要对业务进行拆分、解耦。

在应用设计之初就需要考虑好按照商家维度进行数据库分库，应用可以灵活控制一个数据库中存放的商家数量，一个 RDS 存放多个 DB，RDS 出现压力上涨时，可把 DB 拆分到其他 RDS。RDS for MySQL 最多可支持 200 个 DB。

（4）优化索引

数据库查询是 OLTP 类应用中常见的操作，而良好的索引可以以最少的 I/O 操作迅速定位到需要查询的数据，因此索引的优化就非常重要。下面看一个例子：

未经优化的 SQL 语句如下：

```
select person_role_id
from moive
where movie_id=1000 and role_id=1
order by nr_role desc;
```

首先可以考虑针对 where 条件创建组合索引：

```
alter table movie add index ind_movie(movie_id,role_id);
```

其次，参与排序的字段也可以并入组合索引：

```
alter table movie add index ind_movie(movie_id,role_id,nr_role);
```

最后，考虑到需要查询的字段，希望直接从索引中得出查询结果，可以将被查询字段也并入组合索引，形成覆盖索引：

```
alter table movie add index  ind_movie(movie_id,role_id,nr_role,person_role_id);
```

（5）优化分页

分页操作是 MySQL 优于 Oracle 的一个功能，但是普通 limit M, N 的翻页写法，往往越往后翻页速度越慢，原因是 MySQL 会读取表中的前 M+N 条数据，M 越大，性能就越差。

普通写法：

```
select * from t where sellerid=100 limit 100000, 20;
```

针对该问题的优化写法如下：

```
select t1.*from tt1,
            (select id from t where sellerid=100 limit 100000, 20)t2
where t1.id=t2.id;
```

在优化后的翻页写法中，先查询翻页中需要的 N 条数据的主键 ID，再根据主键 ID 回表中查询所需要的 N 条数据。此过程中，查询 N 条数据的主键 ID 的工作在索引中完成。这种写法下，翻页性能基本恒定，不受页数的影响。

注意：为了实现更好的优化效果，需要在 t 表的 sellerid 字段上创建索引，命令为 create index ind_sellerid on t(sellerid);。

（6）优化子查询子查询

在 MySQL 常见的 5.0、5.1、5.5 版本中都存在较大风险，使用不当会造成严重的性能问题，建议将子查询改为关联的形式。从 MySQL 5.6 版本开始，对子查询支持比较好。

```
select count(*) from test_pic as bi where bi.time in
(select MAX(time) from test_pic where PIC_TYPE=1 GROUP BY BUILDING_ID)
GROUP BY bi.BUILDING_ID;
```

MySQL 的处理逻辑是遍历 test_pic 表中的每一条记录，代入子查询中去，而不是先将子查询中的结果集计算出来，然后再与 test_pic 表关联。因此，将代码改写为如下形式：

```
select count(*) from test_pic as bi,
(select MAX(time) as time from test_pic where PIC_TYPE=1 GROUP BY BUILDING_ID)b
where bi.time=b.time GROUP BY bi.BUILDING_ID;
```

最佳实践是，子查询的结果集超过 1000 就会大大增加 SQL 的执行消耗，应设法把子查询转化成不带 in 的查询语句，比如用关联查询替代或用 and 进行连接。

6.3.7　RDS 控制台

完成了数据库的优化后，异构数据库的改造工作完成，可以割接上线交付使用。为了帮助 IT 人员更好地管理和运维 RDS，阿里云提供了一个 RDS 管理控制台，用户可以在控制台中完成日常管理，包括账号创建、数据库创建、性能优化、慢日志、系统资源监控、安全与审计、SQL 审计、Web 操作日志等操作。

接下来，我们将重点介绍如何借助控制台来诊断 RDS 的常见问题。

影响用户使用 RDS 的 4 个主要指标包括磁盘空间、CPU、IOPS、连接数。当这 4 个指标中的某个出现异常时，会直接影响 RDS 正常运行。我们把这 4 个指标的问题归纳为两类问题：

1）空间类问题：当 RDS 的使用空间超出了规定的空间，就会导致实例锁定、数据库变为只读、应用无法写入或更新数据等问题，这些都属于空间类问题。

2）性能类问题：性能类问题包括 CPU、IOPS、连接数问题。

❑ CPU、IOPS：当 RDS 的 CPU、IOPS 指标达到 100% 之后，会导致实例的性能变慢、数据库响应时间变长。

❑ 连接数：当 RDS 的连接数达到 100% 之后，应用无法在数据库中创建新的连接，应用端会出现无法创建连接的错误。

接下来，我们看看如何处理这两类问题。

（1）空间类问题的分析处理

在 RDS 的控制台中，可以设定空间的报警阈值，当实例空间达到报警阈值后，用户就会收到报警短信。这个时候用户需要判断当前的空间增长是否合理，如果属于合理的增长，则需要对实例进行弹性升级；如果增长不合理，则需要进行快速判断。所以在这里我们需要先了解 RDS 的空间组成。

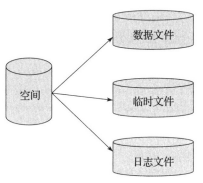

在阿里云上，计算 RDS 的实例空间使用量时主要包括如下文件：数据文件、日志文件、其他文件（临时文件），如图 6-8 所示。

1）数据文件：顾名思义，该文件空间是指存放数据的物理文件，对应到逻辑数据库中就是一张张表所存放的位置。表的组成主要包括数据和索引。当数据文件占用的实例空间非常多的时候，需要检查一下到底是哪一张表占用了空间。RDS 在控制台中提供了"性能优化→大表优化的性能报表"选项，用户可以在这里找到系统中占用空间最大的文件。为避免这种情况，我们在

图 6-8　RDS 实例空间组成

设计应用的时候，要考虑未来数据的增长趋势（数据的生命保留周期），合理地设计数据的存放位置（存放文件或数据库）、存储格式（数据类型、字段大小）、存放方式（存储引擎选择、分区还是分表）。在图 6-9 所示的案例中，数据空间占用了实例大量的空间，用户可以排查出是由数据库中哪一张表导致的，从而分析是否合理，以及进行下一步的优化处理。

图 6-9　RDS 实例空间分布图

2）日志文件：RDS 采用主备形式的高可用架构，主备之间的数据同步依靠日志的方式。同时，RDS 支持将实例恢复到任何一个时间点，这个功能需要依靠备份和日志完成。为了减少日志空间对用户空间的占用，RDS for MySQL 会定时地把日志备份到 OSS 中，然后再将其清除，这样用户需要下载 RDS 日志的时候可以从 OSS 中获取。当日志空间出现异常（如图 6-10 所示），由于应用写入数据压力过大，导致 binlog 日志增加的速度大于 RDS 上传到 OSS 的速度，这时候需要用户对数据库的 update、insert、delete 进行优化，减小对数据库的变更操作。

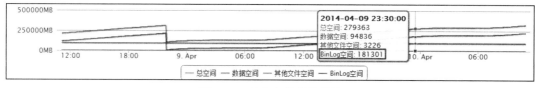

图 6-10　日志文件变化趋势

3）临时文件：当数据库做一个大的操作时，由于内存不足，数据库需要将内存中的文件写到磁盘上的临时文件。在性能统计时，我们会把临时文件归并到其他文件进行处理。通常出现这种情况的时候，数据库都是在做大的排序操作（order by 或 group by）。在图 6-11 中，由于数据库中有一条 order by 语句频繁执行，但是排序的 SQL 没有索引，导致临时文件的频繁写操作，其他文件空间呈现出脉冲式的变化趋势。我们应当慎重使用排序功能，尤其是表关联查询时，最好避免对中间结果排序和对表进行笛卡儿乘积（cross join），否则会导致临时文件迅速撑爆 RDS 空间。

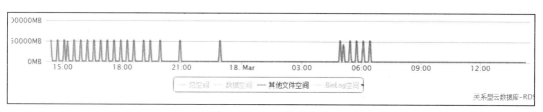

图 6-11　RDS 性能趋势

（2）性能类问题的分析处理

性能类问题主要体现在连接数、CPU 和 IOPS 的资源过度消耗上，这三个值出现异常往往是由于数据库中在执行性能较慢的 SQL。这些慢 SQL 会消耗掉数据库中的所有 IO、CPU、连接数资源，导致新的 SQL 请求同样执行缓慢或者由于连接数已经超出阈值而直接报错，因此解决问题的核心是优化性能较差的慢 SQL。当然，有时候由于前端的请求压力增长迅猛，数据库中的 SQL 已经是最优化的，RDS 单实例本身的性能已经达到了瓶颈，那么这时需要进行 RDS 的弹性升级或者对 RDS 进行拆分、前端使用缓存、使用读写分离的方法来缓解 RDS 性能瓶颈。这个过程如图 6-12 所示。

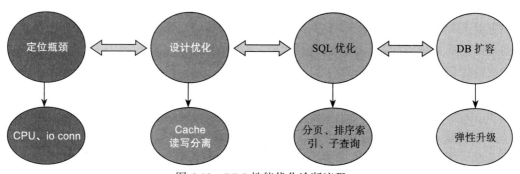

图 6-12　RDS 性能优化诊断流程

1）定位系统的瓶颈，判断引起数据库瓶颈的原因。

2）从设计上，即系统架构层面优化，比如引入缓存和读写分离。

3）根据应用访问特点从应用设计和 SQL 优化两方面来优化数据库访问，比如分页、排序、索引和子查询等优化。

4）对数据库处理能力进行升级，包括弹性升级、RDS 实例规格升级、DRDS 扩容 RDS 节点等。

6.4 数据传输服务

数据传输服务（Data Transmission Service，DTS）是阿里云提供的一种支持 RDBMS（关系型数据库）、NoSQL、OLAP 等多种数据源之间数据交互的数据流服务。它提供了数据迁移、实时数据订阅及数据实时同步等多种数据传输能力。通过数据传输可实现不停服数据迁移、数据异地灾备、异地多活（单元化）、跨境数据同步、实时数据仓库、查询报表分流、缓存更新、异步消息通知等多种业务应用场景，从而构建高安全、可扩展、高可用的数据架构。

DTS 支持多种数据源类型，例如：

❏ 关系型数据库：Oracle、MySQL、SQL Server、DB2、PostgreSQL、RDS For PPAS、DRDS、PetaData、OceanBase。

❏ NoSQL：MongoDB、Redis。

❏ OLAP：ODPS、ADS、流计算、Datahub。

本节将基于 DTS 4.8 版本的技术原理、功能进行介绍，并为读者提供一些使用场景和经典案例，具体操作指导本书第 1 版已有详细介绍，这里不再赘述。同时，由于阿里云的公共云服务产品升级较快，请读者注意查询官网获得新版本的信息。

6.4.1 DTS 产品架构

图 6-13 给出了 DTS 数据传输服务的系统架构图。DTS 由数据传输服务控制台、监控系统、容灾系统和数据迁移系统、数据同步系统、数据订阅系统组成，内部每个模块都有主备架构，保证系统高可用。容灾系统实时检测每个节点的健康状况，一旦发现某个节点异常，会将链路秒级切换到其他节点。对于数据订阅及同步链路，容灾系统还会监测数据源的连接地址切换等变更操作，一旦数据源出现连接地址变更，它会动态适配数据源新的连接方式，在数据源变更的情况下，保证链路的稳定性。

6.4.2 数据迁移

数据迁移功能旨在帮助用户方便、快速地实现各种数据源之间的数据迁移，实现数据上云迁移、阿里云内部跨实例数据迁移、数据库拆分扩容等一次性业务场景。DTS 提供的数据迁移功能能够支持同构／异构数据源之间的数据迁移，同时提供库表列三级映射、数据过滤等多种 ETL 特性。

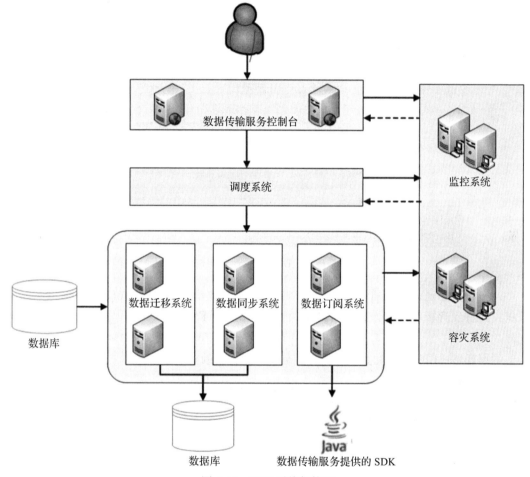

图 6-13　DTS 系统架构图

　　如图 6-14 所示,数据迁移任务提供多种迁移类型:结构对象迁移、全量数据迁移以及增量数据迁移。如果需要实现不停服迁移,那么迁移过程需要经历:

　　1)结构对象迁移

　　2)全量数据迁移

　　3)增量数据迁移

　　对于异构数据库,在进行结构迁移时,DTS 从源库读取结构定义语法后,会根据目标数据库的语法定义,组装成目标数据库的语法定义格式,然后导入目标实例中。

　　全量数据迁移过程持续较久,在这个过程中,源实例不断有业务写入,为保证迁移数据的一致性,在全量数据迁移之前会启动增量数据拉取模块,拉取源实例的增量更新数据,并解析、封装、存储在本地存储中。

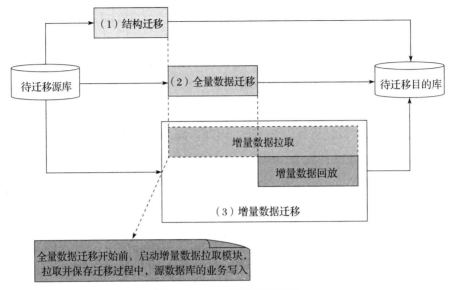

图 6-14　DTS 数据迁移架构

当全量数据迁移完成后，DTS 会启动增量数据回放模块，从增量拉取模块中获取增量数据，经过反解析、过滤、封装后同步到目标实例，从而实现源实例、目标实例数据实时同步。

数据迁移适用和支持的数据源基本覆盖了行业主流的关系型数据库（如表 6-2 所示）。

表 6-2　DTS 数据迁移数据源支持矩阵

源数据库	结构迁移	全量迁移	增量迁移
Oracle->MySQL	支持	支持	支持
Oracle->RDS For PPAS	支持	支持	支持
Oracle->DRDS	不支持	支持	支持
Oracle->ADS	支持	支持	支持
Oracle->Oracle	不支持	支持	支持
MySQL->MySQL	支持	支持	支持
MySQL->DRDS	不支持	支持	支持
MySQL->Hybrid DB for MySQL	不支持	支持	支持
MySQL->PolarDB	不支持	支持	支持
MySQL->ADS	支持	支持	支持
MySQL->OceanBase	支持	支持	支持
SQLServer->SQL Server	支持	支持	支持
PostgreSQL->PostgreSQL	支持	支持	支持
DB2->MySQL	支持	支持	支持
MongoDB->MongoDB	支持	支持	支持
Redis->Redis	支持	支持	支持

其中，Oracle、MySQL、SQL Server、PostgreSQL、DB2、MongoDB、Redis 支持用户本地 IDC 自建的数据库、ECS 实例上的自建数据库及 RDS 实例。MySQL->ADS 默认不开放，如果需要，可以提交工单申请开通。

6.4.3　实时同步

数据实时同步功能旨在帮助用户实现两个数据源之间的数据实时同步，通过该功能可实现异地多活、数据异地灾备、本地数据灾备、数据异地多活、跨境数据同步、查询、报表分流、云 BI 及实时数据仓库等多种业务场景。DTS 的数据实时同步架构如图 6-15 所示。

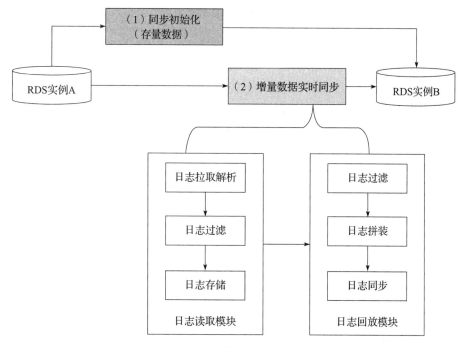

图 6-15　DTS 数据实时同步架构

DTS 的实时同步功能能够实现任何两个 RDS 实例之间的增量数据实时同步，目前已经能够支持 OLTP->OLAP 的数据实时同步。

如图 6-15 所示，同步链路的创建过程包括以下阶段：

1）同步初始化：同步初始化主要将源实例的历史存量数据在目标实例中初始化一份。

2）增量数据实时同步：当初始化完成后进入源实例和目标实例增量数据实时同步阶段，在这个阶段，DTS 会实现源实例与目标实例之间数据动态同步过程。

在增量数据实时同步阶段，DTS 的底层实现模块主要包括：

（1）日志读取模块

日志读取模块从源实例读取原始数据，经过解析、过滤及标准格式化，最终将数据在本地持久化。日志读取模块通过数据库协议连接并读取源实例的增量日志。如果源 DB 为 RDS for MySQL，那么数据抓取模块通过 Binlogdump 协议连接源库。

（2）日志回放模块

日志回放模块从日志读取模块中请求增量数据，并根据用户配置的同步对象进行数据过滤，然后在保证事务时序性及事务一致性的前提下，将日志记录同步到目标实例。

DTS 实现了日志读取模块、日志回放模块的高可用，DTS 容灾系统一旦检测到链路异常，就会在健康服务节点上断点重启链路，从而有效保证同步链路的高可用。

DTS 支持的同步功能如表 6-3 所示。

表 6-3　DTS 数据同步功能

同步源实例	同步目标实例	单向 / 双向同步
通过专线接入阿里云的自建 MySQL	RDS For MySQL ECS 上的自建 MySQL 通过专线接入阿里云的自建 MySQL	单向同步
ECS 上的自建 MySQL	RDS For MySQL ECS 上的自建 MySQL 通过专线接入阿里云的自建 MySQL	单向同步
RDS For MySQL	RDS For MySQL	双向同步
RDS For MySQL	ECS 上的自建 MySQL 通过专线接入阿里云的自建 MySQL	单向同步
RDS For MySQL ECS 上的自建 MySQL 通过专线接入阿里云的自建 MySQL	MaxCompute（原 ODPS）	单向同步
RDS For MySQL ECS 上的自建 MySQL 通过专线接入阿里云的自建 MySQL	AnalyticDB（分析型数据库）	单向同步
RDS For MySQL ECS 上的自建 MySQL 通过专线接入阿里云的自建 MySQL	Datahub（流计算）	单向同步
DRDS	DRDS	单向同步
DRDS	AnalyticDB（分析型数据库）	单向同步
DRDS	Datahub（流计算）	单向同步

6.4.4　数据订阅

实时数据订阅功能旨在帮助用户获取 RDS/DRDS 的实时增量数据，用户能够根据自身业务需求自由消费增量数据，例如实现缓存更新策略、业务异步解耦、异构数据源数据实时同步及含复杂 ETL 的数据实时同步等多种业务场景。DTS 的数据订阅架构如图 6-16 所示。

数据订阅支持实时拉取 RDS 实例的增量日志，用户可以通过 DTS SDK 来订阅服务端数据增量日志，根据业务需求实现数据定制化消费。

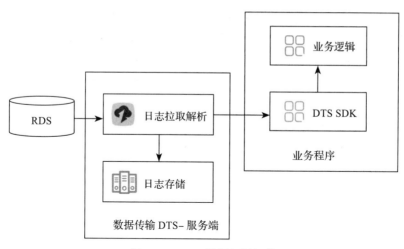

图 6-16 DTS 数据订阅架构

DTS 服务端的日志拉取解析模块主要实现从数据源抓取原始数据，并通过解析、过滤、标准格式化等流程，最终将增量数据在本地持久化。该模块通过数据库协议连接并实时拉取源实例的增量日志。例如，若源实例为 RDS For MySQL，那么数据抓取模块通过 binlogdump 协议连接源实例。

DTS 容灾系统一旦检测到日志拉取模块出现异常，就会在健康服务节点上断点重启日志拉取模块，保证日志拉取模块的高可用。

DTS 支持在服务端实现下游 SDK 消费进程的高可用。用户同时对一个数据订阅链路，启动多个下游 SDK 消费进程，服务端同时只向一个下游消费推送增量数据，若这个消费进程出现异常，服务端会从其他健康下游中选择一个消费进程，向这个消费进程推送数据，从而实现下游消费的高可用。

当前，数据订阅功能同时支持对 RDS 和 DRDS 数据源的订阅，暂不支持更多的数据源。

6.4.5 DTS 的应用场景

DTS 有多种典型应用场景。

1. 数据平滑迁移

很多用户希望系统迁移时，尽可能不影响业务提供服务。然而在系统迁移过程中，如果业务不停服，那么迁移数据就会发生变化，无法保证迁移数据的一致性。为了保证迁移数据一致性，很多第三方迁移工具要求在数据迁移期间，应用停止服务。要完成整个迁移过程，业务可能需要停服数小时甚至一天，这对业务伤害极大。

为了降低数据库迁移门槛，DTS 提供不停服迁移解决方案，使数据迁移过程中的业务停服时间降低到分钟级别。

不停服平滑迁移包含结构迁移、全量数据迁移及增量数据迁移三个阶段。当进入增量数据迁移阶段时，目标实例会保持与源数据库之间的数据实时同步，用户可以在目标数据库进行业务验证，当验证通过后，直接将业务切换到目标数据库，从而实现整个系统迁移。

由此可见，在整个迁移过程中，只有在业务从源实例切换到目标实例期间，会产生业务闪断，其他时间业务均能正常服务。

某大型新零售商超公司在整体上云过程中，借助了 DTS 支持异构数据库迁移的能力，该公司对其商品、营销、会员管理系统实施了 Oracle 数据库改造上云。技术架构中体现了本地 Oracle->Oracle/RDS/DRDS，RDS->RDS，RDS->DRDS 等迁移能力，满足了多业务场景需求。整个迁移过程平滑无中断，客户体验良好。如图 6-17 所示。

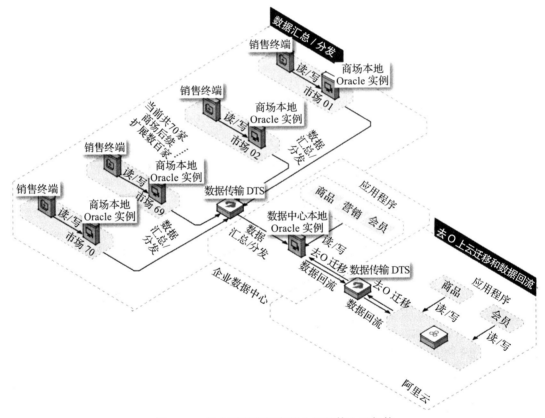

图 6-17　某大型新零售商超公司整体上云架构

如图 6-17 所示，该案例中的迁移过程如下：

1）通过 DTS 全量迁移将存量数据从线下的 Oracle 数据库迁移至阿里云上的 DRDS（MySQL）中，然后通过 DTS 增量迁移追平全量迁移过程中产生的数据变化，保证阿里云上 DRDS 和线下 Oracle 数据库处于实时同步的状态。

2）商品、营销、会员等业务应用在云上 ECS 部署，并以应用为单位进行上云切换。切换时选择业务负载较低的时段，将用户访问切换至部署在阿里云上的应用，数据访问亦同时切换至访问阿里云上 DRDS（MySQL）实例中的数据，从而最小化业务中断时间，保证了去 O 上云迁移的平滑进行。

3）配合应用切换，同步配置阿里云上 DRDS（MySQL）到线下 Oracle 数据库的反向同步，将云上的数据回流到线下，持续保证线下 Oracle 数据库和阿里云上 DRDS 处于实时同步的状态，保证业务切换万一出现问题时，可以随时回切。线下的 Oracle 数据库也可以在一段时间内作为云上 DRDS 的容灾持续运行。

2. 数据异地灾备

由于地区断电、断网等客观原因，产品可用性并不能达到 100%。当出现这些故障时，如果用户业务部署在单个地区，就会因为地区故障导致服务不可用，且不可用时间完全依赖故障恢复时间。

为了解决地区故障导致的服务不可用问题，提高服务可用性，可以构建异地灾备中心。当业务中心发生地区故障时，可直接将业务流量切换到灾备中心，立刻恢复服务。数据灾备架构如图 6-18 所示。

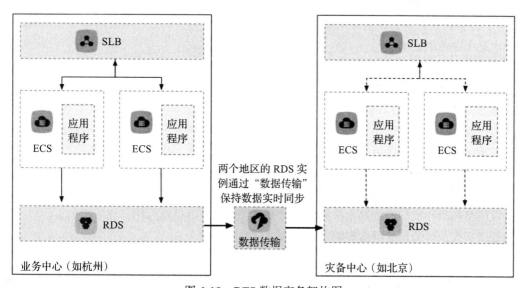

图 6-18　DTS 数据灾备架构图

如图 6-18 所示，当业务部署在杭州时，在异地（例如北京）构建灾备中心。灾备中心同业务中心的数据库通过数据传输进行数据实时同步，当业务中心故障时，可以保证数据灾备的数据完整性。

3. 异地多活

随着业务的快速发展，对于很多公司来说，构建于单地域的技术体系架构会面临如下问题：

1）单地域底层基础设施的有限性限制了业务的可扩展性，例如城市供电能力、网络带宽建设能力等。

2）出现城市级别的故障灾害时，无法保证服务的可持续性，服务难以实现高可用。

3）对于用户分布比较广的业务，远距离访问延迟高，严重影响用户体验。

为解决企业遇到的这些问题，用户可以选择构建异地多活架构，在同城/异地构建多个单元（业务中心）。根据业务的某个维度将业务流量切分到各个单元（例如，电商的买家维度）。各个业务单元可以分布在不同的地域，从而有效解决单地域部署带来的基础设施的扩展限制问题。

各个单元之间的数据层通过 DTS 的双向同步进行全局同步，保证全局数据一致。当任何一个单元出现故障时，只要将这个单元的流量切换到其他单元即可实现业务的秒级恢复，从而有效保证了服务的可持续性。

异地多活架构的单元可以根据用户分布选择部署区域，业务上可以按照用户所属区域划分单元流量，实现用户就近访问，避免远距离访问，降低访问延迟，提升用户访问体验。

如图 6-19 所示，业务按照某个维度将流量切分到各个业务中心（亦称单元）。切分维度的选择要遵循如下原则：

1）拆分后，需要实现业务的单点写。例如，若按照会员切分，那么同一个会员的访问只能在某个业务中心单点写。

2）拆分维度要能够尽量保证业务在单元内封闭，即所有的业务请求都能够在单元内完成，以减少跨地域的访问调用。

对于用户分布比较广的业务，可以根据用户分布进行业务中心部署区域的选择。例如，对于国际化业务，可以选择中国、欧洲、北美等多点进行业务中心的部署，区域附近的用户的业务请求落在就近的区域，最大程度地降低用户访问延迟，从而有效提升用户体验。

当流量切分到各个单元后，各个单元的数据层均会有数据写入，通过 DTS 进行数据层的数据双向同步，实现数据全局一致。当某个业务中心（单元）出现故障时，可以修改流量切分规则将流量秒级切换到其他单元，从而有效保证业务的持续可用，完美避免了因故障造成的经济损失及对公司品牌的影响。

4. 全球业务访问加速

对于用户分布比较广的业务，例如全球化业务，如果按照传统架构，只在单地区部署服务，那么其他地区的用户需要跨地区远距离访问服务，导致访问延迟大、用户体验差的问题。为了加速全球化业务访问速度，优化访问体验，可以对架构进行调整。

在这个架构中，我们定义中心和单元的概念，所有地区用户的写请求全部路由回中心。通过数据传输服务将中心的数据实时同步到各个单元，各个地区的用户的读请求可以路由到就近的单元，从而避免远距离访问，降低访问延迟，加速全球化访问速度。

5. 云 BI

由于自建 BI 系统的复杂性，自建 BI 不能满足越来越高的实时性要求，同时因为有阿里云这样的公司提供完善的 BI 体系，可以在不影响现有架构的情况下快速搭建 BI 系统等，因此，越来越多的用户选择在阿里云上搭建满足自身业务定制化要求的 BI 系统。

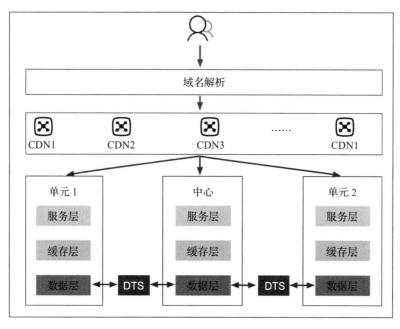

图 6-19　DTS 构造异地多活架构示意图

DTS 可以帮助用户将本地自建 DB 的数据实时同步到阿里云的 BI 存储系统（如 ODPS、ADS 或流计算），用户可以使用各种计算引擎进行后续的数据分析，同时可以通过可视化工具进行计算结果的实时展示，或通过迁移工具将计算结果同步回本地 IDC。具体实现架构如图 6-20 所示。

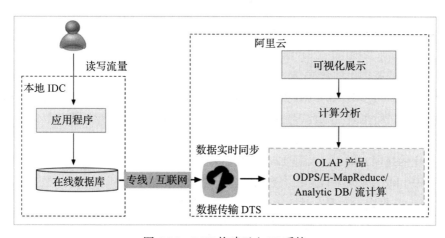

图 6-20　DTS 构建云上 BI 系统

在某餐饮行业 SaaS 服务提供商构建云上数据仓库的项目中，借助 DTS 提供的低延迟实时数据变化订阅能力，该客户将其业务系统的数据变化以订阅消息的方式，快速向下游分发，下游获得数据变化的消息后，可以根据需要对消息进行过滤和处理，并按照业务逻辑投递到不同的系统中，从而实现实时的账单查询、数据分析和 BI 展现。如图 6-21 所示。

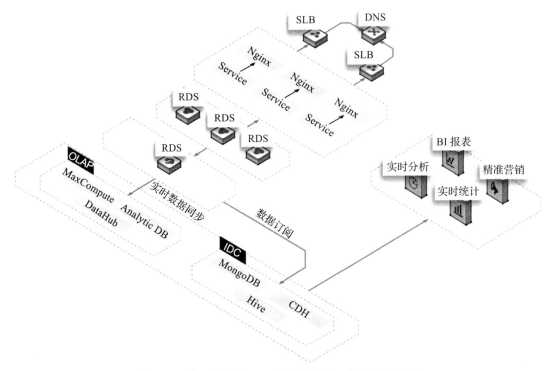

图 6-21 某餐饮行业 SaaS 服务商云上数据仓库架构图

该客户云上数据仓库和 BI 系统的构建步骤如下：

1）客户的业务系统应用和数据库均部署在阿里云上，DTS 从业务使用的 RDS MySQL 数据库实时获取业务产生的数据变化。

2）客户的 MongoDB 和 CDH 大数据平台均在用户本地环境部署，DTS 的实时数据订阅支持通过公网进行消费，因此客户可以直接从自己的数据中心获知订阅的数据变化。

3）客户通过 DTS SDK 获得订阅的数据变化，基于用户自己实现的逻辑，决定对获取到的数据变化的处理方式，以及需要向下游同步的目标。

4）客户的 MongoDB 和 CDH 大数据平台均能够准实时获取到业务的数据变化，可以对外提供实时的 BI 报表，实现实时统计分析和高度实效性的精准营销。

在这个方案中，DTS 重点解决了如下问题：

1）实时数据变化订阅，并以消息队列的方式实时分发数据变化。

2）灵活的处理逻辑，用户可以根据需求自定义客户化逻辑，对订阅到的数据变化消息进行处理和分派。

3）支持消息的分组消费，一条数据变化的消息可以被多个下游消费使用。

6. 数据实时分析

数据分析在提高企业洞察力和用户体验方面发挥着举足轻重的作用，且实时数据分析能够让企业更快速、灵活地调整市场策略，适应快速变化的市场方向及消费者体验。为了在不影响线上业务的情况下实现实时数据分析，需要将业务数据实时同步到分析系统中，由此可见，实时获取业务数据必不可少。DTS 提供的数据订阅功能可以在不影响线上业务的情况下，帮助用户获取业务的实时增量数据，通过 SDK 可将其同步至分析系统中进行实时数据分析。DTS 的数据实时分析模块架构如图 6-22 所示。

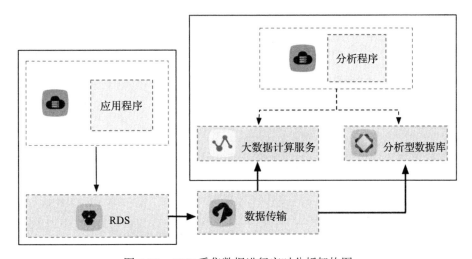

图 6-22　DTS 采集数据进行实时分析架构图

参考图 6-22，某金融行业客户借助 DTS 的低延时、实时数据变化捕捉和同步能力，实现了实时数据汇总。该客户将前端数十个业务 RDS 数据库实例中的数据变化实时同步到中间 RDS 数据库实例，并从中间 RDS 向后端的大数据架构进行数据汇总，从而获得全局业务的实时统计、BI 报表和分析。

参考图 6-23，该客户业务场景存在如下特点：

1）为了支持业务的不断扩展，客户要求其架构具有良好的横向扩展性。当前，基金等业务运行在数十套 ECS-RDS 系统上。

2）为了获取统一的数据视图，支持全局的统计分析和 BI 报表，客户利用 DTS 多对一数据同步的能力，将多个业务 RDS 数据库实例中的数据变化实时汇总到数据抽取 RDS 数据库实例中，然后通过 ETL 或者增量数据抽取向后端 MaxCompute 离线大数据计算平台或者 BI 报表工具依赖的 RDS 数据库实例进行同步。

3）借助 DTS 提供的实时数据同步能力，业务系统产生的数据变化能够以亚秒级的延时在后端大数据架构中汇总，业务人员能够实时获取全局业务的运行状况。

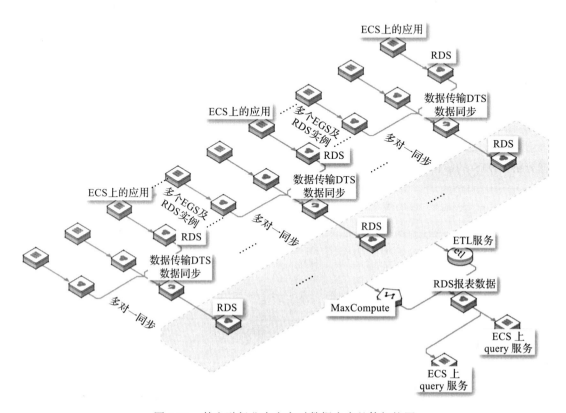

图 6-23　某金融行业客户实时数据仓库整体架构图

7. 轻量级缓存更新

为了提高业务访问速度，提升业务读并发，很多用户会在业务架构中引入缓存层。业务所有读请求全部路由到缓存层，通过缓存的内存读取机制提升业务读取性能。但缓存中的数据不能持久化，一旦缓存异常退出，那么内存中的数据就会丢失，所以为了保证数据完整，业务的更新数据会落地到持久化存储中，例如 DB。

对于业务会遇到的缓存与持久化 DB 数据同步的问题，DTS 提供了数据订阅功能，可以通过异步订阅 DB 的增量数据，并更新缓存的数据，实现轻量级的缓存更新策略。这种策略的架构如图 6-24 所示。

这种缓存更新策略有如下优势：

1）更新路径短，延迟低：缓存失效为异步流程，业务更新 DB 完成后直接返回，不需要关心缓存失效流程，整个更新路径短，更新延迟低。

2）应用简单可靠：应用无需实现复杂双写逻辑，只需启动异步线程监听增量数据，更新缓存数据即可。

3）应用更新无额外性能消耗：因为数据订阅是通过解析 DB 的增量日志来获取增量数据，所以获取数据的过程对业务、DB 性能无损。

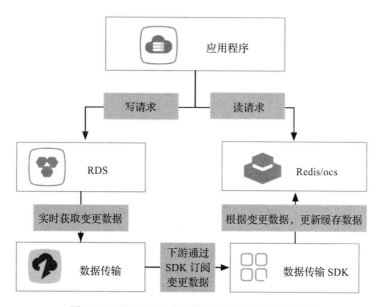

图 6-24　基于 DTS 实现轻量级缓存更新示意图

8. 业务异步解耦

通过数据订阅，可以将深耦合业务优化为通过实时消息通知实现的异步耦合，让核心业务逻辑更简单可靠。这个应用场景在阿里巴巴内部得到了广泛的应用，目前淘宝订单系统每天有上万个下游业务，都是通过数据订阅获取订单系统的实时数据更新，触发自身的变更逻辑。

例如，电商行业涉及下单系统、卖家库存、物流发货等多个业务逻辑。如果将这些逻辑全部放在下单流程中，那么下单流程为：用户下单，系统通知卖家修改库存，处理物流发货等下游业务，当全部变更完成后，返回下单结果。这种下单逻辑存在如下问题：

1）下单流程长、时间长，用户体验差。

2）系统稳定性差，任何一个下游业务发生故障，都会直接影响下单系统的可用性。

为了提升核心应用用户体验，提高稳定性，可以将核心应用与依赖的下游业务异步解耦，让核心应用更稳定可靠。具体调整如图 6-25 所示。

调整后，下单系统只要下完单就直接返回，底层通过数据传输实时获取订单系统的变更数据，业务通过 SDK 订阅变更数据，并触发库存、物流等下游业务逻辑，从而保证下单系统的简单可靠。

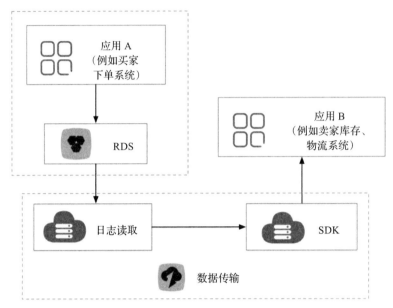

图 6-25　电商行业 DTS 实现业务异步解耦架构

9. 数据读取能力横向扩展

对于有大量读请求的应用场景，单个 RDS 实例可能无法承担全部的读取压力，甚至可能对主流程业务产生影响。为了实现读取能力的弹性扩展，分担数据库压力，可以使用 DTS 的实时同步功能构建只读实例，利用这些只读实例承担大量的数据库读取工作负载，从而方便地扩展了应用的吞吐量。

第 7 章 *Chapter 7*

数据库迁云工具 ADAM

DT 时代，企业业务市场瞬息万变，对 IT 信息系统提出了更高要求，以驱动企业相关业务高速运转。面对诸多挑战，信息系统架构转型势在必行，通过更先进的信息系统架构来驱动业务甚至引领业务发展，拥抱云计算将会成为传统企业转型的潮流。

企业信息系统转型时，核心数据库必然要选择合适的新架构，对数据库和应用进行异构迁移。然而，迁移并不仅仅是给数据存储和应用换一个容器那么简单，而是要求新的信息系统架构能够在满足原有业务系统压力的前提下，更好地驱动企业业务发展。但一般企业并没有对应的数据库和应用迁移的经验及可行的方法论，需要不断摸索前行，而且并不是每一次改造都能获得很好的效果。ADAM（Advanced Database & Application Migration，数据库和应用迁移）产品正是一款结合数据库和应用异构迁移方法论的一站式迁移数据库和应用产品，可帮助企业高效快速转型。

ADAM 产品是阿里云结合阿里巴巴多年的内部业务系统和数据库异构迁移经验（从 Oracle 到 MySQL/PPAS/PostgreSQL 等）研发的帮助企业数据库和应用业务系统高效、轻松上云的产品，能够为迁移 Oracle 数据库到阿里云 RDS（比如 MySQL、PostgreSQL）等产品提供全生命周期支持。ADAM 产品基于"云 + 端"模式构建，以端到端的服务方式解决用户数据库和应用上云需求。

7.1 数据库迁云面临的挑战

7.1.1 传统企业数据中心的现状

传统的企业数据中心承载着整个企业的 IT 业务，以 IOE 架构为主，即各个应用系统以应用服务器、数据库服务器、存储服务器的方式独立建设，是一种集中专用的架构。随着业务体量增大，存在多种瓶颈，无法适应大数据环境下的数据处理要求。

通常，传统应用有如下特点：

- 功能模块之间的耦合度比较高，其中一个模块升级，其他模块也需要进行相应调整。
- 开发困难，各个团队的开发工作最后都要整合到一起。
- 系统扩展性能差，纵向扩容已经无法满足业务发展要求。

随着企业的发展，对 IT 系统功能的要求越来越复杂，数据存储量也越来越大，加上企业新型业务的需求，企业级业务应用需要更有弹性、规模更大的数据中心资源池，以便更快地支持原有业务系统和新兴业务系统应用的高效、稳定使用。要加速新业务的变革，需要 IT 业务系统有快速试错的能力，以应对信息系统资源需求不断变化的情况。

与此同时，数据中心的运维人员发现，原本通用的办法的投入产出比越来越低，使用同一类型、传统架构、未经特定优化的标准服务器支撑不同类型的业务应用、满足不同需求的时代已经一去不复返，企业需要更加有针对性地基于业务特性进行应用优化、加速以及整合软硬件的业务支撑平台。

7.1.2 传统业务系统架构的局限

随着企业的规模、业务不断增长，信息系统业务逻辑不断革新，功能也越来越复杂。随之而来的是，系统逐渐变慢，系统业务变更相关性越来越复杂，IT 硬件系统纵向扩容已经无法满足企业对 IT 系统性能的需求，软件变更难也成为业务扩展的阻碍。

总结而言，企业传统信息系统架构的局限性包括：

1）传统系统架构强调单一系统的规模，通过强化单一系统提升数据处理能力。而在大数据时代，业务和数据量的增长迅猛，不是任何单一系统能够满足的，系统的横向扩展成为必然之选，而 IOE 架构的横向扩展能力有限。

2）在传统系统架构下，数据存储和处理依赖于关系型数据库，无法有效处理大数据环境下的非结构化数据。

3）传统架构的软件和硬件设备通常采用 IOE 三家公司的设备，价格昂贵。在大数据环境下，系统规模极其庞大，需要付出极高的成本采购软件和硬件设备。

4）硬件平台兼容性差，比如 A 品牌硬件无法与 B 厂家的系统无缝对接。

信息系统寻求变革时，必然需要对原有应用进行调整。云时代的到来，IT 硬件资源逐渐被云资源取代。拥抱云计算，用户不必关心硬件资源是否超过保修期，也不需要囤积大量的计算资源为业务高峰期准备。用户只要按需购买计算资源即可，根据业务性能的需求弹性扩展，节约计算资源的成本。

为了适应云计算架构的特点，在不同时期弹性使用相应计算资源，应对原有业务系统架构进行部分或全部改造，以满足互联网时代的特点。业务系统可以通过分布式部署，底层数据库可以根据弹性计算特点动态为数据库分担数据处理端性能压力，具有完整的灾备体系。最终，真正实现通过 IT 系统架构的变革，以技术驱动业务变革。

7.1.3　数据库架构的选择

在传统数据中心中，经过多年的业务积累，业务数据量从 GB 级发展到 TB 级甚至更高，这将给软、硬件维护带来很多问题和挑战。用户可以花高额的费用采购高性能一体机处理现有的问题，也可以通过改变现有的数据库架构解决数据量暴增引发的性能问题。然而，通过高性能硬件解决现有问题是治标不治本，达摩克利斯之剑永远悬在 IT 人员的头顶上，引入互联网架构带来的技术红利俨然成为当下更明智的选择。

IT 系统业务架构转型，是一个比较大的操作。面对系统架构转型的压力，技术部门首先要转变服务理念，变被动为主动。做好顶层设计，从支撑业务转型引领业务，以技术驱动业务增长。

7.2　ADAM 及数据库迁云的流程

7.2.1　ADAM 概述

阿里云结合多年内部业务系统数据库和应用异构迁移的经验，自主研发出 ADAM，可帮助迁移 Oracle 数据库和应用至阿里云上。

ADAM 的核心能力包括：

- 对用户数据库和应用画像，让用户更深入地了解系统的运行机制。
- 客观、全面评估数据库所有数据对象在目标数据库中的兼容度。
- 智能计算出目标数据库的类型、规格并给出迁移方案。
- 支持数据库数据全量、增量迁移及源库与目标库数据校验。
- 存储过程自动转 Java。
- SQL 异构数据库自动翻译（目前支持 Oracle 翻译至 MySQL、PPAS、PostgreSQL）。
- 支持源库、目标库实时 SQL 对测并给出优化建议。

ADAM 是"云＋端"一体化产品，其中云端 ADAM SaaS 重在评估，可提供专业、丰富、可视化的数据库和应用评估服务与静态或动态交互报告；客户端 ADAM Studio 重在实施，可提供稳定、易用的数据库和应用迁移工具集，通过提供场景化、流程化、自动化的数据库和应用迁移服务协助用户高效迁云。

当遇到数据中心机房到期、硬件过保、系统资源饱和等情况，希望进行信息系统迁云或传统业务需要分布式改造、切换 Oracle 数据库产品到开源数据库以节约成本等场景时，都可以使用 ADAM 梳理现有 Oracle 数据库和应用系统，识别现有业务系统迁云的可行性，并定制出符合企业发展的高可用迁云实施方案。

对不同类型 Oracle 数据库（小型、中型、大型、超大型（Exadata））和应用，ADAM 能提供一键数据库及应用迁移、智能迁移、复杂型应用改造迁移等功能，高效、稳定地帮助

Oracle 用户完成数据库和应用上云。总之，ADAM 有助于用户采用合理的云数据库和应用容器替换场景复杂的综合型数据库、应用，提高应用在不同场景的便利性，减少数据中心建设的成本。

7.2.2 ADAM 迁云的流程

利用 ADAM 进行 Oracle 数据库和应用快速上云，主要包括以下环节：

1）充分了解现有业务系统的内部原理、运行状态。ADAM 的核心能力是对数据库和应用画像，从多个维度剖析现有数据库系统和应用系统的数据结构内容、运行状态。对数据库和应用进行画像，让使用者深入了解目前 IT 业务系统的优缺点，明确异构迁移要实现的目标。

2）对目标数据库和应用容器进行智能选型。ADAM 的第二个核心能力是帮助业务系统决策者进行智能选型，通过分析数据库和应用系统画像结果，利用 ADAM 智能算法选择能够满足现有硬件性能的云产品，并根据业务未来使用期望，动态给出数据库和应用容器解决方案。

3）解决不同数据库和应用容器兼容性问题。ADAM 的第三个核心能力是客观、全面地识别数据库和应用系统所有数据对象在目标解决方案产品中的兼容性问题。针对数据库系统，会给出不兼容数据对象的修改建议，帮助用户快速完成异构数据对象的改造工作。针对应用容器，ADAM 能够分析不同应用容器间的特性，并给出应用改造的最优建议，如是否需要修改容器类型；是否需要使用分布式架构等，从而帮助提升业务系统性能。另外，ADAM 的 PL/SQL 转 Java 工具能够把重度依赖 Oracle 数据库 PL/SQL 对象的功能模块转换为 Java 代码，在应用端帮助用户解决数据库异构存储过程的相关问题。

4）完成异构数据库数据的割接。ADAM 的第四个核心能力是快速实现数据库数据的异构全量、增量迁移。异构数据迁移工具专注于源端为 Oracle 的数据库数据迁移，能够实现大规模数据迁移智能分片、分布式动态迁移，提高迁移速率。同时，ADAM 的异构数据库数据校验模块能够快速校验源、目标数据库的数据是否一致，确保数据库异构迁移数据的准确性。

5）实现性能对比和目标系统优化。目前，ADAM 3.0 具有数据库和部分应用容器端的自动优化能力。ADAM 的系统性能模块通过对比源、目标系统性能和源、目标画像内容，可以识别改造后系统存在的可行系统风险点，优化改造系统。同时，新系统上线后，可以动态监控新系统状态，结合阿里云相关产品优化模块，给出优化建议，以帮助优化新系统存在的性能问题。

7.3 ADAM 数据库采集工具

ADAM 的数据库采集工具负责采集 Oracle 数据库信息，包含环境、对象、SQL、空间、性能、事务等方面，全面、客观覆盖数据库实际运行状况。同时，采集工具会针对数据库信息数据冗余、信息安全问题进行处理，对采集结果中的 SQL 值数据进行脱敏、去重、一致性校验等处理，保证采集结果的准确性和清晰性。

ADAM 数据库采集工具对于高度敏感的数据库系统，支持二级、三级脱敏，对数据库对象表名称、列名称、SQL 列名称等加密。生产密钥文件存放在用户方，ADAM 云端 SaaS 分析平台使用加密后的采集结果，确保信息安全，不会被泄露。

数据库采集工具有 Windows、Linux 两个版本，可自动识别 Oracle 9i、10g、11g 数据库进行数据采集。在采集的过程中，采集工具基本不会影响 Oracle 数据库负载，对源库有以下保护措施：

1）采集工具以只读模式采集，不会对源库产生脏数据。

2）采集数据自动切片传输，单线程远程访问，消耗源库负载极小。

3）数据采集前自动检测源库负载，确定是否超出负载设定阈值。

4）采集工具具有守护进程，当超过阈值时自动停止采集，等源库负载降低阈值后再继续采集。

ADAM 采集工具可以在 ADAM 产品管理页面首页直接下载使用。采集工具运行环境要求如下：

- 硬件配置：CPU 内存高于 4C8G。
- 系统支持：Linux 64bit（CentOS 6.x/7.x、RedHat 6.x/7.x）、Windows 64bit（XP、7/8/10、2003+）。

Oracle 数据库环境需求：

- 创建只读权限账号，且具有访问 Oracle 数据字典、事务信息的权限。
- 归档模式，且归档日志在 Oracle 数据库服务器可访问的位置存放。
- Oracle supplemental log 开启。
- 支持网络连接。

ADAM 采集工具使用方法如下。

1）确认数据库是否开启归档。

注意：开启归档模式需要重启数据库，请慎重操作。

```
-- a. 查看归档是否开启,Disabled 表示关闭
SQL> archive log list
-- b. 设置归档目录（目前需要提前创建）和文件格式（建议：数据库名称_%t_%s_%r.arc 格式）
SQL> alter system set log_archive_dest_1='location=/u01/arch' scope=both;
SQL> alter system set log_archive_format='dbname_%t_%s_%r.arc' scope=spfile;
-- c. 关闭数据库
SQL> shutdown immediate
-- d. 启动数据库 mount 状态
SQL> startup mount
-- e. 打开归档
SQL> alter database archivelog;
-- f. 检查归档开启,Enabled 表示开启
SQL> archive log list;
-- g. 打开数据库
```

```
SQL> alter database open;
-- h. 切换归档
SQL> alter system archive log current   -- RAC 命令
或者
SQL> alter system switch logfile -- 单机命令
```

2）打开数据库附加日志。

```
-- a. 检查最小补充日志是否开启 ,NO 表示未开启
SQL> select supplemental_log_data_min from v$database;
-- b. 开启最小补充日志
SQL> alter database add supplemental log data;
-- c. 验证已经开启 ,YES 表示已经开启
SQL> select supplemental_log_data_min from v$database;
```

3）创建数据库采集账号，只读类型。

使用具有 SYSDBA 权限的账号创建临时账号，并配置以下权限（如果用户已有包含下面权限的账号，请忽略此步骤，直接使用）。

```
-- a. 创建采集用户 eoa_user, 并设置密码为 eoaPASSWORD
SQL> create user eoa_user identified by "eoaPASSWORD" default tablespace
users;
-- b. 为 eoa_user 用户赋予查询权限
SQL> grant connect,resource,select_catalog_role,select any dictionary to eoa_
user;
-- c. 为 eoa_user 用户赋予执行 DBMS_LOGMNR 权限
-- （版本10g 数据库需先执行: CREATE OR REPLACE PUBLIC SYNONYM dbms_logmnr FOR
sys.dbms_logmnr)
SQL> grant execute on DBMS_LOGMNR to eoa_user;
-- d. 为 eoa_user 用户赋予执行 DBMS_METADATA 权限, 查询数据对象 DDL 语句
SQL> grant execute on dbms_metadata to eoa_user;
-- e. 为 eoa_user 用户赋予查询事务权限
SQL> grant select any transaction to eoa_user;
```

4）开始数据采集。

解压采集包（以 Linux 环境为例）：

```
$ tar -zxvf rainmeter-linux64.tar.gz
$ cd rainmeter

------windows
请解压 zip 包
```

采集包说明如图 7-1 所示。

采集方式有单次采集和周期采集两种。

● 单次采集

```
$ sh onekeyCollect.sh  -h<ip> -u<username> -p<password> -d<service_name|sid>
-------windows
>onekeyCollect.bat  -h <ip>  -u <username>  -p <password> -d <service_
name|sid>
```

```
采集包文件说明:
-rwxr-xr-x 1 oracle oinstall   220385 Apr 24 11:19 AMSTools.jar              <——对比测试JAR包
-rwxr-xr-x 1 oracle oinstall     1428 Mar 26 16:28 asynCollect.sh            <——周期性采集脚本
-rwxr-xr-x 1 oracle oinstall     1580 Mar 26 16:28 asynExport.sh             <——导出命令
drwxr-xr-x 4 oracle oinstall     4096 Apr 28 10:36 classes
-rwxr-xr-x 1 oracle oinstall     1217 Jan 25 16:32 clearReadOnlyUser.sh      <——清理采集eoa_user只读用户脚本
-rwxr-xr-x 1 oracle oinstall     1911 Jan 25 16:32 collectTransaction.sh     <——收集事务信息脚本
-rwxr-xr-x 1 oracle oinstall     1219 Jan 25 16:32 createReadOnlyUser.sh     <——创建采集eoa_user只读用户脚本
-rwxr-xr-x 1 oracle oinstall      343 Jan  8 09:11 createReadOnlyUser.sql    <——创建eoa_user只读用户的SQL脚本
drwxr-xr-x 2 oracle oinstall     4096 Apr 28 10:36 dependency-jars           <——依赖JAR包
-rwxr-xr-x 1 oracle oinstall       62 Dec 25 10:21 dropReadOnlyUser.sql      <——清理eoa_user只读用户的SQL脚本
drwxr-xr-x 2 oracle oinstall     4096 May  2 18:44 dump                      <——存放导出采集数据包目录
drwxr-xr-x 4 oracle oinstall     4096 Aug 17  2017 jre
drwxr-xr-x 2 oracle oinstall     4096 Apr 28 10:36 lib                       <——引用的第三方的jar包
drwxr-xr-x 2 oracle oinstall     4096 Apr 28 10:41 logs                      <——日志目录
-rwxr-xr-x 1 oracle oinstall     1635 Mar 26 16:28 onekeyCollect.sh          <——一次性全量采集脚本
-rwxr-xr-x 1 oracle oinstall     1156 Jan 25 16:32 pullAMSData.sh            <——打包收集结果(用户对比测试)
-rw-r--r-- 1 oracle oinstall 15075763 Apr 25 17:56 rainmeter.jar
-rwxr-xr-x 1 oracle oinstall     2337 Jan 25 16:32 rainmeter.properties      <——采集器的配置文件
-rw-r--r-- 1 oracle oinstall        0 Apr 28 10:40 rc.lock
-rwxr-xr-x 1 oracle oinstall      671 Dec 25 10:21 startAMS.sh               <—— 启动AMS
-rwxr-xr-x 1 oracle oinstall     1858 Jan 25 16:32 startDoaChunk.sh          <—— 已废弃
```

图 7-1　采集包文件和目录说明

- 周期性采集（最好采集 1 周以上）

```
-- a. 周期性采集
$ sh asynCollect.sh -h<ip> -u<username> -p<password>  -d<service_name|sid> -P<port>
------windows
>asynCollect.bat -h <ip> -u <username>  -p <password>  -d <service_name|sid>


-- b. 采集结果打包
$ sh asynExport[.sh|.bat] -h<ip> -u<username> -p<password> -d<service_name|sid>
-----windows
>asynExport.sh  -h <ip>  -u <username>  -p <password>  -d <service_name|sid>
```

5）清理采集账号。使用具有 SYSDBA 权限的账号通过终端连接数据库，并执行下面的 SQL：

```
SQL> drop user eoa_user cascade;
```

7.4　ADAM SaaS 分析平台

ADAM 的云端 SaaS 分析平台是以阿里云数据库和应用异构迁移可行性方法论为基础研发的一套解决方案分析系统和在线工具平台。ADAM 的 SaaS 分析平台能自动、客观、全面地分析 Oracle 数据库和应用的逻辑对象、运行状态，并对数据库和应用全方位画像，以画像内容为基石智能分析数据库和应用异构迁云目标数据库与应用容器解决方案，并对数据对象在迁云解决方案中的可行性、兼容性，自动给出相应报告。

1. Oracle 数据库源库画像

ADAM SaaS 分析平台能对 Oracle 数据库源库从数据库业务类型、数据规模、数据对象复杂度、性能等维度精细画像，让数据库使用者更好地了解 Oracle 数据库当前的状态。例如，分类汇总业务型表的操作类型并展示事务对表的操作程度，统计数据库的相关负载指标，向用户清晰展示数据库的运行状态；展示数据库 dblink 逻辑互联（如图 7-2 所示）等画像内容。

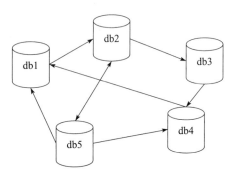

图 7-2　数据库 dblink 逻辑展示图

2. 智能分析模块

ADAM SaaS 的智能分析模块根据源库画像和应用使用场景，从数据库 CPU、内存、SQL 性能和应用规则等细小单元深入分析源与目标数据库之间的物理、逻辑差异，计算出最优的目标数据库解决方案，确定目标云数据库的类型和规格。

ADAM SaaS 智能分析模块对不同目标云数据库制作特性字典表，并随着目标云数据库的发展不断更新。针对 RDS for MySQL、PPAS、PostgreSQL、Greenplum 等数据库的优点、缺点，画像汇总为程序图库，分析模块通过智能算法不断匹配源库相关图库数据与目标库相关图库数据，从而计算出最优云目标数据库。云数据库选型的规则是基于最适合的云数据库，替换最符合的 Oracle 数据库使用场景，依据数据库性能异构数据库置换算法，计算出目标云数据库的规格。例如，源库是 Oracle 11g，使用一台 X86 PC Server，评估分析后仅需 4C32G 规格的 PPAS 即可替换源库，同时满足 Oracle 数据库的性能要求。

ADAM SaaS 智能分析模块如图 7-3 所示。

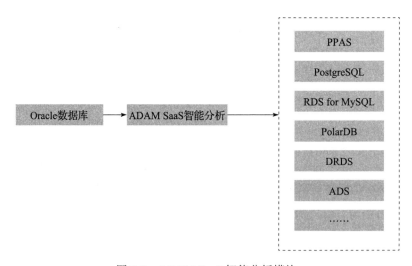

图 7-3　ADAM SaaS 智能分析模块

在数据库异构选型过程中，小型应用数据库使用单一的云数据库即可完成数据库云化；中、大型 Oracle 数据库应用自身功能比较复杂，为应对不同的场景可能需要多种不同的云数据库产品。目前，ADAM SaaS 智能分析模块支持阿里云 RDS for MySQL、PPAS、ADS、DRDS + RDS、PostgreSQL 5 种数据库模型，未来会增加更多云数据库的输出。

3. 数据库画像操作流程

本书中关于 ADAM 产品的所有操作均基于 ADAM 产品 3.0 版本说明。

1）用户可通过阿里云 ADAM 控制台使用智能分析模块完成相关评估工作，页面如图 7-4 所示。

图 7-4　ADAM SaaS 页面

2）使用 ADAM 采集工具对数据库采集完成后会自动生成采集包，需要将采集包上传到 ADAM SaaS 分析平台。在 ADAM SaaS 分析平台新建画像并上传采集包，按照页面提示操作即可。

3）采集包上传完成后，SaaS 分析平台会自动完成源库画像，并生成报告，通过"详情"查看画像内容。在详情画像中，可以查看数据库性能、容量、复杂度、外部依赖关系等多种分析数据。

4）追加画像。如果在采集过程中，同一个数据库有多个采集数据库，可以通过追加的方式上传。

5）用 ADAM SaaS 分析平台完成画像后，会生成 Oracle 数据库的详细画像报告，用户可以在详情页面查看，如图 7-5 所示。

源库画像的意义在于让用户深入了解业务系统使用数据库的情况，同时为 ADAM SaaS 智能分析做基础数据库准备。

图 7-5 SaaS 分析画像详情页面

之后，用户可以根据 ADAM 产品操作手册按需选择分析方案。当前有以下三种方案可选：

1）在没有明确目标数据库的情况下，由 ADAM SaaS 平台智能分析出最佳数据库异构迁移目标库，基于改动最小、性能最优的原则。

2）若用户有明确的目标数据库选型，可在 ADAM 产品智能分析页面直接选择目标数据库类型，ADAM 产品会分析出基于目标数据库异构迁移的数据库规格、数据库对象兼容内容及应用改动量等操作。

3）用户也可以单独以 Oracle 数据库中的 schema 进行分析，做 schema 级别的垂直拆分。

在分析过程中，用户可以自选以下策略，指导 ADAM 产品根据用户意愿进行分析：

1）用户可以选择目标 RDS 的最大规格，例如 32 核 256GB 内存。

2）用户可以选择 RDS 的磁盘大小，可以是 3TB 或 16TB。

3）对数据库存储，用户有多种策略可选。

- 用户可以选择某些表不迁移到目标数据库。
- 用户可以选择将表的某些 LOB 字段迁移到 OSS。

选择完成即可开启评估分析任务，ADAM SaaS 会自动生成报告。

ADAM SaaS 智能分析完成目标云数据库方案后，会继续根据目标云数据库类型快速分析出所有数据库对象的兼容性内容，这些对象包括表、索引、包、函数以及目标云数据库中捕捉到的 SQL 等，给出数据库数据对象的详细兼容性分析报告及数据库迁云可行性报告。

数据库数据对象详细兼容性分析报告包含所有不兼容对象问题和建议修改方案。可行性分析报告包括所有静态数据对象的兼容信息和 Oracle 源数据库的 top 性能信息，方便用户在数据库应用迁移过程中关注已存在的数据库端性能问题。不兼容的对象越多，应用改动的内容就越多。

表 7-1 给出了可行性报告数据对象兼容度样例。

表 7-1　可行性报告数据对象兼容度样例

表组编号	数据库类型	对象类型	对象总数	直接兼容	无法兼容	间接兼容
1	PPAS	FUNCTION	1	0	0	1
1	PPAS	PROCEDURE	1	0	0	1
1	PPAS	TABLE	5	0	0	5
1	PPAS	VIEW	1	1	0	0
		总计	8	1	0	7

注意：间接兼容是指经过 ADAM 语法自动转换工具转换后兼容。

利用 ADAM SaaS 分析平台，可以根据新的迁云方案和 IDC 机房软、硬件费用生成迁云成本，方便比较迁云收益。同时，可以选择数据库相关的灾备方案，最终生成可以直接实施的解决方案报告。

7.5　ADAM SQL 在线翻译工具

ADAM SQL 在线翻译工具能根据源、目标数据库语法规则自动将用户输入的 SQL 转换为语法正确的目标数据库语法。同时，SaaS SQL 在线翻译工具会结合目标数据库的性能特性，自动在不改变源 SQL 语义的规则下优化转换语法，提高业务系统迁移后 SQL 的运行能力，使业务 SQL 语句在目标云数据库的执行效率最优。

ADAM 的 SaaS SQL 在线翻译工具支持将 Oracle SQL、PL/SQL 语句自动转换为可以在阿里云数据库 PPAS、RDS for MySQL、PostgreSQL 等执行的 SQL 语句。其语法支持 DDL、DML、PL/SQL 转换，同时会参考不同数据库之间的运行规则，根据性能最优规则转换目标对象。

SQL 在线翻译工具基于 ADAM 产品支持的数据库异构项目不断优化迭代，修复并支持之前无法转换或转换后性能不佳的 SQL，不断完善 SQL 语法、复杂度的覆盖率。

在 ADAM SaaS 云端，提供在线 SQL 转换页面，就像在线翻译网页一样，用户把源数据库中用到的 SQL 语句整体复制到 SQL 转换页面，就可以帮助开发者快速完成不同数据库间的 SQL 语法转换。

7.6　ADAM Studio

7.6.1　ADAM Studio 客户端工具概述

ADAM Studio 客户端工具（以下简称 ADAM Studio）是 ADAM 产品"云＋端"模式的用户端工具，主要用于 Oracle 数据库上云，其主要功能如下：

- 迁移计划制定与内容校验。
- 数据库结构迁移和订正，包括不兼容对象的专家报修改建议。

- 数据库全量数据迁移，包含大对象迁移到 OSS。
- 特征表迁移支持，如 IOT 表、外部表、对象表等。

ADAM Studio 是专注源端为 Oracle 数据库的迁移工具，使用了 Oracle 数据库的很多关键特性，对数据库异构迁移做了非常多的优化，安装部署方便。ADAM Studio 同时支持分布式部署，在网络带宽、源目标数据库性能的允许下，可以高并发、分片读取 Oracle 数据库数据内容，异构迁移至阿里云数据库。

ADAM Studio 工具部署有两个模块：Studio 管理模块（以下简称 Studio）和 Studio Worker 模块（以下简称 Worker）。Studio 负责数据库异构迁移的管控，Worker 负责具体的迁移任务。ADAM Studio 工具既可以单机部署，也可以分布式部署。单机方式下，Studio 和 Worker 在同一物理平台上；分布式方式下，通过一台 Studio 和多台 Worker 高速完成数据库异构迁移。

7.6.2 ADAM Studio 的安装

1. ADAM Studio 部署环境准备

安装 ADAM Studio 前要准备以下环境：

- 系统：CentOS 6.5 + 64bit。
- 操作系统依赖包：tar gcc unzip telnet。
- 计算及资源规格：8C16G+，可根据 Oracle 数据库和目标云数据库性能、网络带宽调整。
- 带宽：在环境允许条件下，保证提供尽可能大的带宽给 ADAM Studio。如果使用阿里云公共云环境，建议内网地址操作。
- 网络端口使用：ADAM Studio 和 Worker 工具机器需要开放访问 Oracle 数据库和目标 PPAS、RDS 等数据库的端口，同时，需要开放 Studio 工具自身使用的端口，如表 7-2 所示。

表 7-2　ADAM Studio 和 Worker 端口开放需求

模块	类型	端口
源端	Oracle	默认 1521
ADAM Studio	studio、sms、dms、dvs	7001、7002、8011、8021、8041
目标端	PPAS、MySQL	3432、3306

注意：如果使用阿里云的公共云环境，务必保证相应的机器在相同的 Region 和可用区，尽可能地降低网络延迟。

- 主机磁盘：30G 以上，仅用于安装 ADAM Studio 基础组件，以及存放运行日志信息。
- 配置 hosts 文件，命令如下：

```
# vi /etc/hosts
IP 地址　主机名　#新增一行，主机名通过 hostname 命令获取
```

- 用户：普通用户 adam，强烈建议不要使用 root 安装部署。

```
# groupadd adam
# useradd -g adam adam
```

```
# passwd adam
```

- 配置 MySQL 数据库：建议提供 MySQL 5.7 以上的数据库实例。

```
# 创建 Studio 数据库
SQL> create database if not exists studio default charset utf8 collate utf8_
general_ci;
# 创建 adam 用户
SQL> grant all privileges on studio.* to 'adam'@'%' identified by 'adam';
# 执行数据库初始化脚本
# 将软件中的 studio.sql 上传到服务器的 /tmp 目录下
$ mysql -h xxx.xxx.xxx.xxx -P 3306 -u adam -padam studio
SQL> source /tmp/studio.sql
```

注意：MySQL 数据库请自行安装部署。

2. ADAM Studio 软件下载

在 ADAM SaaS 下，读者可以很方便地在 ADAM 的控制台主页找到 ADAM Studio 并下载。

3. 软件部署

ADAM Studio 目前支持单机和分布式集群部署，以方便用户迁移能力的水平扩展。系统仅支持 Linux 操作系统。

（1）单机部署 Studio 和 Worker

1）切换到 adam 普通用户，命令如下：

```
# su - adam
```

2）上传下载到的软件包，可以通过 rz 命令上传。

3）解压软件包，命令如下：

```
$ tar -zxvf adam-release.tar.gz
```

4）编辑配置文件：

```
$ vi adam-release/config/adam.properties
# MySQL 地址、端口和数据库名
jdbc.url=jdbc:mysql://ip 地址 :3306/studio
    # MySQL 用户名
    jdbc.username=adam
    # MySQL 密码
 jdbc.password=adam
```

5）部署：

```
$ cd adam-release/bin
$ ./install.sh start 本机 IP（如果有内、外网 ip，请用内网 ip）
```

6）检查服务：

```
$ ps aux|grep java
```

这里主要有 adam-studio、adam-sms、adam-dms、adam-dvs、datax 五个服务。

（2）分布式部署，多 Worker 方式

1）Studio 的部署。

分布式的 Studio 部署与单机部署相同，参见前面的介绍。

2）Worker 的部署（扩展数据迁移和数据校验的性能）。

安装包解压、配置文件设置与 Studio 的部署相同。

①部署：

```
$ ./install.sh start_datax Studio 的内网 IP 地址
$ ./install.sh start_dvs Studio 的内网 IP 地址
```

②验证服务：

```
$ ps aux|grep java
```

这里主要有 adam-dvs、datax 两个服务。

7.6.3 ADAM Studio 主体迁移操作

ADAM Studio 主体操作流程如图 7-6 所示。

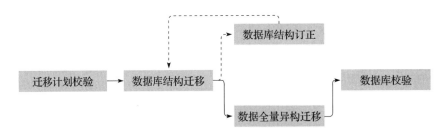

图 7-6 ADAM Studio 操作流程

1. 迁移计划校验

ADAM Studio 迁移计划是 ADAM 产品数据迁移的灵魂，是由 ADAM SaaS 分析平台经过智能分析生成的数据库迁移计划，内容包括数据库数据结构异构迁移转换结果、数据库迁移解决方案。任何 ADAM Studio 异构数据库迁移都需要使用 ADAM SaaS 生成 Studio 迁移计划。

登录阿里云公共云 ADAM 产品 SaaS 平台下载，进入"项目管理"页面的"项目任务"栏，可以找到"制作迁云计划"的链接。

2. 数据库结构迁移

1）ADAM Studio 迁移工具在数据库迁移前需要配置数据库档案管理。

ADAM Studio 档案管理主要用于记录数据库的连接配置，方便数据迁移时快速选择源、目标数据库的链接信息。主要包括 Oracle 数据源配置、云库配置（PPAS、MySQL 等）、

OSS 配置等。

● 数据源配置

云库配置（Oracle、PPAS、MySQL 等）的信息类似，按照页面提示输入即可，图 7-7 以 Oracle 数据源配置为例进行说明。

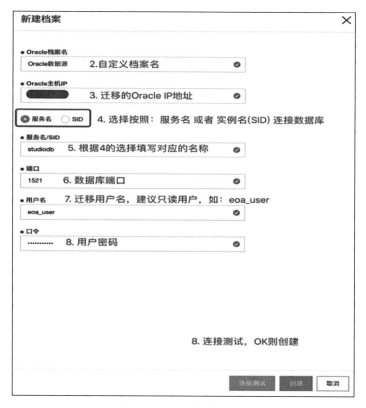

图 7-7　Oracle 数据源配置

● OSS 对象配置

在档案管理操作中，如果迁移过程中要将 lob 对象存储在 OSS 中，则要通过阿里云 AK/SK 配置 OSS 的操作接口，配置内容如图 7-8 所示。

2）集群管理。

Worker 节点是自动注册的，在 Studio 页面的"集群管理"页签中可以进行查看，本例中存在 1 个 Worker 工作节点。

3）创建迁移项目。

ADAM Studio 迁移操作以项目管理方式贯穿始终，每个项目从计划校验开始，一直到数据迁移、校验完成。项目的管理操作包括新建、详情、管理、删除、克隆。从新建项目开始整个数据库迁移的操作。新建项目向导页面如图 7-9 所示。

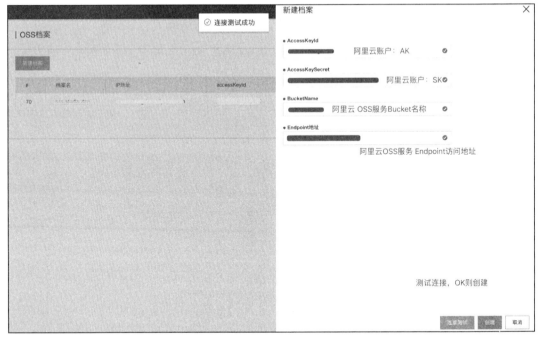

图 7-8　OSS 数据源配置

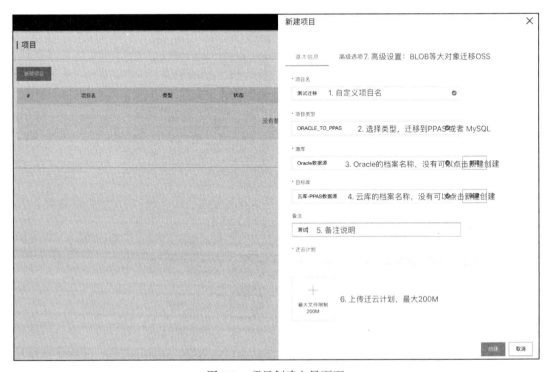

图 7-9　项目创建向导页面

　　项目创建完成后，会自动根据 ADAM SaaS 迁云计划完成计划校验，在 Studio 迁云大盘显示结果，如图 7-10 所示。

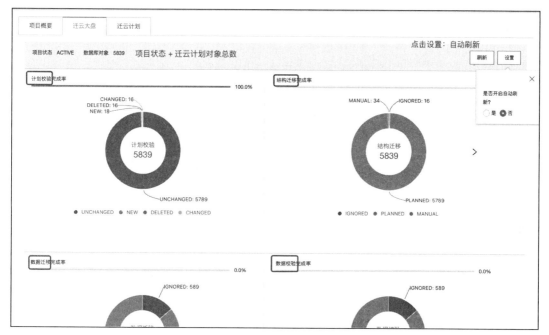

图 7-10　Studio 迁云大盘页面

　　计划校验在迁云大盘进度完成 100% 后，Studio 已经完成了源 Oracle 数据库所有数据库对象和迁移计划中的数据库数据的对比，可以根据 ADAM 产品 Studio 操作手册，按步骤完成数据库结构迁移及订正。在迁移过程中，如果当前数据库的数据对象结构有变化，可以在 Studio 订正管理界面完成数据对象结果订正，并可以将表名、列名不一致的对象进行映射，方便下一步数据库全量迁移操作。

　　数据库对象订正工作完成后（无法迁移的数据库结构可以设置为忽略状态），Studio 会默认该项目进入准备迁移状态，在项目的全量迁移页面创建全量迁移服务。用户可以根据需要选择需要迁移的表，也可以使用默认配置，按照 ADAM SaaS 迁移计划迁移（建议按照 SaaS 迁移计划迁移）。

　　在数据库迁移过程中，Studio 有对应的管控系统，可向用户展示迁移服务运行中的详细信息，主要包括概要、详情、性能、任务、异常、差异等部分。

　　Studio 会实时统计迁移过程中的 TPS、KPS，可以按照时间查询每一个迁移任务时间段内的指标信息，让用户了解整个迁移过程中的数据库迁移状态，如图 7-11 所示。

　　数据库全量迁移完成后，会针对本次迁移过程生成一份数据库全量迁移报告，展示本次迁移过程的详细信息，包括各个对象迁移成功与否，使用户全面了解整个迁移过程，便于对没有迁移成功的对象做补偿迁移。迁移结果如图 7-12 所示。

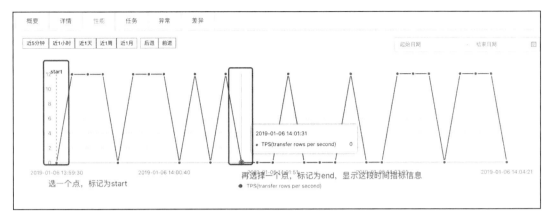

图 7-11　迁移任务性能趋势图

图 7-12　全量迁移报告

4）数据库校验。

数据库全量异构迁移完成后，并不能确定此次迁移是否达到了迁移的目标，特别是金融类用户，对数据的一致性要求非常高。为解决数据迁移的准确度问题，ADAM Studio 提供数据库校验模块，在数据库迁移完成后，用户可以选择全库或部分核心表进行数据库数据校验操作，确保数据库在源端和目的端的一致性。

ADAM Studio 工具目前支持 Oracle 数据库异构迁移至阿里云 RDS for MySQL、PPAS、PostgreSQL 等相关数据库。在数据库迁移过程中，可以提供轻量级数据清洗功能，业务系统架构的调整可能会涉及多库数据库的汇总，不可避免会产生数据库键值冲突、数据库冗余问题，使用 ADAM 产品的数据库清洗功能可以很好地解决相关问题。

7.7　ADAM PL/SQL Java 自动转换

PL/SQL 转 Java 服务（以下简称 P2J 服务）是 ADAM PL/SQL 转 Java 工具（以下简称 P2J 工具）结合专家服务组合而成的，它将采用 Oracle 数据库的客户业务系统中的 PL/SQL 数据对象代码转换为 Java 代码，最终生成 Java 工程包，能编译通过完成 PL/SQL 代码相同的功能。

7.7.1　P2J 工作原理

P2J 工具的主要功能是将 Oracle 数据库中的 PL/SQL 代码对象转换为 Java 代码，将用户使用 Oracle 数据库端实现的业务逻辑解耦，在应用端实现，方便用户数据库异构切换和应用服务化拆分。业务逻辑操作将不再依赖数据库端，数据库端仅是数据库存储和服务的容器。其原理如图 7-13 所示。

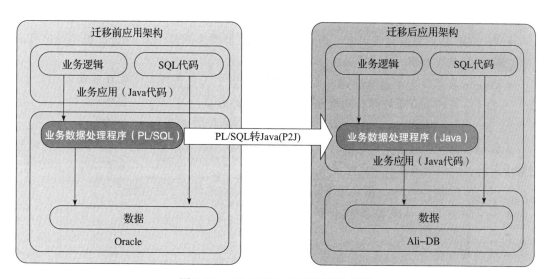

图 7-13　ADAM P2J 工具原理示意图

7.7.2　PL/SQL 转 Java 的背景

根据作者团队在传统政企行业的迁云经验，在数据库和应用异构迁移的项目中，有很多改造项目希望目标数据库环境采用当下流行的互联网分布式架构，如 DRDS 或 RDS for MySQL。这种设计的最大问题是，如果 Oracle 数据库中存在大量的业务处理逻辑（以 PL/SQL 存储过程实现）在目标端的数据库环境中无法实现，就需要解耦数据库端的业务处理模块，将 PL/SQL 代码块实现的逻辑转换为应用端合适的代码。客观上，这就要求技术人员同时熟悉数据库 PL/SQL 语言和编程程序语言（Java 等），甚至还要熟悉业务逻辑，这样极大地增加了转换的难度，往往需要花费以年为单位的工作量才能成功实施，使得很多客户以及 ISV

对应用的分布式改造望而却步。

为解决这一难题，ADAM 产品经过大量项目调研，决定研发 PL/SQL 转 Java 工具，帮助企业用户最大程度地自动完成 PL/SQL 语言转换 Java 语言的工作，减少 Oracle 数据库和应用异构迁移的时间。PL/SQL 转 Java 工具能成功帮助用户将业务系统绑定的某一个固定数据库解耦，减少不必要的专业数据库厂商依赖；能实现业务系统分布式和水平扩展，有利于业务应用向灵活先进的架构进行演进，如微服务。

PL/SQL 转换优先选择 Java 的原因是，Java 是大多数在线业务系统使用的编程语言，其生态环境非常强大，而且 Java 技术人员群体庞大，转换后的应用系统更容易维护、更新和迭代。

7.7.3　PL/SQL 转 Java 的难点

P2J 工具涉及两种语言的转换，有很多关键点需要攻克，主要包括：

1）PL/SQL 语言功能庞大。

- PL/SQL 是类面向对象语言，语法非常灵活、类型边界弱，如 number 类型可以表示多种精度数据库。
- Oracle 数据库为了迎合应用开发的需要，开发了大量程序包来简化业务应用开发，如 11g 有约 250 个程序包和类型，文档长达 6000 页以上。

2）现有的业务应用中基于 PL/SQL 实现的业务逻辑代码量很大。

大部分数据库和应用异构迁移的客户中，仅单个应用系统存有的 PL/SQL 代码就可能超过数十万行，所以转换涉及的代码量很大。

3）PL/SQL 语言和 Java 语言并不是高度匹配，导致逻辑转换难度较大。

- 需要既懂 Java 又懂 PL/SQL 的技术人员。
- 手工转换周期长。
- 人员成本高。
- 没有标准化，质量参差不齐，受制于转换人员的水平。

7.7.4　PL/SQL 转 Java 的功能特点

（1）覆盖对象范围广

P2J 工具可以完成由 Oracle PL/SQL 语言定义的对象到 Java 语言的转换，包括包（Package）、包体（Package Body）、存储过程（Procedure）、函数（Function）、序列（Sequence）、抽象数据库类型（Type）、抽象数据库类型体（Type Body）。目前不支持对 Oracle 触发器的转换。

（2）覆盖语法全面

P2J 工具目前已经实现了几种核心的 PL/SQL 代码对象转换，充分覆盖到了 PL/SQL 语言语义与 Java 语言语义的对应关系，可完成数百种 PL/SQL 语法结构对应 Java 的代码转换。

在实际应用项目中，目前很少发现尚未处理的语法转换结构。

（3）转换结果正确性高

P2J 工具对 PL/SQL 源代码的转换成功率非常高，每万行 PL/SQL 源代码转换平均仅需要 30 分钟的手工调整即可实现 Java 工程编译通过，进入逻辑测试状态，实际项目在测试过程中发现的错误非常少。

（4）使用方便

P2J 工具转换速率非常快，10 分钟可完成百万行代码的转换，并自动生成 IDEA 工程结构，方便工程师导入所有需要关联的包和类。

（5）强大的支持服务

作者团队联合 ADAM 产品团队可以提供从产品到项目的端到端支持服务。对于 PL/SQL 转 Java 结果，无论再强大的转换工具，对于转换后的代码进行人工检查和调整是必不可少的，PL/SQL 转 Java 专家服务是基于 PL/SQL 转 Java 工具转换后的代码，通过 PL/SQL 转 Java 技术专家的经验帮助客户完善转换后的代码。

7.8　ADAM 一键迁移工具

ADAM 一键迁移工具是针对中小型数据库设计的一款快速构建阿里云目标数据库测试环境的产品。用户有一台符合规格的操作系统、网络，就可以通过连通线下 Oracle 数据库和阿里云公共云，方便、快捷地构建一套 Oracle 数据库异构迁移的阿里云 RDS。

ADAM 一键迁移工具可以在阿里云 ADAM 页面方便地下载，无须安装。它采用 Spring Boot 架构，内置 JRE，直接启动即可使用。一键迁移工具会先采集 Oracle 数据库信息评估数据库兼容度和异构数据库迁移可行性，当可行性大于 95% 时，会自动帮助用户申请目标数据库优惠政策，协助用户开通阿里云 RDS 测试环境。用户输入"新开通"，并配置好 RDS 后，即可等待数据迁移结果。ADAM 一键迁移工具会完成采集数据库数据的自动迁移，由于一键迁移在异构迁移数据库数据时，可以开启数据库，因而不能保证源库与目标库数据的一致性。

一键迁移工具还可以在 ADAM 官网控制台页面找到下载地址，下载后解压安装包。当前，一键迁移工具仅支持 Linux 64bit（RedHat 6.x/7.x、Centos 6.x/7.x）。

```
[root@onekeymigration soft]# tar -xzvf adam-oneclient-1.0.0-SNAPSHOT.tar.gz
```

启动 ADAM 一键迁移工具，完成后可在客户端浏览器访问一键迁移工具控制页面，https:// 一键迁移服务器 IP:7001。

```
[root@onekeymigration bin]# ./start.sh
DB_URL=jdbc:h2:/soft/oneclient/db/oneclient;MODE=MySQL;AUTO_SERVER=TRUE
```

```
-help                                      For more help

-start                                     start oneclient

-restart                                   stop and start oneclient

-stop                                      stop oneclient

-rmv                                       Remove oneclient
```

[root@onekeymigration bin]# ./start.sh start

在登录页面，ADAM 一键迁移工具要和阿里公共云 ADAM SaaS 产品交互，需要通过阿里云 AK/SK 认证。用户使用自己阿里云账号的 AK/SK 即可登入一键迁移工具。

登录后，点击右上角创建项目，即可开始一键迁移配置，测试连接，选择要迁移的 schema，最后点击确定，完成项目的创建，见图 7-14。

图 7-14　ADAM 一键迁移创建项目页面

每个一键迁移项目都有管理界面，进入管理界面，启动评估流程。启动后，手动刷新可以查看状态，也可以关闭页面，等待一段时间后再看结果，参考图 7-15。

评估完成后，即可看到源数据库异构迁移至目标数据库的类型和规格。如图 7-16 的例子所示，需要使用阿里云 PPAS 数据库，规格为 4C32G，磁盘 128GB。数据库数据对象在目标数据库的兼容度为 99.2%，高度兼容源 Oracle 数据库。

1
评估
2
RDS开通
3
迁移
4
完成
启动评估
刷新
关键步骤
状态
当前进度
结果概述
错误信息
采集数据
PROCESSING
15%
方案评估
INIT
0%

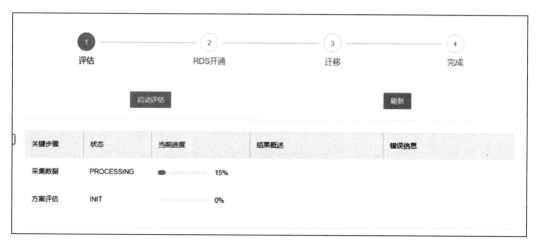

图 7-15　ADAM 一键迁移评估流程进度

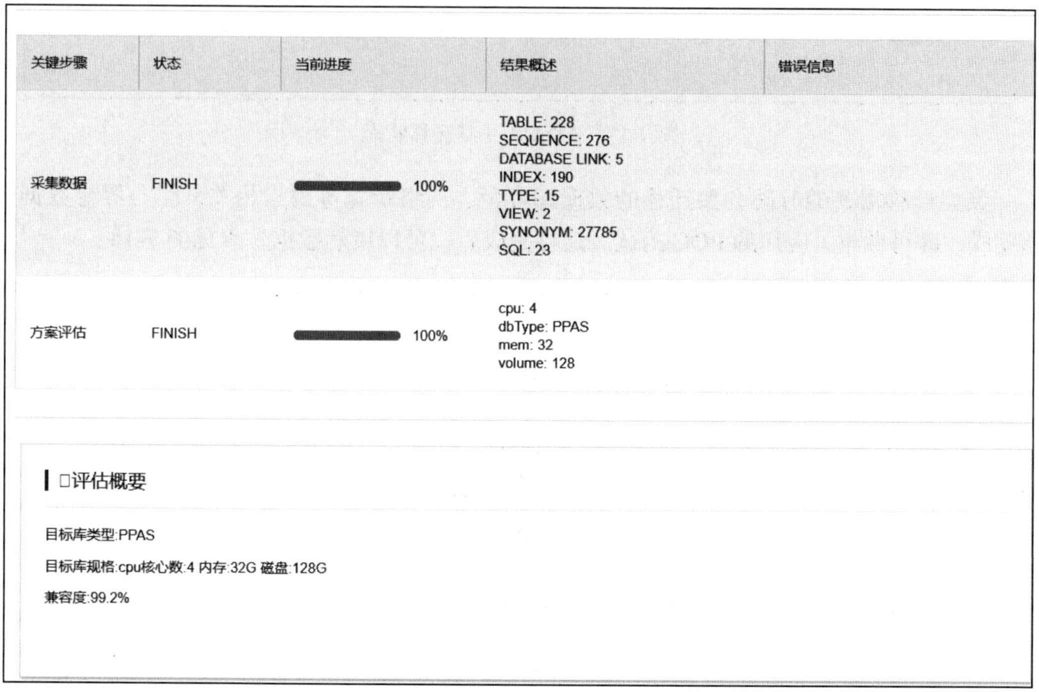

关键步骤
状态
当前进度
结果概述
错误信息
采集数据
FINISH
100%
TABLE: 228
SEQUENCE: 276
DATABASE LINK: 5
INDEX: 190
TYPE: 15
VIEW: 2
SYNONYM: 27785
SQL: 23
方案评估
FINISH
100%
cpu: 4
dbType: PPAS
mem: 32
volume: 128
评估概要
目标库类型:PPAS
目标库规格:cpu核心数:4 内存:32G 磁盘:128G
兼容度:99.2%

图 7-16　ADAM 一键迁移评估概要

评估完成后，会自动跳入第 2 步——RDS 开通。用户可自行到阿里云公共云平台开通，并设置白名单，方便一键迁移环境连接使用。配置好 RDS 环境后，在 RDS 开通页面填入 RDS 访问信息、实例地址、端口、库名、用户名、密码等，测试连接成功后即可启动迁移。迁移过程中的详细状态，手动刷新展示当前后台工作的内容，如图 7-17 所示。

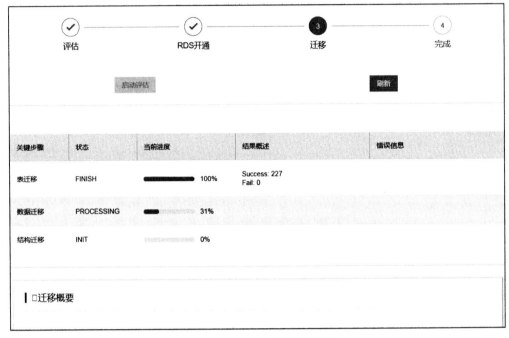

图 7-17　ADAM 一键迁移状态

数据迁移需要的时间和要迁移的数据库容量、网络带宽等因素相关，耐心等待数据迁移完成，即可做相关应用的 POC 测试。迁移完成后就可以展示数据，参见图 7-18。

关键步骤	状态	当前进度	结果概述	错误信息
表迁移	FINISH	100%	Success: 227 Fail: 0	
数据迁移	FINISH	100%	dataMigrateFail: 1 dataMigrateSucc: 226 dataMigrateTotal: 227 objMigrateFail: 0 objMigrateSucc: 900 objMigrateTotal: 900 sourceCount: 59299101 targetCount: 59299100	
结构迁移	FINISH	100%	NONUNIQUE INDEX: 99,99 TABLE: 0,227 SEQUENCE: 0,276 INDEX: 0,190 UNIQUE INDEX: 91,91 TYPE: 5,15 VIEW: 0,2	

▎□迁移概要

成功迁移数据:226 失败迁移数据:1 成功迁移数据比率:99.55%

成功迁移对象:900 失败迁移对象:0 成功迁移对象比率:100.00%

图 7-18　ADAM 一键迁移概要页面

7.9　ADAM 在项目中的实践

本节将给出一个 ADAM 应用于实际项目的例子。该项目是省级公司省内地市办公室办公系统，日平均 3000 人在线同时办公。该系统在各个地市独立安装数据库和应用，每天定时将数据库数据同步至省中心统一存储。公司为提高各个地市协同办公的效率和减少 IT 系统建设的费用，用户需要将省内 11 个地市系统数据集中到一套数据存储平台，使用同一套业务系统办公。

公司原有系统基础架构，用户在省内各个地市建立机房，使用 WebLogic 11g 作为中间件，数据库使用一套 Oracle 11g RAC。考虑到公司长远发展，提出切换底层 Oracle 数据库，将整个业务系统云化的诉求。用户经过内部评测，决定业务系统选择阿里云平台，数据库使用阿里云数据库，可选产品有 RDS for MySQL、RDS for PostgreSQL、PPAS 等。

业务系统底层数据库的选型，需要考虑各地市数据库集中后的容量、业务系统集中后的性能及运维管理等因素。用户决定使用阿里云 ADAM 产品来解决数据库类型规格选型需求。通过 ADAM 产品数据库采集工具对 11 个地市数据中心数据库进行周期性采集，并将结果上传，在 ADAM 产品 SaaS 智能分析系统中完成数据库异构迁移智能分析。ADAM 产品分析后给出该公司业务系统适合使用阿里云 RDS for PPAS 数据库，其数据库数据对象兼容性高达 92%。ADAM 产品对于不兼容的数据对象自动给出了修改建议，方便用户研发人员针对性地修改相应数据库对象和业务系统。

客户原有系统架构（各个地市 IT 架构）如图 7-19 所示。

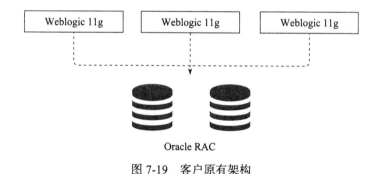

图 7-19　客户原有架构

改造后的业务系统架构如图 7-20 所示。

在阿里云 ADAM 产品"云 + 端"一站式助力下，整个项目改造在 2 个月内完成，包括数据库数据对象、业务代码的改造及 POC 测试、业务系统割接演练。ADAM SaaS 云端帮助用户解决了数据库选型和数据对象兼容性改造问题，客户端 Studio 帮助用户完成了数据库全量迁移、增量迁移和数据校验。

在业务割接演练过程中，ADAM Studio 提供 SQL 对测功能，快速帮助业务系统定位性能问题 SQL，在上线前解决 SQL 引起的数据库性能隐患。

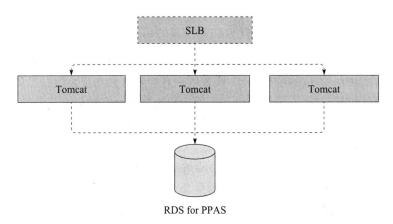

图 7-20 ADAM 改造后架构

改进完成后，业务系统异地协调事务调用的效率明显提升，跨城市流程可在当天完成。数据库端 90% 以上的单表查询都能在 1 秒内完成，60% 以上的多表 Join 能在 1 秒内完成。原来单地市数据库报表业务通常在 10 分钟出结果，数据库大集中后，报表业务同样能在 10 分钟内给出结果，性能满足了项目方的要求。阿里云专有云本次的数据库和应用迁移项目得到了用户的高度认可。

第 8 章 *Chapter 8*

文件存储服务迁云

在企业传统 IT 环境中，通常将结构化数据存储在数据库中，非结构化数据要么存储在文件系统或 NAS 系统中，要么存储在数据库中的 LOB 型大字段中。在阿里云上，我们将非结构数据统一到 OSS 中进行处理。

对象存储（Object Storage Service，OSS）是基于阿里云飞天分布式系统的海量、安全和高可靠的云存储服务，用户可以通过网络随时存储和调用包括文本、图片、音频和视频等在内的各种非结构化数据文件。OSS 采用的 RESTful API 具有平台无关性，容量和处理能力可弹性扩展，按实际容量付费，用户无须关注底层细节，可以更专注于核心业务。

阿里云 OSS 将数据文件以对象（object）的形式上传到存储空间（bucket）中。用户可以创建一个或者多个存储空间，然后向每个存储空间中添加一个或多个文件。用户可以通过获取已上传文件的地址进行文件的分享和下载，还可以通过修改存储空间或文件的属性或元信息来设置相应的访问权限。

8.1　OSS 的适用场景

我们总结了如下几种应用场景作为客户选用 OSS 的最佳实践。

1. 网站 / 应用动静分离

用户将文件存储在 OSS 中，可以像使用文件夹一样管理网站上的图片、脚本、视频等静态资源。通过 BGP 网络或者 CDN 加速的方式提供用户就近访问，从而有效降低云服务器负载，提升用户体验。图 8-1 给出了该场景的架构。

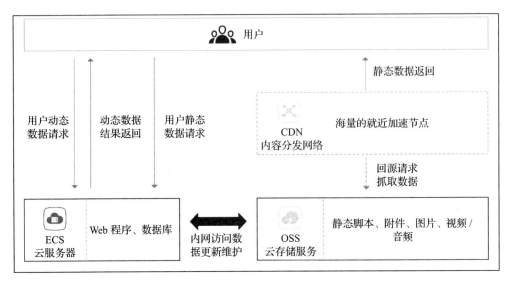

图 8-1　网站动静分离架构

2. 海量文件存储

该场景适用于图片、音视频、日志等海量文件的存储，支持各种终端设备、Web 网站程序和移动应用直接向 OSS 写入或读取数据，支持流式写入和文件写入两种方式，为用户提供极强的写入可靠性保障。该场景如图 8-2 所示。

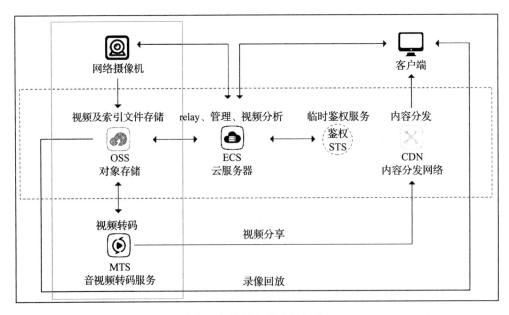

图 8-2　海量文件存储架构

3. 云端数据处理

上传文件到 OSS 后，可以配合媒体转码服务（MTS）、图片处理服务（IMG）、批量计算服务、离线数据处理服务（MaxCompute）充分挖掘用户数据的价值，完成从 IT 到 DT 的变革。该场景如图 8-3 所示。

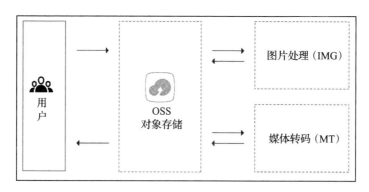

图 8-3 云端数据处理架构

4. 数据下载加速

可以使用 OSS，利用 BGP 带宽，实现超低延时的数据直接下载，配合阿里云的 CDN 加速服务，为用户的图片、音视频、移动应用更新分发提供最佳体验的场景，如图 8-4 所示。

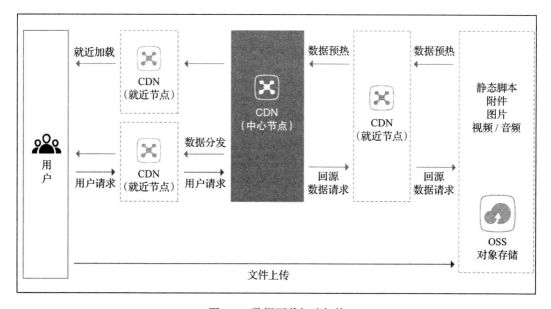

图 8-4 数据下载加速架构

5. 跨区域容灾

用户存储数据可以通过跨区域复制功能实时同步到指定区域，实现数据异地容灾，从容应对极端灾难，保证业务流畅，为重要数据加上多重保险，如图 8-5 所示。

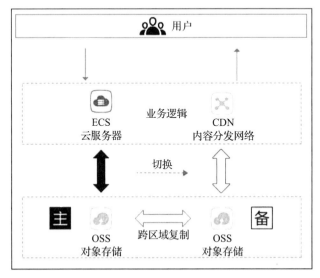

图 8-5 跨区域容灾架构

8.2 本地文件平滑迁移到 OSS

如果有成千上万的文档、图片、音视频文件需要上传到 OSS 上，或者需要将其他云存储产品上的文件迁移到 OSS，那么应该如何应对规模如此庞大的数据迁移，如何处理迁移过程中业务上的新增数据？

目前，OSS 的 Bucket 回源功能提供镜像和重定向方式回源规则，配置 OSS 专用迁移工具 OSSImport2，就可以把云下海量文件平滑无缝地迁移到 OSS 中。

8.2.1 迁移步骤

整个迁移方案步骤如下：

1）配置 Bucket 回源属性。配置好数据在 OSS 读取未命中之后回源的地址。配置好之后，如果访问某 Object 未命中的时候，用户的客户端可以根据 OSS 返回码 302 重定向到配置的地址读取文件。

2）配置迁移工具，从源端向 OSS 迁移数据，这一步不影响文件的读写业务，异步地从源站将数据搬迁到 OSS。

3）数据搬迁接近完成的时候，将业务上的读写从之前的源站切换到 OSS。

4）等待迁移工具从源站搬迁完所有的老数据（这种场景下，如果业务有对数据的覆盖写操作，则需要格外注意，这可能会造成老数据覆盖新数据）。

如上所说，有两种方式让 Bucket 回源属性做到无缝迁移，即镜像和重定向。图 8-6 给出了镜像回源 +OSSImport2 的方案。

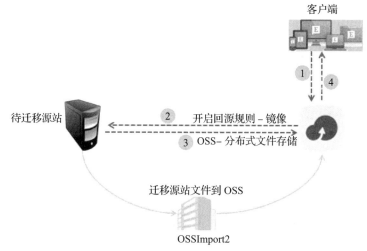

图 8-6 镜像回源 +OSSImport2 方案

图 8-6 中带有数字标记的箭头就是数据访问未命中时的数据流向。在镜像回源的方式下，用户访问 OSS 时，如果 Object 未命中，那么 OSS 会替用户从源站读回文件，并写入到 OSS。这样一来，如果用户的请求可以遍历所有的文件，那么这个异步的迁移过程可以省略（当然，这也会带来一些新的问题，后文我们会提到）。

图 8-7 给出了利用重定向进行无缝迁移的示意图。图中有数字标记的箭头就是数据访问未命中时的数据流向。在配置重定向回源的方式下，如果 Object 未命中，那么需要客户端去源站读取一次数据。这就要求客户端能够理解 http 协议中的 3×× （代号以 3 开头的返回代码）重定向语义（OSS 的重定向回源是通过 3×× 重定向来实现的）。需要注意的是，在这种回源方式下，OSS 不能自动帮用户搬迁数据，用户的数据必须依靠迁移工具 / 服务异步地搬迁到 OSS 上来。

纵观图 8-6 和图 8-7，在配置 Bucket 的回源属性之后，再开启数据迁移过程。大部分业务数据都搬迁到 OSS 之后，再将整个业务的读写全部切换到 OSS，这时就能通过回源功能处理那些尚未搬迁的数据，从而做到无须停机、无缝衔接。等所有数据都搬迁完毕之后，可以关闭回源，停止数据迁移，向 OSS 迁移数据的工作就全部完成了。

8.2.2 OSS 回源规则设置

用户可以设置回源规则对获取数据的请求以多种方式进行回源读取。设置回源规则可以满足用户对于数据热迁移、特定请求的重定向等需求。回源类型主要分为镜像方式和重定向的方式。用户最多可以配置 5 条回源规则，系统将按规则依次执行。

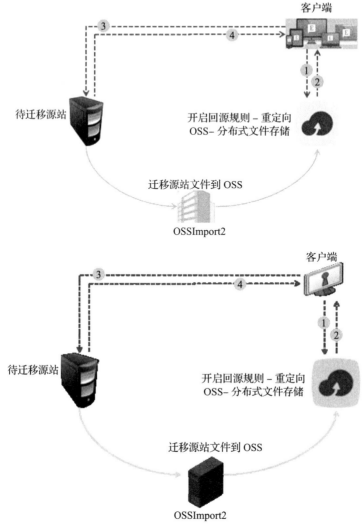

图 8-7　重定向回源 +OSSImport2 方案

　　进入 OSS 管理控制台界面，单击目标存储空间的名称进入存储空间管理页面，点击"Bucket 属性"→"回源设置"→"添加规则"就可以设置镜像或者重定向方式规则，如图 8-8 所示。

　　配置镜像方式后，当客户端向 OSS 请求文件资源时，如果所请求的资源不存在，系统会根据回源地址向源站抓取内容，然后写入 OSS，当内容完成写入后立即返回给客户端。在镜像方式下设置回源规则的页面如图 8-9 所示。

　　配置重定向方式后，若客户端向 OSS 请求资源，但在 OSS 中没有找到该资源，OSS 会根据回源地址规则返回重定向地址给客户端，客户端直接用重定向地址向源站请求文件资源，然后源站返回文件资源给客户端。重定向方式下回源规则的设置如图 8-10 所示。

图 8-8　设置回源

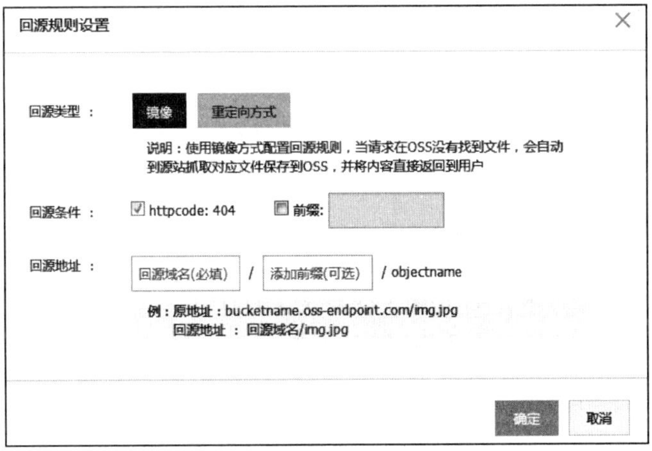

回源规则设置 ✕

回源类型：　镜像　重定向方式

　　　　　说明：使用镜像方式配置回源规则，当请求在 OSS 没有找到文件，会自动
　　　　　到源站抓取对应文件保存到 OSS，并将内容直接返回到用户

回源条件：　☑ httpcode: 404　　☐ 前缀：

回源地址：　回源域名(必填)　/　添加前缀(可选)　/ objectname

　　　　　例：原地址：bucketname.oss-endpoint.com/img.jpg
　　　　　　　回源地址：回源域名/img.jpg

确定　取消

图 8-9　镜像方式回源规则设置

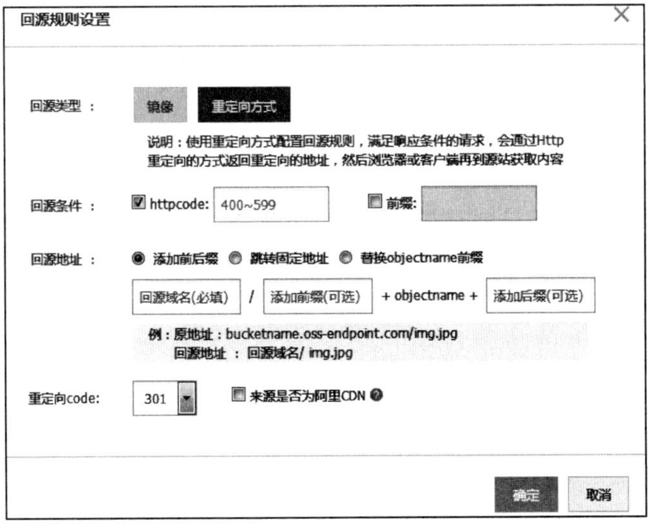

回源规则设置 ✕

回源类型：　镜像　重定向方式

　　　　　说明：使用重定向方式配置回源规则，满足响应条件的请求，会通过 Http
　　　　　重定向的方式返回重定向的地址，然后浏览器或客户端再到源站获取内容

回源条件：　☑ httpcode: 400~599　　☐ 前缀：

回源地址：　◉ 添加前后缀　○ 跳转固定地址　○ 替换objectname前缀

　　　　　回源域名(必填)　/　添加前缀(可选)　+ objectname +　添加后缀(可选)

　　　　　例：原地址：bucketname.oss-endpoint.com/img.jpg
　　　　　　　回源地址：回源域名/img.jpg

重定向code：　301 ▾　　☐ 来源是否为阿里CDN ❓

确定　取消

图 8-10　重定向方式回源规则设置

8.2.3 迁移工具 OSSImport2

1. OSSImport2 简介

OSSImport2 是一种快速迁移数据上云的工具，不落盘，可根据带宽自动启动多线程。它适用于将物理机数据迁云或者将其他云上存储的数据迁移到 OSS。如果从 ECS 迁移到 OSS，可以利用内网通道，速度更快。

OSSImport2 的功能主要包括：支持将本地、OSS、七牛、百度对象存储、金山对象存储的文件同步到指定 OSS Bucket 上；支持存量数据同步（允许指定只同步某个时间点之后的文件）；支持增量数据自动同步；支持断点续传；支持上传 / 下载流量控制；支持并行 list 和并行数据下载 / 上传。

2. OSS 运行环境及配置

（1）运行环境

OSSImport2 是基于 Java 语言进行开发的文件迁移工具，需要运行在 Java JDK1.7 以上的 Windows 或 Linux 环境中。

（2）OSSImport2 部署

● Linux 版

首先，在本地服务器上创建同步的工作目录，并且将"ossimport2"工具包下载到该目录中。例如，创建 /root/ms 目录为工作目录，且将工具包下载到该工作目录下。

```
export work_dir=/root/ms
wget http://import-service-package.oss.aliyuncs.com/ossimport2/ossimport-v2.1-
linux.zip unzip ./ossimport4linux.zip -d "$work_dir"
```

● Windows 版

如果是 Windows 版本，可通过下面的地址直接下载解压：

```
http://import-service-package.oss.aliyuncs.com/ossimport2/ossimport-v2.1-win.
zip?spm=5176.doc32202.2.2.b9QSBAfile=ossimport-v2.1-win.zip
```

（3）配置 OSSImport2

编辑工作目录下的配置文件 conf/sys.properties，根据文件中的提示进行配置。

● /conf/sys.properties 配置文件：编辑工作目录（$work_dir）下的配置文件 /conf/sys.properties：

```
vim
$work_dir/conf/sys.properties
workingDir=/root/ms
slaveUserName=
slavePassword=
privateKeyFile= slaveTaskThreadNum=60
slaveMaxThroughput(KB/s)=100000000
slaveAbortWhenUncatchedException=false
dispatcherThreadNum=
```

可以直接使用配置默认值。如有特殊要求，可以编辑配置字段值，配置文件字段含义如表 8-1 所示。

表 8-1　配置文件字段含义表

字段	说明
workingDir	表示当前的工作目录，即工具包解压后所在的目录
slaveTaskThreadNum	表示同时执行同步的工作线程数
slaveMaxThroughput(KB/s)	表示迁移速度总的流量上限
slaveAbortWhenUncatchedException	表示遇到未知错误时是跳过还是 abort，默认不 abort
dispatcherThreadNum	表示分发任务的并行线程数，默认值一般够用

3. 使用方法

使用 OSSImport2 进行迁移的过程如图 8-11 所示。

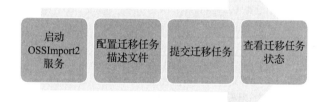

图 8-11　迁移步骤示意图

OSSImport2 支持如下命令：

- 任务提交：java -jar $work_dir/bin/ossimport2.jar -c $work_dir/conf/sys.properties submit $jobConfigPath
- 任务取消：java -jar $work_dir/bin/ossimport2.jar -c $work_dir/conf/sys.properties clean $jobName
- 状态查看：java -jar $work_dir/bin/ossimport2.jar -c $work_dir/conf/sys.properties stat detail
- 任务重试：java -jar $work_dir/bin/ossimport2.jar -c $work_dir/conf/sys.properties retry $jobName

1）启动 OSSImport2 服务。要启动服务，可执行如下命令：

```
cd $work_dir
nohup java -jar $work_dir/bin/ossimport2.jar -c $work_dir/conf/sys.properties
start 2>&1 > $work_dir/logs/ossimport2.log &
```

请注意，相关的 log 文件会自动在执行启动服务的当前目录的 logs 目录中生成，建议在工作目录（$work_dir）下执行启动命令。

2）配置迁移任务描述文件。编辑示例任务描述文件 local_job.cfg，配置文件的字段说明如表 8-2 所示。

表 8-2 配置文件字段说明

字段名	说明
jobName	自定义任务名字、任务的唯一标识，支持提交多个名字的不同任务
jobType	可以配置为 import（执行数据同步操作）或者 audit（仅进行同步源数据与同步目标数据全局一致性校验）
isIncremental=false	是否打开自动增量模式，如果设为 true，会每隔 incrementalModeInterval（单位秒）重新扫描一次增量数据，并将增量数据同步到 OSS 上
incrementalModeInterval=86 400	增量模式下的同步间隔
importSince	指定时间，用于同步大于该时间的数据，这个时间为 unix 时间戳（秒数），默认为 0
srcType	同步源类型，目前支持 oss、qiniu、baidu、ks3、local
srcAccessKey	如果 srcType 设置为 oss、qiniu、baidu、ks3，则需要填写数据源的 access key
srcSecretKey	如果 srcType 设置为 oss、qiniu、baidu、ks3，则需要填写数据源的 secret key
srcDomain	源 endpoint
srcBucket	源 bucket 名字
srcPrefix	源前缀，默认为空；如果 srcType=local，则填写本地待同步目录。请注意，需要填写完整的目录路径（以 '/' 结尾）。如果 srcType 设置为 oss、qiniu、baidu、ks3，则需要填写待同步的 Object 前缀，同步所有文件前缀可以设置为空
destAccessKey	填写同步目标端 OSS 的 access key
destSecretKey	填写同步目标端 OSS 的 secret key
destDomain	填写同步目标端 OSS 的 endpoint
destBucket	填写同步目标端 OSS 的 bucket
destPrefix	填写同步目标端文件前缀，默认为空
taskObjectCountLimit	每个子任务最大的文件个数限制，这会影响到任务执行的并行度，该参数参考值为"文件总数 / 下载线程数"
taskObjectSizeLimit	每个子任务下载的数据量大小限制（bytes）
scanThreadCount	并行扫描文件的线程数，与扫描文件的效率有关
maxMultiThreadScanDepth	最大允许并行扫描目录的深度，采用默认值即可

3）提交迁移任务。提交任务的代码如下：

```
java -jar $work_dir/bin/ossimport2.jar -c $work_dir/conf/sys.properties submit $work_dir/local_job.cfg
```

需要注意的是：

1）若有同名任务正在执行，则提交任务会失败。

2）若需要暂停同步任务，可以停止 OSSImport2 进程，需要同步时重启 OSSImport2 进程即可，重启后会按照上次的进度继续上传。

3）若需要重新全量同步文件，可以先停止 OSSImport2 进程，再调用命令清除当前任务。假设当前任务名为 local_test（这个任务名配置在文件 local_job.cfg 中），命令如下：

```
java -jar $work_dir/bin/ossimport2.jar  -c $work_dir/conf/sys.properties
clean local_test
```

4）查看迁移任务状态，代码如下：

```
[root@iZ23gztmc8fZ local]# java -jar $work_dir/bin/ossimport2.jar -c $work_
dir/conf/sys.properties  stat detail
-------------job stats begin---------------
---------------job stat begin------------------
JobName:local_test
JobState:Running
PendingTasks:0
RunningTasks:1
SucceedTasks:0
FailedTasks:0
ScanFinished:true
RunningTasks Progress:
FD813E8B93F55E67A843DBCFA3FAF5B6_1449307162636:26378979/26378979 1/1
---------------job stat end------------------
-------------job stats end---------------
```

这里会显示当前任务的总体执行进度，并且会显示当前正在执行的 task 进度。例如，上文中的"26 378 979/26 378 979"表示"总共需要上传的数据量（26 378 979KB）/ 已经上传完成的数据量（26 378 979KB）"；"1/1"表示"总共需要上传的文件个数（1 个）/ 已经上传完成的文件个数（1 个）"。

迁移工具会将用户提交的一个 job 分解为多个 task 并行执行。当所有的 task 都执行完成之后，job 任务才算执行完成。任务执行完成之后，JobState 会显示为 Succeed 或者 Failed，表示任务执行成功或者失败。如果任务执行失败，可以通过如下命令查看各个 task 失败的原因（以下命令中的 $jobName 需要替换成对应的 job 名字，jobName 配置在文件 local_ job.cfg 中）。

```
cat $work_dir/master/jobs/$jobName/failed_tasks/*/audit.log
```

对于任务失败的情况，我们在工具中已经做了较为充分的重试，对于可能由于数据源或者目标源暂时不可用引起的失败情况，可以通过如下命令尝试重新执行失败的 task：

```
java -jar $work_dir/bin/ossimport2.jar  -c $work_dir/conf/sys.properties retry
$jobName
```

8.3　云上 OSS 应用实践

OSS 的使用场景广泛，基于 OSS 已有丰富的应用实践，客户可以灵活地进行权限管

理、安全防控、数据传输方式控制以及对传输的完整性进行校验等工作。下面我们重点选取
4 个场景进行说明。

8.3.1 OSS 权限控制

阿里云提供访问控制（Resource Access Management，RAM）和安全凭证管理（Security
Token Service，STS）服务，可以根据用户的需求使用不同权限的子账号来访问和管理 OSS，
也支持为用户提供访问 OSS 的临时授权。灵活使用 RAM 和 STS 能极大地提高管理的灵活
性和安全性。

RAM 和 STS 需要解决的一个核心问题是如何在不暴露主账号的 AccessKey 的情况下安
全地授权别人访问。因为一旦主账号的 AccessKey 暴露，会带来极大的安全风险，其他人
就可以随意操作该账号下所有的资源、盗取重要信息等。

RAM 提供的实际上是一种长期有效的权限控制机制，通过分出不同权限的子账号，将
不同的权限分配给不同的用户，一旦子账号泄露也不会造成全局信息泄露。但是，由于子账
号在一般情况下是长期有效的。因此，子账号的 AccessKey 也是不能泄露的。

相对于 RAM 提供的长效控制机制，STS 提供的是一种临时访问授权。通过 STS 可以
返回临时的 AccessKey 和 Token，这些信息可以直接发给临时用户以便他们访问 OSS。一般
来说，从 STS 获取的权限会受到更加严格的控制，并且有时间限制，因此这些信息即使泄
露，也不会对系统造成太大影响。

下面来解释一些基本概念。

- **子账号**：是指从阿里云的主账号中创建的子账号。在创建的时候可以为其分配独立
  的密码和权限，每个子账号拥有自己 AccessKey，可以和阿里云主账号一样正常地完
  成有权限的操作。一般来说，子账号可以理解为具有某种权限的用户，可以被认为
  是一个具有某些权限的操作发起者。
- **角色（role）**：表示某种操作权限的虚拟概念，但是没有独立的登录密码和 AccessKey。
  子账号可以扮演角色，扮演角色的时候的权限是该角色自身的权限。
- **授权策略（policy）**：用来定义权限的规则，比如允许用户读取或者写入某些资源。
- **资源（resource）**：代表用户可访问的云资源，比如 OSS 所有的 Bucket、OSS 的某个
  Bucket、OSS 的某个 Bucket 下面的某个 Object 等。

子账号和角色可以类比为某个人和其身份的关系。比如，某人在公司的角色是员工，
在家里的角色是父亲，在不同的场景下扮演不同的角色，但还是同一个人。在扮演不同的
角色的时候拥有对应角色的权限。单独的员工或者父亲的概念本身并不能作为一个操作的实
体，只有扮演相应的角色才能进行相应的操作。这里还体现了一个重要的概念，那就是角
色可以被多个不同的个人同时扮演。完成角色扮演之后，这个人就自动拥有该角色的所有
权限。

这里再用一个例子解释一下。某个阿里云用户名为 Alice，其 OSS 下有两个私有的

Bucket：alice_a 和 alice_b。Alice 对这两个 Bucket 拥有完全的权限。为了避免阿里云账号的 AccessKey 泄露导致安全风险，Alice 使用 RAM 创建了两个子账号 Bob 和 Carol。Bob 对 alice_a 拥有读写权限，Carol 对 alice_b 拥有读写权限。Bob 和 Carol 都拥有独立的 AccessKey，这样万一 AccessKey 泄露，也只会影响其中一个 Bucket，而且 Alice 可以很方便地在控制台取消泄露用户的权限。现在因为某些原因，需要授权让别人读取 alice_a 中的 Object，这种情况下不应该直接把 Bob 的 AccessKey 透露出去，那么可以新建一个角色，比如 AliceAReader，给这个角色赋予读取 alice_a 的权限。但是应注意，这个时候 AliceAReader 还是无法直接使用，因为并不存在对应 AliceAReader 的 AccessKey，AliceAReader 现在只表示一个拥有访问 alice_a 权限的一个虚拟实体。为了能获取临时授权，可以调用 STS 的 AssumeRole 接口，告诉 STS Bob 将要扮演 AliceAReader 这个角色。如果成功，STS 会返回临时的 AccessKeyId、AccessKeySecret 和 SecurityToken 作为访问凭证。将这个凭证发给需要访问的临时用户，就可以获得访问 alice_a 的临时权限了。凭证过期的时间在调用 AssumeRole 时指定。

乍一看，RAM 和 STS 的概念很复杂，因为这是为了权限控制的灵活性而牺牲了部分易用性。

将子账号和角色分开，主要是为了将执行操作的实体和代表权限集合的虚拟实体分开。如果用户本身需要的权限很多，比如读写权限，但是实际上每次操作只需要其中的一部分权限，那么我们就可以创建两个角色，分别向其授予读写权限，然后创建一个没有任何权限但可以拥有扮演这两个角色权限的用户。当用户需要读的时候，可以临时扮演其中拥有读权限的角色，写的时候同理，从而降低了每次操作中权限泄露的风险。通过扮演角色，可以将权限授予其他阿里云用户，更加便于协同使用。

当然，提供了灵活性并不表示一定要使用全部的功能，根据需求来使用其中的一个子集即可。比如，不需要带过期时间的临时访问凭证的话，完全可以只使用 RAM 的子账号功能而无须使用 STS。

8.3.2　OSS 防盗链

我们先通过一个例子解释一下什么是防盗链。假设 A 是网站站长，在 A 网站的网页里有一些图片和音频 / 视频的链接，这些静态资源都保存在阿里云对象存储 OSS 上。以图片为例，A 在 OSS 上存放的 URL 为 http://referer-test.oss-cn-hangzhou.aliyuncs.com/aliyun-logo.png。OSS 资源外链地址见 OSS 地址，这样的 URL（不带签名）要求用户的 Bucket 权限为公开读权限。

B 是另一个网站的站长，B 在未经 A 允许的情况下，偷偷将 A 的网站的图片资源放置在自己网站的网页中，通过这种方法盗取空间和流量。在这种情况下，第三方网站用户看到的是 B 的网站，但网站用户不知道也不关心网站里的图片来自哪里。由于 OSS 是按照使用量来收费的，这样用户 A 在没有获取任何收益的情况下，反而承担了资源使用的费用。因此，必须防止这种行为，可通过防盗链来保护正规用户的权益。

目前 OSS 提供的防盗链的实现方法主要有如下两种：

（1）设置 Referer

在 HTTP 中，有一个表头字段叫 Referer，采用 URL 的格式表示从哪里链接到当前的网页或文件。换句话说，通过 Referer，OSS 可以检测目标网页访问的来源网址，一旦检测到来源不是本站即进行阻止。

Referer 防盗链的优点是设置简单，在控制台即可操作，如图 8-12 所示。但其最大的缺点就是无法防止恶意伪造 Referer。如果盗链是通过应用程序模拟 HTTP 请求，伪造 Referer，则可以绕过用户防盗链设置。如果对防盗链有更高要求，可以采用下面介绍的签名 URL 防盗链。

图 8-12　Referer 防盗链

（2）签名 URL

OSS 提供了签名下载的方法，在实现中，OSS 用户可以在 URL 中加入签名信息，把该 URL 转给第三方实现授权访问。第三方用户只需要使用 HTTP 的 GET 请求访问此 URL 即可下载 Object。

签名 URL 首先需要设置 OSS Bucket 的权限为私有读，然后根据期望的超时时间（签名 URL 失效的时间）生成签名。下面是使用签名 URL 防盗链的完整示例代码，供读者参考。

```
/**
 * 访问阿里云对象存储服务（Object Storage Service, OSS）的入口类。
 */
public class OSSClient implements OSS {
/* The default credentials provider */
private CredentialsProvider
```

```
credsProvider;
/* The valid endpoint for accessing to OSS services */
private URI endpoint;
/* The default service client */
private ServiceClient
serviceClient;
/* The miscellaneous OSS operations */
private OSSBucketOperation bucketOperation;
private OSSObjectOperation
objectOperation;
private OSSMultipartOperation multipartOperation;
private CORSOperation corsOperation;
private OSSUploadOperation uploadOperation;
private OSSDownloadOperation downloadOperation;
private LiveChannelOperation
liveChannelOperation;
/**
* 使用默认的 OSS Endpoint (http://oss-cn-hangzhou.aliyuncs.com) 及
* 阿里云颁发的 Access Id/Access Key 构造一个新的 {@link OSSClient} 对象。
*
* @param accessKeyId
* 访问 OSS 的 Access Key ID。
* @param secretAccessKey
* 访问 OSS 的 Secret Access Key。
*/
@Deprecated
public OSSClient(String accessKeyId, String secretAccessKey) {
this(DEFAULT_OSS_ENDPOINT, new DefaultCredentialProvider(accessKeyId,
secretAccessKey));
}
/**
* 使用指定的 OSS Endpoint、阿里云颁发的 Access Id/Access Key 构造一个新的 {@linkOSSClient}
* 对象。
*
* @param endpoint
* OSS 服务的 Endpoint。
* @param accessKeyId
* 访问 OSS 的 Access Key ID。
* @param secretAccessKey
* 访问 OSS 的 Secret Access Key。
*/
public OSSClient(String endpoint, String accessKeyId, String secretAccessKey)
{this(endpoint, new DefaultCredentialProvider(accessKeyId, secretAccessKey),
null);
}
/**
* 使用指定的 OSS Endpoint、STS 提供的临时 Token 信息 (Access Id/Access Key/Security Token)
* 构造一个新的 {@link OSSClient} 对象。
*
* @param endpoint
* OSS 服务的 Endpoint。
```

```
 * @param accessKeyId
 * STS 提供的临时访问 ID。
 * @param secretAccessKey
 * STS 提供的访问密钥。
 * @param securityToken
 * STS 提供的安全令牌。
 */
public OSSClient(String endpoint, String accessKeyId, String secretAccessKey,
String securityToken) {
this(endpoint, new DefaultCredentialProvider(accessKeyId, secretAccessKey,
securityToken), null);
}
/**
 * 使用指定的 OSS Endpoint、阿里云颁发的 Access Id/Access Key、客户端配置
 * 构造一个新的 {@link OSSClient} 对象。
 *
 * @param endpoint
 * OSS 服务的 Endpoint。
 * @param accessKeyId
 * 访问 OSS 的 Access Key ID。
 * @param secretAccessKey
 * 访问 OSS 的 Secret Access Key。
 * @param config
 * 客户端配置 {@link ClientConfiguration}。如果为 null 则会使用默认配置。
 */
public OSSClient(String endpoint, String accessKeyId, String secretAccessKey,
ClientConfiguration config) {
this(endpoint, new DefaultCredentialProvider(accessKeyId, secretAccessKey),
config);
}
/**
 * 使用指定的 OSS Endpoint、STS 提供的临时 Token 信息 (Access Id/Access Key/Security
Token)、
 * 客户端配置构造一个新的 {@link OSSClient} 对象。
 *
 * @param endpoint
 * OSS 服务的 Endpoint。
 * @param accessKeyId
 * STS 提供的临时访问 ID。
 * @param secretAccessKey
 * STS 提供的访问密钥。
 * @param securityToken
 * STS 提供的安全令牌。
 * @param config
 * 客户端配置 {@link ClientConfiguration}。如果为 null 则会使用默认配置。
 */
public OSSClient(String endpoint, String accessKeyId, String secretAccessKey,
String securityToken,
ClientConfiguration config) {
this(endpoint, new DefaultCredentialProvider(accessKeyId, secretAccessKey,
securityToken), config);
```

```
}
/**
* 使用默认配置及指定的 {@link CredentialsProvider} 与 Endpoint 构造一个新的 {@link OSSClient}
对象。
* @param endpoint OSS services 的 Endpoint。
* @param credsProvider Credentials 提供者。
*/
public OSSClient(String endpoint, CredentialsProvider credsProvider) {
this(endpoint, credsProvider, null);
}
/**
* 使用指定的 {@link CredentialsProvider}、配置及 Endpoint 构造一个新的 {@link OSSClient}
对象。
* @param endpoint OSS services 的 Endpoint。
* @param credsProvider Credentials 提供者。
* @param config client 配置。
*/
public OSSClient(String endpoint, CredentialsProvider credsProvider, Client
Configuration config) {
this.credsProvider = credsProvider;
config = config == null ? new ClientConfiguration() : config; if
(config.isRequestTimeoutEnabled()) {
this.serviceClient = new TimeoutServiceClient(config);
} else {
this.serviceClient = new DefaultServiceClient(config);
}
initOperations();
setEndpoint(endpoint);
}
/**
* 获取 OSS services 的 Endpoint。
* @return OSS services 的 Endpoint。
*/
public synchronized URI getEndpoint() { return
URI.create(endpoint.toString());
}
/**
* 设置 OSS services 的 Endpoint。
* @param endpoint OSS services 的 Endpoint。
*/
public synchronized void setEndpoint(String endpoint) { URI
uri = toURI(endpoint);
this.endpoint = uri;
if (isIpOrLocalhost(uri))
{ serviceClient.getClientConfiguration().setSLDEnabled(true);
}
this.bucketOperation.setEndpoint(uri);
this.objectOperation.setEndpoint(uri);
this.multipartOperation.setEndpoint(uri);
this.corsOperation.setEndpoint(uri);
this.liveChannelOperation.setEndpoint(uri);
```

```
}
// generatePresignedUrl 签名 URL 实现的函数名称
// expiration 期望链接失效的时间
//  bucketName 需要用户自己的 bucket 名称
//  key 用户的 object 名称
public URL generatePresignedUrl(String bucketName, String key, Date
expiration) throws ClientException {
return generatePresignedUrl(bucketName, key, expiration, HttpMethod.GET);
}
```

8.3.3　客户端直传 OSS 的实践

OSS 提供了多种访问方式，最简单的一种方式是利用阿里云提供的 SDK 直接读写。直接读写的过程如图 8-13 所示。以写文件为例，用户将文件传到应用服务器，然后应用服务器通过 SDK 将文件写入 OSS。

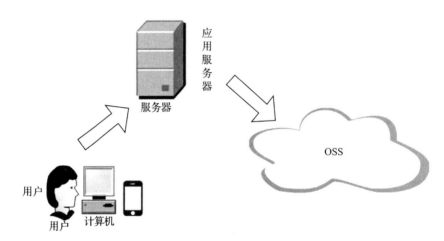

图 8-13　OSS 直接读写示意图

核心的示例代码如下：

```
import java.io.IOException;
import com.aliyun.oss.ClientException;
import com.aliyun.oss.OSSClient; import
com.aliyun.oss.OSSException;
import com.aliyun.oss.model.CompleteMultipartUploadResult; import
com.aliyun.oss.model.UploadFileRequest;
import com.aliyun.oss.model.UploadFileResult;
/**
* 断点续传上传用法示例
*
*/
public class UploadSample {
private static String endpoint = "<endpoint, http://oss-cn-hangzhou.aliyuncs.com>";
private static String accessKeyId = "<accessKeyId>";
```

```
private static String accessKeySecret = "<accessKeySecret>"; private
static String bucketName = "<bucketName>";
private static String key = "<downloadKey>"; private
static String uploadFile = "<uploadFile>";
public static void main(String[] args) throws IOException {
OSSClient ossClient = new OSSClient(endpoint, accessKeyId, accessKeySecret);
try {
UploadFileRequest uploadFileRequest = new UploadFileRequest(bucketName, key);
// 待上传的本地文件
uploadFileRequest.setUploadFile(uploadFile);
// 设置并发下载数，默认 1 uploadFileRequest.setTaskNum(5);
// 设置分片大小，默认 100KB uploadFileRequest.setPartSize(1024 * 1024 * 1);
// 开启断点续传，默认关闭
uploadFileRequest.setEnableCheckpoint(true);
UploadFileResult uploadResult = ossClient.uploadFile(uploadFileRequest);
CompleteMultipartUploadResult multipartUploadResult =
uploadResult.getMultipartUploadResult();
System.out.println(multipartUploadResult.getETag());
} catch (OSSException oe) {
System.out.println("Caught an OSSException, which means your request made it
to OSS, "
+ "but was rejected with an error response for some reason.");
System.out.println("Error Message: " + oe.getErrorCode());
System.out.println("Error Code: " + oe.getErrorCode());
System.out.println("Request ID: " + oe.getRequestId()); System.out.println("Host
ID: " + oe.getHostId());
} catch (ClientException ce) {
System.out.println("Caught an ClientException, which means the client encountered "
+ "a serious internal problem while trying to communicate with OSS, "
+ "such as not being able to access the network.");
System.out.println("Error Message: " + ce.getMessage());
} catch (Throwable e) { e.printStackTrace();
} finally
{ ossClient.shutdown();
}
}
}
```

这种方法有三个缺点：

1）上传慢，因为要先上传到应用服务器，再上传到 OSS，网络传送量多了一倍。

2）扩展性不好，后续用户非常多的时候，应用服务器会成为瓶颈。

3）费用高，因为 OSS 上传流量是免费的。如果数据直传到 OSS，不经过应用服务器，那么能省下几台应用服务器。

为解决上述缺点，OSS 提供了另外的一种方法，即通过服务端签名后，从客户端直传 OSS 并设置上传回调，如图 8-14 所示。

用户的请求逻辑如下：

1）用户向应用服务器请求上传 policy 和回调设置。

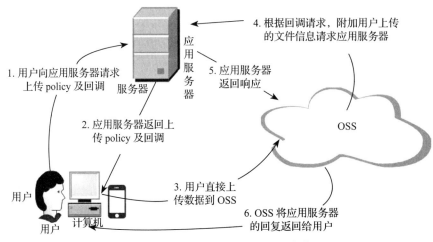

图 8-14　服务端签名后从客户端直传

2）应用服务器返回上传 policy 和回调。　.

3）用户直接向 OSS 发送文件上传请求。

4）等文件数据上传完毕，OSS 给用户响应前，OSS 会根据用户的回调设置，请求用户的服务器。

5）如果应用服务器返回成功，那么就返回用户成功；如果应用服务器返回失败，那么 OSS 也返回给用户失败。这样可以确保用户上传成功的照片，应用服务器都已经收到通知了。

6）应用服务器给 OSS 返回通知。

7）OSS 将应用服务器返回的内容返回给用户。当网页端上传时，网页端向服务端请求签名，然后直接上传，不会对服务端产生压力，安全可靠。当 OSS 收到用户的上传请求之后，开始上传，完成之后不会直接给用户返回结果，而是先通知用户的应用服务器："我上传完毕了"，然后应用服务器告知 OSS："我知道啦，你帮我转达给我的主人吧"，于是 OSS 会将结果转达给用户。

核心的示例代码如下：

```
/**
* 上传回调使用示例
*
*/
public class CallbackSample {
private static String endpoint = "*** Provide OSS endpoint ***"; private
static String accessKeyId = "*** Provide your AccessKeyId ***";
private static String accessKeySecret = "*** Provide your AccessKeySecret
***";
private static String bucketName = "*** Provide bucket name ***";
// 您的回调服务器地址，如 http://oss-demo.aliyuncs.com:23450 或 http://0.0.0.0:9090
private static final String callbackUrl = "<yourCallbackServerUrl>"; public
```

```
static void main(String[] args) throws IOException {
OSSClient ossClient = new OSSClient(endpoint, accessKeyId, accessKeySecret);
try {
String content = "Hello OSS";
PutObjectRequest putObjectRequest = new PutObjectRequest(bucketName, "key",
new ByteArrayInputStream(content.getBytes()));
Callback callback = new Callback(); callback.setCallbackUrl(callbackUrl);
callback.setCallbackHost("oss-cn-hangzhou.aliyuncs.com");
callback.setCallbackBody("{\\\"bucket\\\":${bucket},\\\"object\\\":${object},"
+ "\\\"mimeType\\\":${mimeType},\\\"size\\\":${size},"
+ "\\\"my_var1\\\":${x:var1},\\\"my_var2\\\":${x:var2}}");
callback.setCalbackBodyType(CalbackBodyType.JSON);
callback.addCallbackVar("x:var1", "value1");
callback.addCallbackVar("x:var2", "value2");
putObjectRequest.setCallback(callback);
PutObjectResult putObjectResult = ossClient.putObject(putObjectRequest);
byte[] buffer = new byte[1024];
putObjectResult.getCallbackResponseBody().read(buffer);
putObjectResult.getCallbackResponseBody().close();
} catch (OSSException oe) {
System.out.println("Caught an OSSException, which means your request made it
to OSS, "
+ "but was rejected with an error response for some reason.");
System.out.println("Error Message: " + oe.getErrorCode());
System.out.println("Error Code: " + oe.getErrorCode());
System.out.println("Request ID: " + oe.getRequestId());
System.out.println("Host ID: " + oe.getHostId());
} catch (ClientException ce) {
System.out.println("Caught an ClientException, which means the client
encountered "
+ "a serious internal problem while trying to communicate with OSS, "
+ "such as not being able to access the network.");
System.out.println("Error Message: " + ce.getMessage());
} finally { ossClient.shutdown();
}
}
}
```

8.3.4　数据传输完整性校验

数据在客户端和服务器之间传输时有可能会出错。OSS 现在支持对各种方式上传的 object 返回其 CRC 64 值，客户端可以和本地计算的 CRC 64 值进行对比，从而完成数据完整性的验证。

- OSS 对新上传的 object 进行 CRC 64 的计算，并将结果存储为 object 的元信息，随后在返回的 response header 中增加 x-oss-hash-crc64ecma 头部，表示其 CRC 64 值。该 64 位 CRC 根据 ECMA-182 标准计算得出。
- 对于 CRC 64 上线之前就已经存在于 OSS 上的 object，OSS 不会对其计算 CRC 64 值。所以获取此类 object 时不会返回其 CRC 64 值。

下面是完整的 Java 示例代码，演示了如何基于 CRC 64 值验证数据传输的完整性。

```java
import java.io.ByteArrayInputStream;
import java.io.IOException;
import java.io.InputStream;
import com.aliyun.oss.ClientException;
import com.aliyun.oss.InconsistentException;
import com.aliyun.oss.OSSClient;
import com.aliyun.oss.OSSException;
import com.aliyun.oss.common.utils.IOUtils;
import com.aliyun.oss.internal.OSSUtils;
import com.aliyun.oss.model.AppendObjectRequest;
import com.aliyun.oss.model.AppendObjectResult;
import com.aliyun.oss.model.OSSObject;
import com.aliyun.oss.model.UploadFileRequest;
import junit.framework.Assert;
/**
* 上传 / 下载数据校验用法示例
*
*/
public class CRCSample {
private static String endpoint = "<endpoint, http://oss-cn-hangzhou.aliyuncs.
com>";
private static String accessKeyId = "<accessKeyId>";
private static String accessKeySecret = "<accessKeySecret>"; private
static String bucketName = "<bucketName>";
private static String uploadFile = "<uploadFile>"; private
static String key = "crc-sample.txt";
public static void main(String[] args) throws IOException
{ String content = "Hello OSS, Hi OSS, OSS OK.";
// 上传 / 下载默认开启 CRC 校验，如果不需要，请关闭 CRC 校验功能
// ClientConfiguration config = new ClientConfiguration();
// config.setCrcCheckEnabled(false);
// OSSClient ossClient = new OSSClient(endpoint, accessKeyId, accessKeySecret);
OSSClient ossClient = new OSSClient(endpoint, accessKeyId, accessKeySecret); try {
// 开启 CRC 校验后，上传 (putObject/uploadPart/uploadFile) 自动开启 CRC 校验，使用方法与原
来相同。
// appendObject 需要出 AppendObjectRequest.setInitCRC 才会 CRC 校验
ossClient.putObject(bucketName, key, new ByteArrayInputStream(content.
getBytes()));
ossClient.deleteObject(bucketName, key);
// 追加上传，第一次追加
AppendObjectRequest appendObjectRequest = new AppendObjectRequest(bucketName,
key, new ByteArrayInputStream(content.getBytes())).withPosition(0L);
appendObjectRequest.setInitCRC(0L);
AppendObjectResult appendObjectResult = ossClient.appendObject(appendObjectReq
uest);
// 追加上传，第二次追加
appendObjectRequest = new AppendObjectRequest(bucketName, key,
new ByteArrayInputStream(content.getBytes()));
```

```
appendObjectRequest.setPosition(appendObjectResult.getNextPosition());
appendObjectRequest.setInitCRC(appendObjectResult.getClientCRC());
appendObjectResult = ossClient.appendObject(appendObjectRequest);
ossClient.deleteObject(bucketName, key);
// 断点续传上传，支持 CRC 校验
UploadFileRequest uploadFileRequest = new UploadFileRequest(bucketName, key);
// 待上传的本地文件
uploadFileRequest.setUploadFile(uploadFile);
// 设置并发下载数，默认 1 uploadFileRequest.setTaskNum(5);
// 设置分片大小，默认 100KB uploadFileRequest.setPartSize(1024 * 1024 * 1);
// 开启断点续传，默认关闭
uploadFileRequest.setEnableCheckpoint(true);
ossClient.uploadFile(uploadFileRequest);
// 下载 CRC 校验，注意范围下载不支持 CRC 校验，downloadFile 不支持 CRC 校验
OSSObject ossObject = ossClient.getObject(bucketName, key);
Assert.assertNull(ossObject.getClientCRC());
Assert.assertNotNull(ossObject.getServerCRC());
InputStream stream = ossObject.getObjectContent();
while (stream.read() != -1) {
}
stream.close();
// 校验 CRC 是否一致
OSSUtils.checkChecksum(IOUtils.getCRCValue(stream), ossObject.getServerCRC(),
ossObject.getRequestId());
    ossClient.deleteObject(bucketName, key);
    } catch (OSSException oe) {
    System.out.println("Caught an OSSException, which means your request made it
to OSS, "
    + "but was rejected with an error response for some reason.");
    System.out.println("Error Message: " + oe.getErrorCode());
    System.out.println("Error Code: " + oe.getErrorCode());
    System.out.println("Request ID: " + oe.getRequestId()); System.out.
println("Host ID: " + oe.getHostId());
    } catch (ClientException ce) {
    System.out.println("Caught an ClientException, which means the client
encountered "
    + "a serious internal problem while trying to communicate with OSS, "
    + "such as not being able to access the network.");
    System.out.println("Error Message: " + ce.getMessage());
    } catch (InconsistentException ie) { System.out.println("Caught
an OSSException"); System.out.println("Request ID: " +
ie.getRequestId());
    } catch (Throwable e) { e.printStackTrace();
    } finally
    { ossClient.shutdown();
    }
    }
    }
```

云上应用容量评估与优化

9.1 应用容量规划概述

容量规划是指根据应用系统业务和应用系统性能数据来分析当前系统的情况、预测业务应用系统云基础设施未来的使用情况以及为满足预计的业务服务需求所需要的云资源，从而制定容量计划的过程。容量规划将业务量、服务等级、应用系统性能统一规划管理，建立三者之间的关系模型，帮助企业有效管理云基础设施投入成本、提高应用系统服务输出能力。

容量规划的意义和价值体现在以下几方面：

- **降低采购成本**：对现有系统进行容量规划可以确定最优化的云基础设施资源配置并指导投资预算。
- **增强业务应用系统可靠性**：进行容量规划能够准确预测资源或容量的过度负载时间点，降低系统宕机概率。
- **提高业务应用系统可用性**：通过短期、不间断的容量规划，可以及时监控服务质量要求和响应时间的差距，提前采取措施，避免服务质量降低。

容量规划的目标及需要解决的问题可归纳为以下几点：

- 评估业务应用系统云基础设施是否满足目前的业务需求。
- 评估业务应用系统是否充分利用当前的云基础设施资源。
- 预测未来一段时间内云基础设施资源是否满足业务需求。
- 预测在业务量增长的情况下，云基础设施资源什么时候需要扩容？怎么扩容？

容量规划一般可以从两方面着手：资源极限分析和资源因素分析。下面分别予以介绍。

1. 资源极限分析

资源极限分析主要研究在负载之下会成为系统瓶颈的资源。研究步骤如下：

- 测量云产品服务被请求的频率，并监控请求频率随时间的变化。
- 测量云产品服务和应用软件的使用，并监控资源利用率随时间的变化。
- 用资源的使用来表示云服务器的请求情况。
- 根据每个资源来推断云产品服务请求的极限。

在资源极限分析方法中，首先要识别云产品服务类型及云产品服务所服务的请求类型。例如，基于 ECS 构建 Web 服务器服务 HTTP 请求、基于 ECS 构建缓存数据库服务缓存查询请求、RDS 数据库服务数据查询请求。

接下来要判断请求会消耗哪些系统资源。对于已上线系统，与资源利用率相应的当前请求率是可以测量出来的。先推断出哪个资源先达到 100% 的利用率或者警戒阈值，然后看看那时候请求率会是多少。

对于未上线系统，可以使用负载压测工具在测试环境里模拟要施加的请求，同时测量资源的使用情况。可以施加充足的工作负载，然后通过测量的方式找到资源极限或警戒阈值。

需要监控的资源如下：

- **云产品服务**：CPU 利用率、内存利用率、磁盘 IOPS、磁盘吞吐量、磁盘容量、网络吞吐量等。
- **应用软件**：进程 / 线程 / 队列、文件描述符、TCP 连接、虚拟内存使用情况等。

比如，当前系统每秒执行 1000 个请求，系统的资源是 16 个 CPU，其平均利用率是 50%，预测当 CPU 利用率为 85% 时会成为工作负载的瓶颈，怎样计算瓶颈时支撑的业务请求数？现在可以计算每秒请求消耗的 CPU 及 CPU 利用率为 85% 时可支持的请求数：

- 每个请求消耗的 CPU%= 总的 CPU%/ 请求总数 =16CPU*50%/1000= 每个请求消耗 0.8%CPU
- 每秒最大请求数 =85%*16CPU/ 每个请求消耗 0.8%CPU=1360/0.8= 每秒 1700 请求

在 CPU 利用率为 85% 时，预测请求会达到每秒 1700 个。这是一个粗略的预测，在达到该请求速率之前可能会遇到其他的限制因素。

上述做法只用了一个数据点：应用程序每秒 1000 个请求的吞吐量和服务器 CPU 50% 的利用率。如果监控一段时间，可以收集到多个不同的吞吐量和利用率的数据值，这样就可以提高预测的精确性。图 9-1 给出的资源极限分析预测图是根据监控的多个数据值进行拟合计算而推断出应用程序最大吞吐量的一个方法。

2. 资源因素分析

在购买云服务和部署新系统时，通常需要调整很多约束以达到理想的性能。需要调整的约束包括 CPU 核数、内存的大小、云磁盘类型及存储容量等，一般采用最小化的成本来实现应用系统需要的性能。

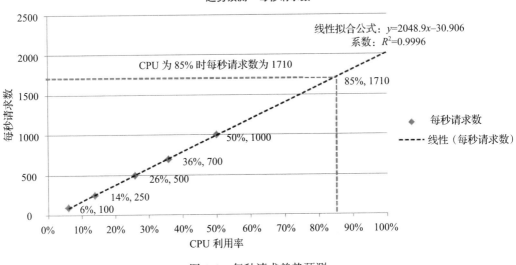

图 9-1 每秒请求趋势预测

　　应对所有可能的组合进行测试评估，从而决定哪个组合具有最佳的性价比。但是，进行这样的测试评估将会消耗很多精力，比如测试八种可能的因素就需要 256 次测试评估。

　　解决方法是测试评估一个组合的有限集合，基于木桶原理来进行因素分析。比如，使用下面这个方法：

- 测试评估所有因素都设置为最大时的性能。
- 逐一改变因素，并评估性能（每一个因素的改动都会引起性能下降）。
- 基于评估的结果，统计每个因素变化引起的性能下降的百分比以及所节省的云产品资源成本。
- 将最高的性能作为起始点，选择能节省成本的因素，同时确保组合后的下降的性能仍可以满足所需业务性能需求。
- 重新测量改变过的配置，确认所交付的性能。

对于八种因素的应用系统，利用上述方法只需 10 次测试，极大简化了测试工作。

9.2　应用容量压测评估方法

　　容量可以理解为预先分配给特定应用系统的资源上限，比如流量、带宽等。像交通系统一样，信息系统是通过网络、接口等彼此衔接的，交通是否顺畅受道路的宽窄、信号灯的变动、临时控制措施等的影响，所以应用系统运行是否顺畅将受容量配置的影响。

系统容量风险是常见的系统技术风险之一，是指由于促销活动、云产品资源限制等引起的软件系统不足以支撑业务运行的风险，可能导致业务的终止或交易缓慢。在防范系统容量风险的过程中，容量评估发挥着越来越重要的作用。

容量评估主要包含以下内容：

- **容量指标及约束条件（SLA 服务指标）**：选取容量指标衡量云产品服务的处理能力及确认约束条件作为容量压测停止条件。
- **业务流量建模**：通过生产系统的真实业务场景进行建模。
- **容量压测**：根据流量建模的模型实施性能压测，获取系统容量。
- **容量预测**：根据业务需求目标和容量评估结果进行容量预测。

1. 容量指标设定

不同的应用系统选取的容量指标和约束条件是完全不同的。容量指标主要用于衡量系统的处理能力，而约束条件是压测停止的信号。例如，对于 CPU 密集型的系统，我们常常会选择 TPS（每秒处理请求数）作为系统的容量指标来衡量系统的处理能力，而约束条件中会重点关注 CPU 的使用率是否率先成为瓶颈；对于存储型的系统，选择流量（MB/S）作为容量指标，存储型的系统 TPS 依赖于业务数据大小，所以流量更适合作为特征系统的处理能力，而约束条件最先成为瓶颈的是网络流量或者 I/O。

约束条件常常包括业务指标和资源指标。其中只要有一项指标达到临界值，则停止压测，并将当前容量指标的值作为系统的最大处理能力。例如，某项服务关于质量要求响应时间不超过 2 秒，那么当响应时间达到临界值时，尽管其他指标并没有达到极限，也会把此时的指标作为集群最大处理能力。因此，约束条件的选取原则有两个：①业务需求；②资源使用瓶颈。这样的原则既能保证产品的服务质量，又能保证系统的安全。

2. 系统处理能力

系统处理能力是指系统利用云服务资源平台和应用软件平台进行信息处理的能力。系统处理能力通过系统每秒能够处理的交易数量来评价。交易可以从两个角度来理解：一是从业务人员角度，交易是一笔业务过程；二是从系统角度，交易是一次交易申请和响应过程。前者称为业务交易过程，后者称为事务。两种交易指标都可以评价应用系统的处理能力。一般的建议与系统交易日志保持一致，以便于统计业务量或者交易量。

一般情况下，用以下几个指标来度量系统处理能力：

- HPS（Hits Per Second）：每秒点击次数，单位是次 / 秒。
- TPS（Transaction Per Second）：系统每秒处理交易数，单位是笔 / 秒。
- QPS（Query Per Second）：系统每秒处理查询次数，单位是次 / 秒。

在互联网业务中，如果某些业务有且仅有一个请求连接，那么 TPS=QPS=HPS。一般情况下用 TPS 来衡量整个业务流程，用 QPS 来衡量接口查询次数，用 HPS 来表示对服务器的点击请求。

3. 约束条件（SLA 服务指标）

（1）响应时间

响应时间指用户从客户端发起一个请求开始，到客户端接收到从服务器端返回的响应结束，整个过程所耗费的时间。在性能检测中，一般以测试环境中压力发起端至服务器返回处理结果的时间来计量响应时间，单位一般为秒或毫秒，该时间不同于模拟真实环境的用户体验时间。

平均响应时间是指系统稳定运行时间段内，同一业务交易的平均响应时间。一般而言，业务交易响应时间均指平均响应时间。

平均响应时间的指标值应根据不同的业务交易分别设定，一般情况下，不同行业不同业务可接受的响应时间是不同的。对于在线实时交易，响应时间规定如下：

- 互联网企业：500ms 以下，例如淘宝业务在 10ms 左右。
- 金融企业：1s 以下为佳，部分复杂业务要求 3s 以下。
- 保险企业：3s 以下为佳。
- 制造业：5s 以下为佳。

对于批量交易：

- 时间窗口（批量交易处理响应时间）：对于不同数据量结果是不一样的，大数据量的情况下，2 小时内完成。

（2）错误率

错误率指系统在负载情况下交易失败的概率，其公式为

$$错误率 = （失败交易数 / 交易总数）\times 100\%$$

稳定性较好的系统，其错误率应该由超时引起，即超时率。

不同系统对错误率的要求不同，但一般不超出千分之三，即成功率不低于 99.7%。

（3）CPU 利用率

CPU 指标主要指 CPU 利用率，其中包括用户态（user）CPU 利用率、系统态（sys）CPU 利用率、等待态（wait）CPU 利用率和空闲态（idle）CPU 利用率。

CPU 利用率要低于业界警戒值范围之内，即小于或者等于 75%；CPU 系统态利用率应小于或者等于 30%，CPU 等待态利用率应小于或者等于 5%。

（4）内存利用率

现代的操作系统为了最大程度地利用内存，在内存中设置了缓存，因此内存利用率 100% 并不代表内存有瓶颈，衡量系统内是否有瓶颈主要看 SWAP（与虚拟内存交换）交换空间利用率，一般情况下，SWAP 交换空间利用率要低于 70%，太多的交换将会引起系统性能低下。

（5）磁盘吞吐量

磁盘吞吐量是指在无磁盘故障的情况下单位时间内通过磁盘的数据量。磁盘指标主要有每秒读写多少兆、磁盘繁忙率、磁盘队列数、平均服务时间、平均等待时间和空间利用

率。其中磁盘繁忙率是直接反映磁盘是否有瓶颈的的重要依据，一般情况下，磁盘繁忙率要低于 70%。

（6）网络吞吐量

网络吞吐量是指在无网络故障的情况下单位时间内通过网络的数据数量，单位为 Byte/s。网络吞吐量指标用于衡量系统对于网络设备或链路传输能力的需求。当网络吞吐量指标接近网络设备或链路最大传输能力时，则需要考虑升级网络设备。

网络吞吐量指标主要有每秒有多少兆流量进出，一般情况下不能超过设备或链路最大传输能力的 70%。

4. 业务流量建模

对于已经上线的系统可以采取以下方式对业务流量进行建模。

（1）交易量分析

进行系统交易量分析主要考虑以下几个方面：

1）**历史峰值交易日的交易量**：分析系统在历史最高交易日系统的交易情况，有利于分析系统可能承受的最大交易量，在容量评估环境中可以按照预期进行实际的测试评估，并尽早发现在峰值运行期间系统可能出现的一些异常情况，为实际生产系统的容量性能做参考。主要包括最高交易日业务的构成、占比、系统资源等消耗情况，比如峰值期间 CPU、内存、I/O 等资源的消耗情况，以及交易响应时间、交易吞吐量、交易成功率等应用方面的指标。

2）**特殊交易日的交易量**：某些系统在一些特定的日期，其业务与普通交易日的业务类型或者业务量占比是不同的，比如促销、双十一、证券系统在基金申购日或国债发行日等特殊日期。此外，不同的系统在节假日或工作日内其业务量和占比也有可能是不同的。

3）**不同交易渠道发起的交易量**：针对同一系统可能会有不同的发起终端，进行交易量分析时要考虑到从不同交易渠道发起的交易量情况，以便在容量评估环境中进行同样比例的模拟。比如，对于电子购物网站，购物发起端主要有 PC 端和手机端、支付的时候主要涉及各大银行、支付宝、快钱等；再如，对证券系统，发起的途径有网点柜台、自助设备、电话委托、网上银行、手机银行等渠道。因此，进行业务量分析时要分别统计出从不同渠道发起的交易量的占比情况。

（2）交易占比分析

交易占比分析主要对系统的业务规模进行定量的分析，确定在特定条件下系统各业务的占比关系。交易占比分析同交易量的分析类似，也要区分不同的场景下系统业务的构成：

1）**历史峰值交易日的交易配比**：根据之前的分析，我们得出系统在历史峰值交易日的交易量，同时要分析在此期间内主要的业务构成，可以考察交易量前 10 位或者前 20 位的交易主要是什么样的交易，这些交易占总交易量的百分比，进而换算统计这些业务之间的比例关系是怎样的。依据同样的比例关系可以在容量评估环境下进行同比例的模拟测试评估，以保证测试评估的准确性和有效性。

2）**特殊交易日的交易配比**：同样，在特殊交易日的业务构成和各业务占比也采用上面的方法进行统计。

3）**不同交易渠道发起的交易配比**：这里主要是对各交易发起方式进行量化的分析，在进行容量测试时，测试评估人员可以比较直观地了解如何对系统进行加压。

（3）单支交易分析

单支交易分析是指针对具体一支交易进行深入调研与分析，从而清楚地理解特定交易在不同系统之间的调用关系和实际处理过程。结合容量评估的环境及时间要求，在业务分析过程中，可能无法在短期内完成所有交易的分析，但必须对关键交易、代表性交易进行分析，特别是对不同路径的代表性交易进行分析，以便于后续建立相关测试评估模型。

单支交易调查内容主要包括：

- **交易功能描述**：描述交易的基本业务功能。
- **交易交换处理流程**：对于跨系统交易，应描述其关联系统以及在不同系统间的交换过程、对应的交易码/交易名称、主要处理逻辑，以及流转顺序。
- **交易操作说明**：描述交易的发起方、发起方式、具体操作及步骤。
- **交易数据说明**：描述交易的输入/输出、涉及的系统数据、业务参数等。

（4）典型交易分析

典型交易是指具有代表性的重要交易，包括几个方面的代表性：

- 业务功能代表性或交易类型的代表性。
- 交易量的代表性。
- 交易路径的代表性。
- 处理逻辑的代表性。
- 开发人员挑选的交易。
- 有业务发展趋势的交易。
- 资源消耗高的交易。

另外，还可以包括一些关键交易或重点交易，例如高服务级别、关键数据处理类的交易，这些交易也是在业务系统容量评估测试中需要重点了解的内容。通过分析这些典型交易，能快速全面地理解系统的处理环节和处理过程；理解从不同渠道发起的交易，要经过不同的交易系统。

（5）日终批量交易分析

日终批量分析主要考虑以下几方面的内容：

1）**日终批量处理的基本流程**。首先要分析批量处理的业务流程。我们可以从日终批处理任务的基本步骤着手，逐一分析出每一步进行的业务功能、需要处理的交易量、可能耗费的时间等。在这个过程中，可以建立一个批处理的表格，从而详细统计一些关键的业务或技术信息。表 9-1 给出了一个简单的样例。

表 9-1　日终批量业务样例

步骤	任务名称	业务量	预计耗时
BT1	批量发红包	总记录 3 000 万，共 35 个省市	20min 以内
BT2	批量推送	总记录 3 000 万，共 35 个省市	30min 以内
……	……	……	……

2）**日终批量处理的时间窗口**。日终批量处理的时间消耗如果大于设定的时间窗口，必然会影响日间其他业务的正常运转。

3）**日终批量处理失败后的异常处理**。这一点是在系统架构设计时需要考虑的问题。在这里列出来是便于在容量评估环境中对这些异常情况进行模拟，验证对应的解决方案是否正确、完善。

（6）日终批量数据分析

日终批量数据处理分析的数据包含系统历史数据、日交易流水数据。另外，处理过程中应考虑是否包含数据转换等其他涉及数据处理的问题。

1）**系统历史数据量**。这个阶段主要分析系统目前沉淀下来的历史数据量的规模，分析系统业务处理是运行在怎样的一个数据量级上，涉及数据记录总数和数据存储占用的磁盘空间大小等。这对于在容量评估环境中准备基础数据量具有很大指导意义，如果容量评估环境的数据量级和生产系统相差很远，则测试结果的真实性和准确性必将大打折扣。

2）**日交易记录数据量**。这个阶段主要分析系统的日间处理会生成多少笔记录，以及这些记录占用多少磁盘空间。这样，在测试环境中准备测试数据时，能够对需要花费的时间和空间有初步的估算。

3）**数据转换规则**。这里主要分析各系统之间的数据转换规则、采用何种技术实现、不同数据级的耗时情况、处理中是否需要人为手工干预、处理过程能否监控等问题。

（7）样例

下面来看一个例子。通过分析某系统历史业务高峰期的业务量，发现某 4 天的最高峰时段 10min 内的交易量是不同的，其中有两天高峰时段 DGZZ 的业务量占比在 50% 左右，而另外两天高峰时段 DGZZ 的业务量占比在 20% 左右，业务占比差距很大，因此在测试评估的时候，需要建立两个不同的业务模型，如图 9-2 所示。

已上线系统相关分析的方法也同样适用于未上线系统，由于未上线系统没有具体的业务量作为参考，业务类型和占比只能依靠业务部分预估。但预估毕竟存在误差，也无法很精确地模拟现实中的场景，因此对于未上线系统，应本着尽量减少风险的原则选取业务模型。

- 应尽可能多地选取典型业务。
- 至少做 5 个梯度单交易负载，查看服务器资源消耗情况。
- 重新评估业务模型，如果资源消耗比较高的业务在业务模型中占比很低，那么业务量一旦爆发，将存在很大的性能风险。因此，混合交易的时候，需要提高此业务占比。

Name	Name	SingleBusinessRatio
业务模型1	DGZZ	0.607462712911482
业务模型1	BFWG	0.0374583002382844
业务模型1	GCX8	0.0279763480716618
业务模型1	GKG6	0.187662165740005
业务模型1	BUSI_6	0.026705498190804
业务模型1	D_QIUT	0.0215867972817933
业务模型1	GCZJ	0.0197581855087812
业务模型1	EWSA..	0.0601253199188068
业务模型1	DGZZ1	0.00636641060717...
业务模型1	GRW1	0.0112646721383841

Name	Name	SingleBusinessRatio
业务模型2	DGZZ	0.51631467418958
业务模型2	BFWG	0.0423840163855235
业务模型2	GCX8	0.0297792720550822
业务模型2	GKG6	0.231873836621387
业务模型2	BUSI_6	0.0350028017699457
业务模型2	D_QIUT	0.027615146303918
业务模型2	GCZJ	0.0311447323504596
业务模型2	EWSA..	0.0707301992155044
业务模型2	DGZZ1	0.00757451390739...
业务模型2	GRW1	0.0151553211085992

Name	Name	SingleBusinessRatio
业务模型3	DGZZ	0.247430328165842
业务模型3	BFWG	0.0768641550187528
业务模型3	GCX8	0.0406316958971151
业务模型3	GKG6	0.343820193704433
业务模型3	BUSI_6	0.0712193304189108
业务模型3	D_QIUT	0.0373089782844421
业务模型3	GCZJ	0.0464421388226607
业务模型3	EWSA..	0.0953961555846154
业务模型3	DGZZ1	0.0119521225023549
业务模型3	GRW1	0.0289349016468672

Name	Name	SingleBusinessRatio
业务模型4	DGZZ	0.187531291627347
业务模型4	BFWG	0.113202108259169
业务模型4	GCX8	0.0476512694159807
业务模型4	GKG6	0.350187067037665
业务模型4	BUSI_6	0.0758190441223324
业务模型4	D_QIUT	0.0514381252636083
业务模型4	GCZJ	0.0330075464026387
业务模型4	EWSALE	0.109560900713373
业务模型4	DGZZ1	0.0128291879196871
业务模型4	GRW1	0.0187734592381987

图 9-2 4 天高峰时段抓取的业务比例模型

5. 容量评估实施

（1）容量评估环境准备

容量评估环境分为生产环境、测试评估环境等。进行容量评估之前，需要一套测试评估环境，那么如何搭建、配置测试评估环境成为容量评估之前的核心问题。

容量评估结果是要为生产系统服务的，那么理想的容量评估的关键就是生产环境，但是由于某种因素，不可能重新生成一套生产环境，有时必须对其进行"裁剪"生成评估环境。

测试评估环境的风险主要体现在与生产环境差异太大，测试评估结果无法带来参考价值。对测试评估环境系统平台、中间件、数据库等不熟悉，也会导致不易对容量瓶颈进行分析和调优等。

搭建测试评估环境时需满足如下规范：

- 测试评估环境架构与生产环境架构完全相同。

- 测试评估环境所用机型与生产环境的云服务器尽量相同。
- 测试评估环境所用软件版本与生产环境所用软件版本完全相同，主要涉及操作系统、中间件、数据库、应用等的版本。
- 测试评估环境的参数配置与生产环境完全相同。这里的参数主要包括操作系统参数、中间件参数、数据库参数、应用参数。
- 测试评估环境的基础数据量与生产环境的基础数据量需在同一个数量级上。
- 只能减少测试评估环境中云服务器台数，并且需要同比例缩小，而不能只减少某一层的云服务器台数。

调研测试评估环境时，需要涵盖如下内容：

- **系统架构：** 应调研系统如何组成、每一层的功能是什么、与生产环境有多大差异，这主要用于后面的瓶颈分析服务和评估生产环境性能。
- **操作系统平台：** 调研操作系统使用哪种平台，以便为工具监控进行服务。
- **中间件：** 应用哪种中间件，以便为工具监控和定位瓶颈服务。
- **数据库：** 应用哪种数据库，以便为工具监控和定位瓶颈服务。
- **应用：** 调研启动了多少个实例、启动参数是多少，为查找问题和定位瓶颈服务。

（2）建立容量评估测试模型

测试模型是在业务流量模型的基础上演变而来的。一般情况下，测试模型和业务流量模型是相同的，但是由于某种业务无法模拟或者基于安全原因，需要去掉此笔业务，重新计算占比得出测试模型。

（3）选择容量评估测试类型

测试类型分为单交易容量测试、混合交易容量测试、业务突变测试、混合交易稳定性测试、批量测试和批量测试对混合交易容量的影响测试等。每种测试评估类型针对不同的目的，可以根据生产系统的实际情况进行选择。

如果时间充足，建议对大部分测试评估类型进行测试，也可以参考以下规范：

- 单交易容量测试：可选，未上线系统建议做负载，查看资源消耗。
- 混合交易容量测试：必须进行。
- 业务突变测试：可选。
- 混合交易容量稳定性测试：必须进行。
- 批量测试：可选。
- 批量测试对混合交易的影响测试：可选。

（4）准备容量评估测试数据

数据量主要包括基础数据量（也称为历史数据量、垫底数据量、数据库中已有的数据量）和参数化数据量。数据量在容量评估中也具有非常重要的作用。

对于只有几条记录和有几亿条记录的数据库，在其中查询信息的结果肯定相差非常大。随着业务量的增长，记录会越来越多，因此在容量评估测试过程中，需要与实际生产相同级别的数据量。

由于生产系统中不同业务使用不同的数据，因此我们在测试的时候也需要考虑参数化数据量的大小和数据分布的问题。

如果测试的基础数据量与生产环境的基础数据量不在同一个数量级，将会导致相关指标（例如响应时间）与生产环境相差太多，甚至导致测试评估结果没有参考意义。一般情况下需要考虑未来三年的数据量增长趋势，如果增长过快则需要在测试环境中制造同样量级的数据。

如果参数数据量过少或未考虑数据分布，将会导致测试结果不真实，甚至测试结果没有参考意义。参数化数据量尽可能多，必要时，可以清除缓存或者用写代码的方式提供参数化。另外，如果业务有明显的地域分布的特征，需要考虑数据分布的情况。

（5）开发容量评估脚本

脚本用来模拟生产环境系统的业务操作，脚本模拟的正确与否直接影响系统的性能。模拟业务操作的时候，需要参数化数据，对于参数化数据的分布及数据量前面已经分析过了。

脚本"空转"（业务没有成功）或业务逻辑与实际生产环境差距太大将会导致测试结果没有参考价值，甚至在系统上线后出现系统"宕机"的生产事故。因此，脚本开发需遵循以下原则：

- 脚本应与生产的业务规则一致。
- 在关键点校验服务器返回值。
- 数据尽量参数化、数据量应尽可能多。

（6）容量评估场景及监控

场景用于模拟现实生产环境中的业务场景，包括并发用户数、加减压策略、运行时间等。场景模拟应和生产场景一致，特别是在一段时间内，测试出来的各业务 TPS 占比应与生产上高峰时期业务占比一致。

场景的风险主要体现在测试出来的业务 TPS 占比需跟生产上业务占比不一致，在业务比例偏离严重的情况下，将会导致测试评估结果不真实或者无效，不能反映生产上的业务场景。

测试结果中各业务 TPS 占比需跟生产上业务占比（业务模型）相一致，那么如何保证测试结果与生产业务一致呢？答案是需要设置步调时间（Pacing Time）。

例如，有 A 和 B 两笔业务，占比为 1:4，响应时间分别为 1ms、100ms，总的用户数为 50，那么 A 和 B 按照业务比例，并发用户数分别为 10 和 40，测试出来的 TPS 分别为 10 000 笔 / 秒（10 个用户 /0.001 秒）和 400 笔 / 秒，TPS 比例为 25:1，与生产环境差距非常大，严重偏离生产业务模型。此时我们设置 A 和 B 的步调时间都为 200ms，那么测试出来的 TPS 分别为 50 笔 / 秒（10 个用户 /0.2 秒）和 200 笔 / 秒，A 和 B 业务的 TPS 比例为 50:200，即 1:4，这个结果就与生产环境保持一致了。

监控主要是为容量评估分析服务的，对系统进行完善的监控，将对定位瓶颈起到事半功倍的效果。一般来说，需要针对操作系统、中间件、数据库、应用等进行监控，每种类型的监控尽量保持指标全面。没有完善的系统监控，将会导致性能分析无从下手、定位不出系统瓶颈、根本不知道从哪里进行调优。需要监控的对象包括：

- **操作系统**：CPU（User、Sys、Wait、Idle）利用率、内存利用率（包括 Swap）、磁盘 I/O、网络 I/O、内核参数等。
- **中间件**：线程池、JDBC 连接池、JVM（GC/FULL GC/ 堆大小）。
- **数据库**：效率低下的 SQL、锁、缓存、会话、进程数等。
- **应用**：方法耗时、同步与异步、缓冲、缓存。

（7）容量瓶颈分析

定位瓶颈的目的是对系统中存在的瓶颈点进行分析，为调优做准备。系统的性能瓶颈点主要分布在操作系统资源、中间件参数配置、数据库问题以及应用算法上，有针对性地对这些瓶颈进行调优，有利于提升系统性能。

若系统的瓶颈点不能被分析出来，以后系统上线就存在风险，这种风险有可能导致在业务高峰的时候，系统性能体验差，甚至导致系统"崩溃"。

分析系统的瓶颈点遵循的规则如下：

1）首先检查系统处理能力是否达到拐点或响应时间超出约束条件。

2）检查操作系统资源的利用情况，确定资源利用是否达到饱和点。

3）检查中间件数据库的连接池、线程池、请求队列等运行状况，看是否有等待；检查 JVM 各区使用情况、GC 时间及频率、内存溢出及泄露等。

4）检查 DB 实例的指标运行状况、数据库等待事件、慢 SQL、连接 Session 状态等。

5）分析应用架构和业务流程设计、业务逻辑实现、方法和 SQL 执行效率及资源消耗等。

9.3　应用容量评估工具

1. 企业级性能测试工具 LoadRunner

（1）LoadRunner 概述

LoadRunner 是一种预测系统行为和性能的负载测试工具。该工具通过模拟上千万用户实施并发负载及实时性能监测的方式来确认和查找问题，能够对整个企业架构进行自动负载测试。使用 LoadRunner，企业能最大限度地缩短测试时间、优化性能和加速应用系统的发布周期。此外，LoadRunner 能支持广泛的协议和技术，为特殊环境提供专门的性能测试解决方案。

LoadRunner 提供三大功能模块，包括 Virtual User Generator、Controller 和 Analysis，如图 9-3 所示。

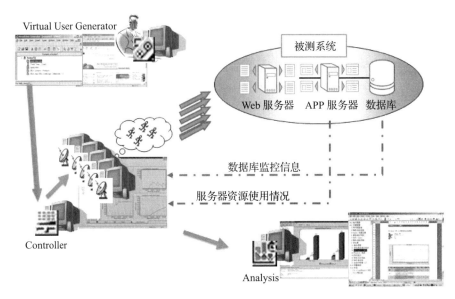

图 9-3　LoaderRunner 的功能模块

- Virtual User Generator

LoadRunner 的 Virtual User Generator 用于创建系统负载。该引擎能够生成虚拟用户，以虚拟用户的方式模拟真实用户的业务操作行为。它先记录下业务流程（如下订单或机票预定），然后将其转化为测试脚本。利用虚拟用户，可以在 Windows、UNIX 或 Linux 机器上同时产生成千上万个用户访问被测系统。

- Controller

建立虚拟用户后，需要设定负载方案，包括业务流程组合和虚拟用户数量。用 LoadRunner 的 Controller，能很快组织起多用户的测试方案。Controller 的同步点功能提供一个互动的环境，既能建立起持续且循环的负载，又能管理和驱动负载测试方案。而且，可以利用它的日程计划服务来定义用户在什么时候访问系统以产生负载。这样就能将测试过程自动化。同样，可以用 Controller 来限定负载方案，在这个方案中所有的用户同时执行一个动作，如登录到一个库存应用程序来模拟峰值负载的情况。另外，它还能监测系统架构中各个组件的性能，包括服务器、数据库、网络设备等，从而帮助客户决定系统的配置。

AutoLoad 是负载压力模拟、生成、自动化控制的一项专利技术，LoadRunner 通过 AutoLoad 提供更多的测试灵活性。使用 AutoLoad，可以根据目前的用户人数事先设定测试目标、优化测试流程。例如，目标可以是确定应用系统承受的每秒点击数或每秒的交易量。

LoadRunner 内含集成的实时监测器，在负载测试过程中的任意时刻，都可以观察应用系统的运行性能。这些性能监测器实时显示交易性能数据（如响应时间）和其他系统组件

（包括 Application Server、Web Server、网络设备和数据库等）的实时性能。这样就可以在测试过程中从客户和服务器两个方面评估系统组件的运行性能，从而更快地发现问题。

● Analysis

测试完毕后，LoadRunner 收集汇总所有的测试数据，并提供高级的分析和报告工具，以便迅速查找到性能问题并追溯原因。

使用 LoadRunner 的 Web 交易细节监测器，可以了解将所有的图像、框架和文本下载到每个网页上所需的时间。另外，Web 交易细节监测器可分解客户端、网络和服务器上端到端的反应时间，便于确认问题，定位真正出错的组件。例如，可以将网络延时进行分解，以判断 DNS 解析时间、连接服务器或 SSL 认证所花费的时间。通过使用 LoadRunner 的分析工具，能很快地查找到出错的位置和原因并做出相应的调整。

（2）LoadRunner 使用概述

LoadRunner 工具的使用流程如图 9-4 所示。

图 9-4　LoaderRunner 使用流程

1）**创建脚本**：使用 VuGen 在自动化脚本中捕获最终用户活动。

2）**定义场景**：使用 Controller 设置负载测试环境。

3）**运行场景**：使用 Controller 驱动、管理并监控负载测试。

4）**分析结果**：使用 LoadRunner Analysis 创建图和报告并评估系统性能。

下面分别介绍上述活动。

1）创建脚本

Virtual User Generator 可以基于录制回放来创建脚本，也就是说，当用户按照业务流程执行操作时，工具可以将整个操作过程以协议的方式录制下来，并转化为脚本。具体过程如下：

①选择录制协议，创建空脚本。我们在录制之前需要选择相关协议，比如 Web 应用可以选择 HTTP/HTTPS、FTP 应用可以选择 FTP，如图 9-5 所示。

②录制脚本：创建用户模拟场景的下一步就是录制实际用户所执行的操作。在上一步，我们已经创建了一个空的 Web Vuser 脚本。现在可以将用户操作直接录制到脚本中，如图 9-6 所示。

③脚本增强：为了更加真实地模拟用户行为，用户需要在录制完脚本后，进行一系列的脚本编辑增强工作。只有完全模拟了用户的行为，才能得到真实的结果。

● 事务添加：事务是指用户在客户端操作的一种或多种业务时需要的操作集，通过使用函数可以标记完成该业务所需要的操作内容。另一方面，事务可以用来统计用户操作的响应时间，以及运行过程中用户操作的次数。

- 检查点：检查点通过对请求响应的内容进行检查确定是否包含预先设置的内容；用户可以通过设置文本检查点来判断事务是否成功。例如，发送邮件的 HTTP 请求成功后，响应文本内容就会包含"success"关键字，通过文本检查点可以判断发送邮件事务是否成功，如果包含了关键字，那么就说明事务成功。
- 参数化：参数化是指将脚本中录制下来的特定值用一个变量来代替，主要是模拟用户真实访问系统和避免一些系统约束导致虚拟用户运行失败。该变量的值是可变的，例如登录用户、密码等。
- 关联：在录制脚本时，录制工具会拦截客户端和服务器端之间的会话生成脚本。生成的脚本是一成不变的，但是业务流程中的请求中存在一些上下文依赖的动态数据。比如，向服务器发送一个 login 请求，并发给服务器用户名和口令数据，服务器端验证数据正确后发送给客户端一个 sessionID，不同的客户端登录会返回不同的 sessionID，客户端下一次请求的时候就会发送上次请求返回的 sessionID 给服务器端进行验证合法性。关联就是把脚本中某些固定数据转变成来自服务器的、动态的、每次都不一样的数据，主要是模拟更真实用户访问系统的行为，保证业务的逻辑性和准确性、防止服务器校验导致脚本运行失败。

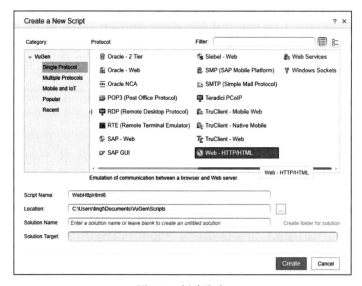

图 9-5　创建脚本

④脚本回放调试：脚本开发完成后，需要回放脚本、调试脚本代码逻辑和验证脚本的基本业务功能是否成功，通过回放请求快照及回放日志信息来查看请求成功或失败后需要解决的错误和问题。

2）场景定义。

当脚本开发完成后，使用 Controller 将这个中心脚本的用户从单人转化为多人，从而模拟大量用户操作，形成负载压力。用户需要对负载模拟的方式和特征进行配置，最终形成场景。场景是一种用来模拟大量用户操作的技术手段，场景定义包括场景设计、监控设置等内容。

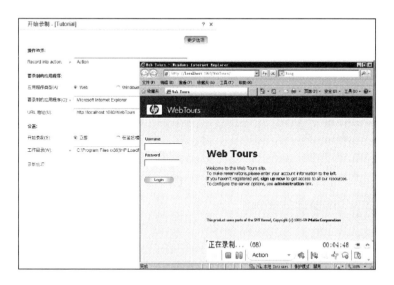

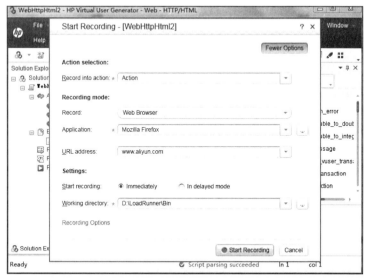

图 9-6 录制脚本

- 场景设计：场景设计中包括"场景组"设计、"服务水平协议"设计、"场景计划"设计，如图 9-7 所示。

① "场景组"设计：可以在"场景脚本"窗格中配置 Vuser 组，创建代表系统中典型用户的不同组，指定运行的 Vuser 数目以及运行时使用的压力机。

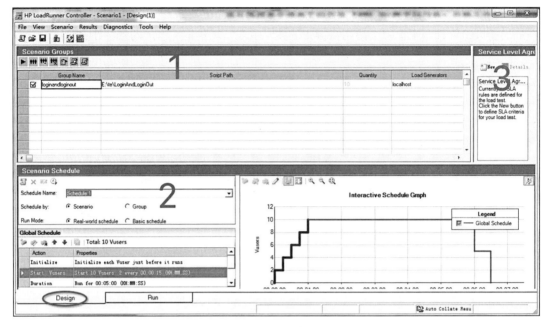

图 9-7　定义场景

②"服务水平协议"设计：设计负载测试场景时，可以为性能指标定义目标或 SLA（服务水平协议）。在运行场景时，LoadRunner 收集并存储与性能相关的数据，在分析运行情况时，Analysis 将这些数据与 SLA 进行比较，并为预先定义的测量指标确定 SLA 状态。

③"场景计划"设计：设置加压方式以准确模拟真实用户行为。可以根据运行 Vuser 的压力机、将负载施加到应用程序的速率、负载测试持续时间以及负载终止方式来定义操作。

- 监控设置：在应用程序上生成负载时，希望实时了解应用程序的性能以及潜在的瓶颈。使用 LoadRunner 的集成监控器可以评测负载测试期间系统每一层的性能以及服务器和组件的性能。LoadRunner 包含多种后端系统主要组件（如 Web、应用程序、数据库、操作

图 9-8　监控设置

系统）的监控器。比如，Windows 资源服务器监控配置如图 9-8 所示，其中选择需要监控的服务器及监控度量指标。

3）运行场景。

当完成场景的设计和监控配置后，就可开始运行场景。界面如图 9-9 所示。

①"场景组"：场景组是位于左上角的窗格，可以在其中查看场景组内 Vuser 的状态。使用该窗格右侧的按钮可以启动、停止和重置场景，可以查看各个 Vuser 的状态，也可以通过手动添加更多 Vuser 来增加场景运行期间应用程序的负载。

②"场景状态"：场景状态位于右上角的窗格，可以在其中查看负载测试的概要信息，包括正在运行的 Vuser 数量和每个 Vuser 操作的状态。

③"可用图"：可用图位于左下部的窗格，可以在其中看到一列 LoadRunner 图。要打开图，需在树中选择一个图，并将其拖到图查看区域。

④"图显示"：图显示位于右下部的窗格，可以在其中自定义显示画面，查看 1 ~ 8 个图。

⑤"图例"：位于底部的窗格，可以在其中查看所选图的数据。

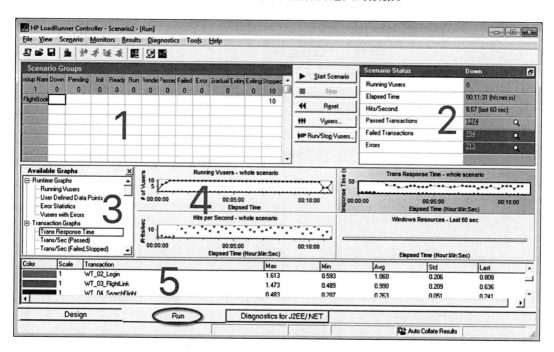

图 9-9　运行场景

4）分析结果。

当场景运行完成后，需要通过测试的结果来发现和定位性能瓶颈。Analysis 组件工具可以看做一个数据仓库和分析工具，它将场景运行中所有能得到的数据都整合到一起，对测试结果数据进行整理，并通过各种图形化的方式对结果数据进行分析，并生成报告。结果分析界面如图 9-10 所示。

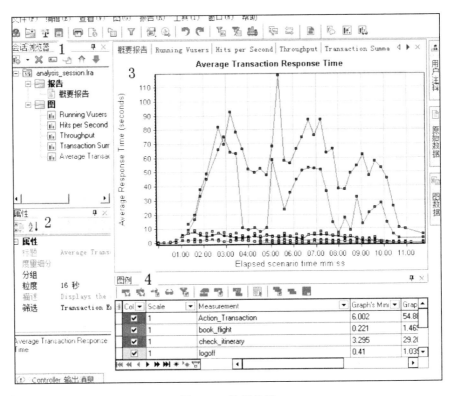

图 9-10　结果分析

①会话浏览器：会话浏览器位于左上方的窗格，Analysis 在其中显示已经打开可供查看的报告和图。可以在此处显示打开 Analysis 时未显示的新报告或图，或者删除不想再查看的报告或图。

②"属性"：属性窗格位于左下方，该窗格显示在会话浏览器中选择的图或报告的详细信息。黑色字段是可编辑字段。

③"图查看"：图查看窗格位于右上方，Analysis 在其中显示图。默认情况下，打开会话时，概要报告将显示在此区域。

④"图例"：图例窗格位于右下方，在此窗格内，可以查看所选图中的各项度量数据的实际数值。

2. 云上压测平台 PTS

（1）PTS 概述

性能测试服务（Performance Test Service，PTS）是用于测试脚本管理、测试场景管理、测试结果管理的性能云测试平台。针对阿里云用户复杂的分布式应用，PTS 可以快速扩容、动态配置域名，满足不断增长的集群压测需求。

阿里云用户可以使用 PTS 对自身系统在阿里云环境里的性能状况进行整体评估，一方面可以找到系统性能瓶颈从而优化系统，另一方面可以充分了解系统性能指标，便于未来扩容。

PTS 在工作时会通过施压机产生压测流量，用户如果对施压的流量、地域等有更多要求，PTS 施压机可动态扩展至全球范围进行部署。

（2）PTS 的使用

1）脚本编写

脚本编写中涉及添加事务、域名绑定、参数化、快速启动、是否登录、录制工具、手工脚本、脚本调试等工作。

● 添加事务：首先需创建事务，事务名可根据实际业务制定，如图 9-11 所示。

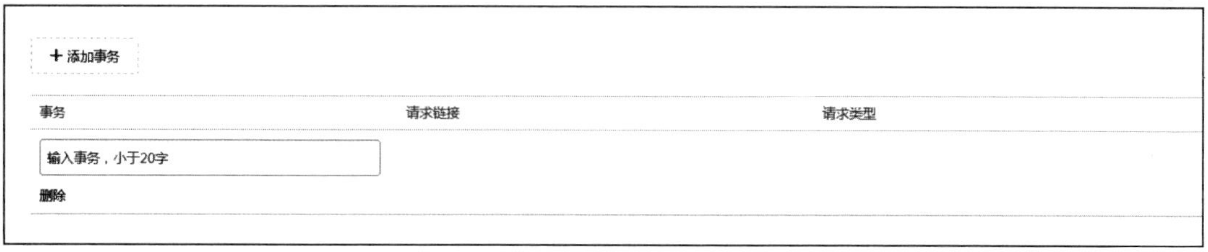

图 9-11　添加事务

然后可添加待测系统链接，同时可选择 HTTP 请求类型（GET 或 POST），如图 9-12 所示。

图 9-12　添加待测系统链接

请求类型如选择 GET 方式，直接输入待测系统链接地址即可；如选择 POST 方式，需要在"请求链接"的"高级属性"编辑栏的 Header 项中添加 Content Type 请求头及 Body 项添加 POST 请求主体内容，步骤如下：

①用抓包工具（例如 Firebug）捕获待测系统的 POST 请求，如图 9-13 所示。

图 9-13　用抓包工具捕获 POST 请求

②查看 POST 请求主体内容，如图 9-14 所示。

图 9-14　POST 请求主体内容

③点击"请求链接"的"高级属性"，分别添加 Content Type 请求头和 POST 请求 Body 内容，如图 9-15 至图 9-17 所示。

图 9-15　请求连接页面

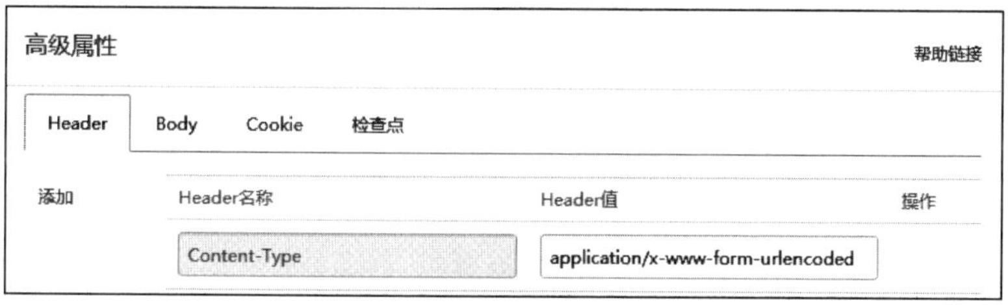

高级属性　　　　　　　　　　　　　　　　　　　　　　　　帮助链接

| Header | Body | Cookie | 检查点 |

添加

| Header 名称 | Header 值 | 操作 |
| Content-Type | application/x-www-form-urlencoded | |

图 9-16　高级属性 Header 页面

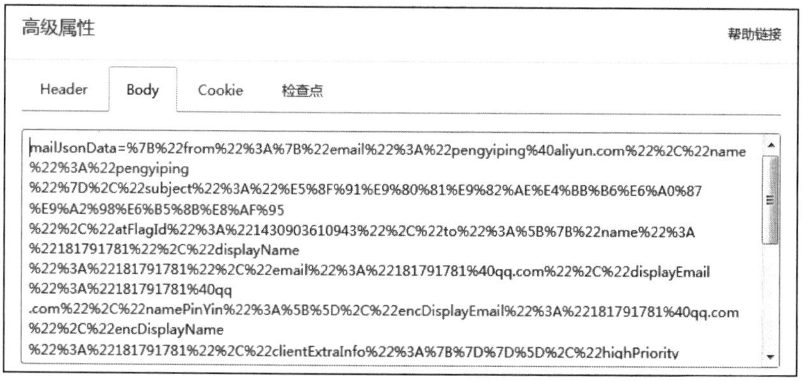

高级属性　　　　　　　　　　　　　　　　　　　　　　　　帮助链接

| Header | Body | Cookie | 检查点 |

mailJsonData=%7B%22from%22%3A%7B%22email%22%3A%22pengyiping%40aliyun.com%22%2C%22name%22%3A%22pengyiping%22%7D%2C%22subject%22%3A%22%E5%8F%91%E9%80%81%E9%82%AE%E4%BB%B6%E6%A0%87%E9%A2%98%E6%B5%8B%E8%AF%95%22%2C%22atFlagId%22%3A%221430903610943%22%2C%22to%22%3A%5B%7B%22name%22%3A%22181791781%22%2C%22displayName%22%3A%22181791781%22%2C%22email%22%3A%22181791781%40qq.com%22%2C%22displayEmail%22%3A%22181791781%40qq.com%22%2C%22namePinYin%22%3A%5B%5D%2C%22encDisplayEmail%22%3A%22181791781%40qq.com%22%2C%22encDisplayName%22%3A%22181791781%22%2C%22clientExtraInfo%22%3A%7B%7D%7D%5D%2C%22highPriority

图 9-17　高级属性 Body 页面

　　一个脚本里可以包含多个事务，一个事务里可以包含多个链接，事务与链接的顺序可调整，脚本执行时会顺序执行所有事务与链接。

　　如果使用 ECS 内网 IP 进行压测，施压机 IP 会临时写入用户 ECS 安全组，以确保内网环境的互联互通，压测完毕后会从 ECS 安全组自动删除施压机 IP。需要注意的是，应选择与测试机在同一地域的施压集群，跨地域无法进行内网压测。

- 域名绑定：如果待测系统通过域名进行访问，可在图 9-18 所示界面中进行域名绑定，一个 IP 地址可绑定多个域名。

　　注意：IP 地址只能输入环境管理中已添加的 ECS、SLB 的 IP，输入其他 IP 在压测时不会生效。

图 9-18　域名绑定

● 参数化：如果想让测试数据更丰富，可对脚本进行参数化。参数化步骤如下：

①上传参数文件，目前仅支持 csv 格式。可使用 UE 或 Notepad 工具（不要用 Excel）进行编辑，每列参数化值以逗号分隔。注意，如果参数文件内容包含中文，参数文件请使用 UTF-8 无 BOM 格式编码。参数文件第一行为参数变量，可增加多个参数变量；从第二行开始为参数值，可增加多个参数值，脚本运行时会读取对应参数变量的参数值，并从上向下执行。可上传多个参数文件，上传完毕后参数文件默认为启用，如图 9-19 和图 9-20 所示。

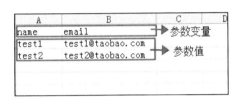

图 9-19　csv 参数文件样例

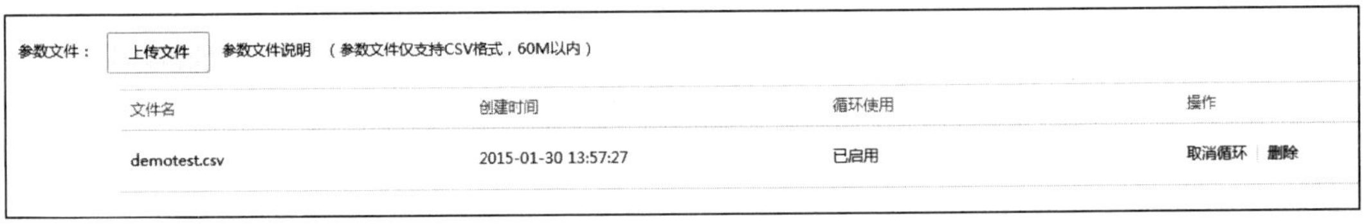

图 9-20　上传参数文件

②在请求链接中选中要进行参数化的参数值，然后单击"点击进行参数化"按钮进行参数化，如图 9-21 所示。

图 9-21　单击"点击进行参数化"按钮进行设置

③在参数化窗口中选择参数文件及参数变量，参数变量可通过系统自动读取参数文件获得，也可手工输入，如图 9-22 所示。

图 9-22 参数格式化设置页面

④系统自动完成替换，替换格式为 "%%_参数文件名：参数变量%%"。如图 9-23
所示。

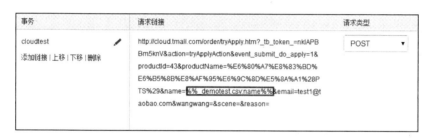

图 9-23 自动替换结果

注意，一个参数文件或参数变量可用于多个不同链接，一个链接也可对应多个不同的
参数文件或参数变量。

- 快速启动：脚本编写完成后，可通过脚本列表上的快速启动功能运行脚本，系统会
自动创建脚本对应的场景与任务。执行时长默认 1min，并发用户数上限 2000，如图
9-24 所示。

可选择施压集群地域，如想通过私网进行压测，应选择与测试机在同一地域的施压集
群，并确保设置的待测系统 IP 为 ECS 内网地址或 SLB 私网地址。如想体验公网压测，可
任意选择施压集群，并确保设置的待测系统 IP 为公网地址。[⊖]

- 是否登录：如果测试场景必须要先登录，可选择启用 "是否登录" 功能。启用后每
次执行时会先进行登录动作并只执行一次，然后再进行事务里的其他动作。另外，登
录动作也可以直接写在事务里，这样每次运行事务都会执行一次登录动作，如图 9-25
所示。

⊖ 提示：如果使用公网压测会对 ECS、SLB 产生公网流量，ECS、SLB 会按照现有的公网流量计费策略进
行计费。

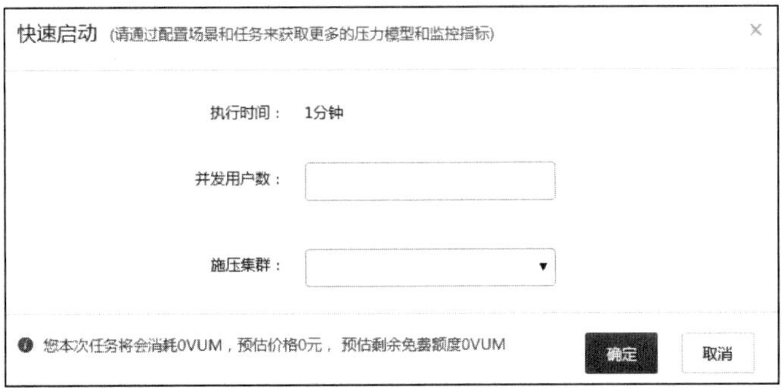

图 9-24　快速启动

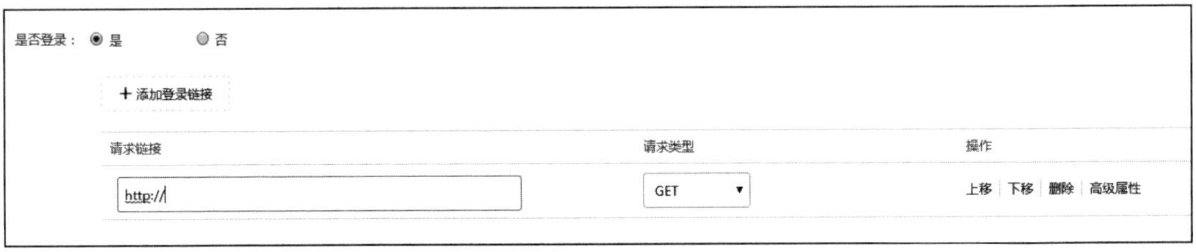

图 9-25　是否登录配置

- 录制工具：对于复杂的业务，例如登录、考试、订购、购买、发帖、回帖、退出等业务，由于捕获请求内容或者手工编写脚本工作量比较大，可以使用 PTS 基于 Firefox 和 Chrome 浏览器插件录制工具。

使用此工具，用户在被测系统中进行手工操作业务时，录制工具会将用户的操作行为录制下来，之后自动生成脚本。根据业务规则，可能稍微修改一下脚本，就可以运行了。录制下来的脚本可以模拟用户真实的操作行为，极大地方便用户的使用。录制步骤如下：

①安装工具后，打开浏览器，单击右上角的 PTS 录制工具 Logo，弹出录制工具框和浏览器，如图 9-26 所示。

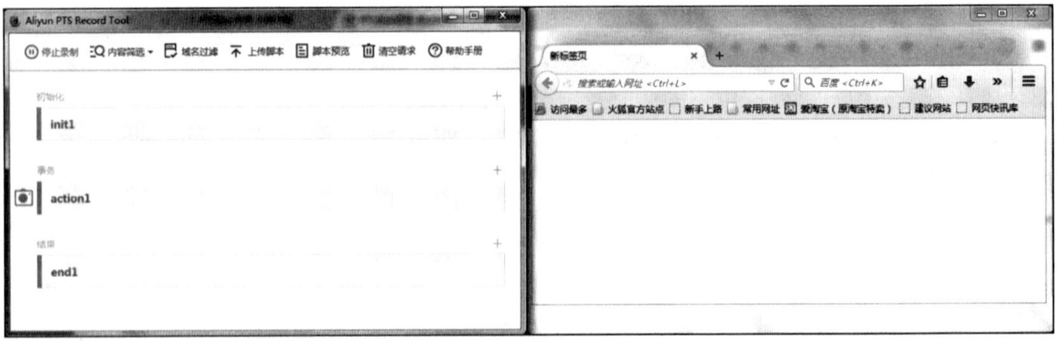

图 9-26　录制工具

②定义事务名，在浏览器中输入 URL 进行访问操作。录制工具会自动记录访问操作过程中的 HTTP 请求，如图 9-27 所示。

图 9-27　定义事务名

③录制工具默认只显示 HTML 类型 HTTP 的录制请求，如需显示其他类型请求，应单击"内容筛选"选择需要显示的类型请求，如图 9-28 所示。

图 9-28　录制工具默认显示的录制请求

④录制完成后，单击"停止录制"按钮。如果需要预览录制生成的脚本，请单击"脚本预览"按钮，如图 9-29 和图 9-30 所示。

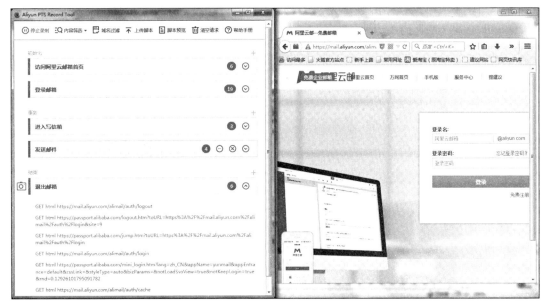

图 9-29　录制完成

图 9-30　脚本预览

⑤预览脚本确认无误后，就可以单击"上传脚本"按钮，将脚本保存到 PTS 云端，完

成脚本录制过程。

- 手工脚本：对于一些需要模拟较复杂的业务，而模板编写的脚本和录制工具生成的脚本无法满足需求的情况，需要进行手工编写代码开发脚本，如图 9-31 所示。

图 9-31　手工编写代码开发脚本

手工脚本语言为 Jython，目前支持的 Jython 版本为 2.5.3。Jython 是 Python 的 Java 语言实现，它使用 Python 的语法和类库，运行在 JVM 中，与同一个 JVM 中的 Java 类可以实现无缝互操作，因此使用 Jython 作为脚本语言可以最大程度地发挥 Python 的简洁、高效特性，同时保留对 Java 语言的全面兼容。

① Jython 语法：Jython 程序由一系列语句组成，语句组成了代码块，代码块组成了方法、函数，然后再通过类把数据、方法和函数封装起来。和其他高级语言一样，Jython 的语句也是由一系列基本的词（Token）组成。Token 可以是标识符（identifier）、关键字（keyword）、字面值（literal）、操作符（operator）和分割符（delimiter），这些 Token 通过 Jython 的语言执行器进行词法分析产生，而词法分析器通过字符方式读入 Jython 脚本文件。

② 脚本框架：PTS 的性能测试脚本是一个 TestRunner 类，这个类会被每一个并发线程初始化。测试进程首先加载脚本并执行脚本中顶格的语句，同时定义 TestRunner 这个测试类。然后，每个线程会实例化一个 TestRunner 类，调用类中的 __init__ 方法一次，继而循环调用 TestRunner 类的 __call__ 方法。线程结束时，会调用类中的 __del__ 方法。__init__ 和 __del__ 方法都是可选的，只有 __call__ 方法是必需的。

手工脚本框架样例如下：

第一部分：执行器声明和脚本编码声明。

```
#! /usr/bin/env python
```

```
# -*- coding: utf-8 -*-
```

第二部分：Jython 类库、Java 类库和自定义类的导入。

```
# PTS Script Version 1.0
# PTS 脚本 SDK: 框架 API、常用 HTTP 请求 / 响应处理 API
from util import PTS
from HTTPClient import NVPair
from HTTPClient import Cookie
from HTTPClient import HTTPRequest
from HTTPClient import CookieModule
```

第三部分：测试进程级别的脚本语句和初始化。

```
# 脚本初始化段, 可以设置压测引擎的常用 HTTP 属性
#PTS.HttpUtilities.setKeepAlive(False)
#PTS.HttpUtilities.setUrlEncoding('GBK')
#PTS.HttpUtilities.setFollowRedirects(False)
#PTS.HttpUtilities.setUseCookieModule(False)
PTS.HttpUtilities.setUseContentEncoding(True)
PTS.HttpUtilities.setUseTransferEncoding(True)
```

第四部分：TestRunner 测试类。

```
# 脚本执行单元类, 每个 VU/ 压测线程会创建一个 TestRunner 实例对象
class TestRunner:
    # TestRunner 对象的初始化方法, 每个线程在创建 TestRunner 后执行一次该方法
    def __init__(self):
        self.threadContext = PTS.Context.getThreadContext()
        self.init1()
        self.init_cookies = CookieModule.listAllCookies(self.threadContext)
    # 主体压测方法, 每个线程在测试生命周期内会循环调用该方法
    def __call__(self):
        PTS.Data.delayReports = 1
        for c in self.init_cookies:
            CookieModule.addCookie(c, self.threadContext)
        statusCode = self.action1()
        PTS.Framework.setExtraData(statusCode)
        statusCode = self.action2()
        PTS.Framework.setExtraData(statusCode)
        PTS.Data.report()
        PTS.Data.delayReports = 0
    # TestRunner 销毁方法, 每个线程循环执行完成后执行一次该方法
    def __del__(self):
        for c in self.init_cookies:
            CookieModule.addCookie(c, self.threadContext)
        self.end1()
    # 定义请求函数
    def init1(self):
        ......
    def action2(self):
        ......
```

```
def action2(self):
        ......
```

第五部分：instrumentMethod 语句。

```
# 编织压测事务
PTS.Framework.instrumentMethod(u'action1', 'action1', TestRunner)
PTS.Framework.instrumentMethod(u'action2', 'action2', TestRunner)
```

- 脚本调试：脚本开发完成后，可回放脚本，测试虚拟用户脚本的基本业务功能是否成功。通过回放请求快照及执行日志信息可查看请求成功或失败后需要解决的错误和问题，如图 9-32 所示。

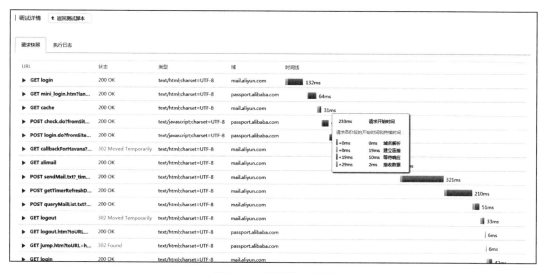

图 9-32　回放请求快照

2）场景制定。

场景制定中有常规模式、梯度模式和目标模式，如图 9-33 所示。

图 9-33　施压模式选择

①常规模式：一次性加载所有并发用户。

②梯度模式：梯度模式指分批增加或减少用户。递增用于控制任务启动时用户增加的频率，递减用于任务停止时用户减少的频率。如果只输入初始用户数、最大用户数，没有启用递增、递减，则施压效果与常规模式一致，如图 9-34 所示。

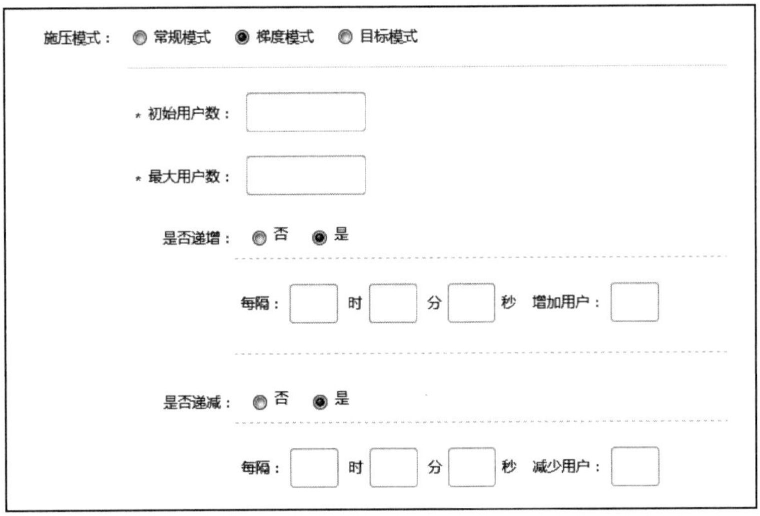

图 9-34　梯度模式

③目标模式：达到指定目标阈值后停止压测。例如，图 9-35 所示的配置运行时的效果是：事务"Login"的响应时间达到 100ms 或服务器 CPU 占用率达到 80% 后停止压测。

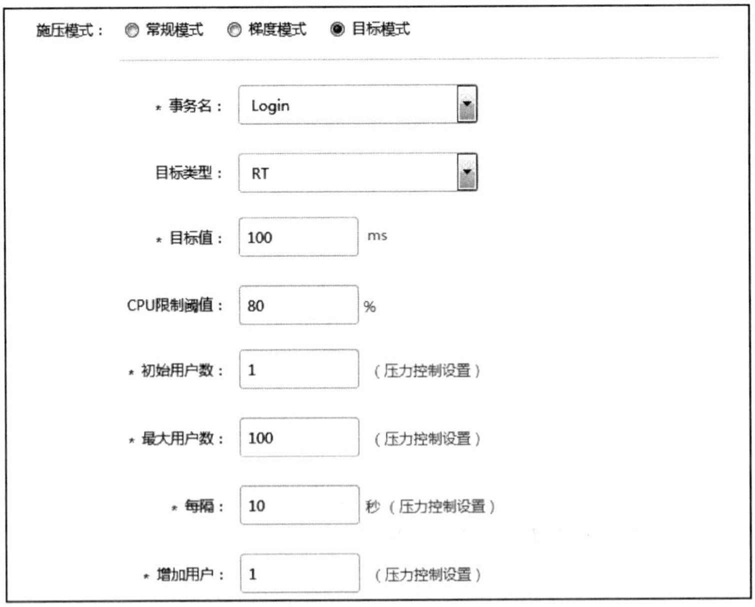

图 9-35　目标模式

完成施压模式的设置后，还可以对执行过程进行设置，如图 9-36 所示。其中：

- 持续时间最短不能少于 1min，最长不能大于 1 天。

- 可设置定时启动场景时间。
- 需选择待监控的测试机，可以选择多台。

图 9-36　执行设置

在场景中可执行以下操作：

- 执行：立即启动场景。
- 停止：立即停止场景。
- 增减并发用户数：场景启动后实时增加并发用户数。
- 实时监控：实时监控性能指标。
- 删除：只能删除未启动的场景。
- 取消排期：取消定时场景。
- 查看日志：进入日志分析页面。

3）测试结果。

- 结果详情：测试场景执行完毕后，系统会自动生成测试结果报告，由概览、业务指标、ECS 指标和 RDS 指标四部分构成，同时提供查看日志入口。
- 查看日志：日志信息主要由压测日志、压测步骤两部分组成，压测日志显示压测进程的日志信息，压测步骤显示压测过程信息，如图 9-37 所示。

其中压测日志又分为实时查看、日志分析两部分。场景一旦执行，可在实时查看中查阅最新的压测日志，默认保存前后 1000 行。场景运行 5min 后，可在日志分析中查看更完整的压测日志，并能根据条件进行日志筛选。注意，日志内容与场景设置中的日志级别保持一致，所有日志默认保存 7 天。

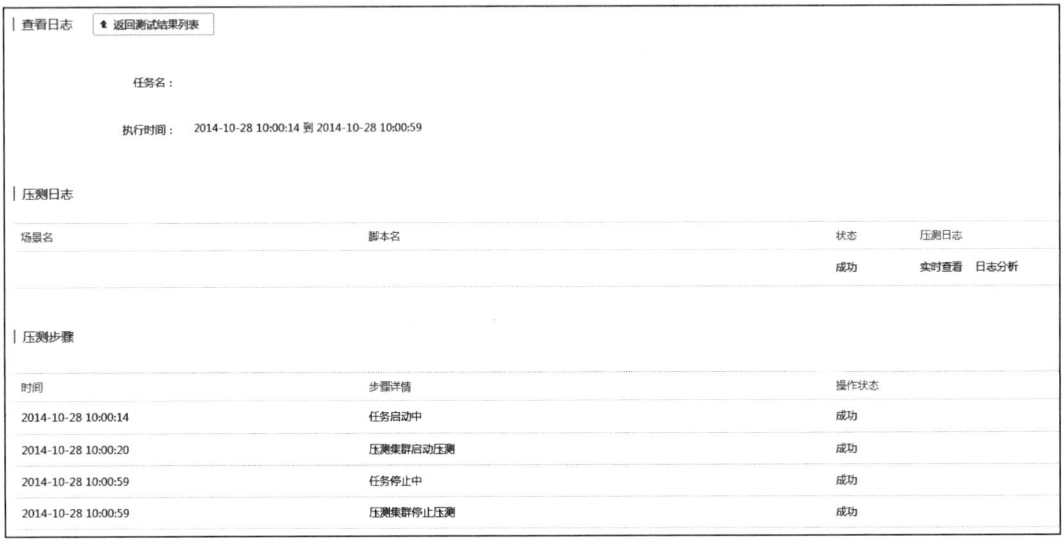

查看日志	⬆ 返回测试结果列表			

任务名：

执行时间：　2014-10-28 10:00:14 到 2014-10-28 10:00:59

压测日志

场景名	脚本名		状态	压测日志
			成功	实时查看　日志分析

压测步骤

时间	步骤详情	操作状态
2014-10-28 10:00:14	任务启动中	成功
2014-10-28 10:00:20	压测集群启动压测	成功
2014-10-28 10:00:59	任务停止中	成功
2014-10-28 10:00:59	压测集群停止压测	成功

图 9-37　查看日志

9.4　应用监控与弹性伸缩

在云上应用容量评估及优化过程中，监控起着至关重要的作用，阿里云提供全方位立体化的监控方案，对阿里云云产品资源及部署在阿里云的应用提供各个层面的监控，可以让用户实时、精准地掌控业务应用和各个云产品可用性、性能数据，提升发现问题、解决问题的速度。

配合监控数据，利用阿里云弹性伸缩服务，可以自动伸缩 ECS 弹性资源，有助于用户在业务需求高峰增长时无缝地增加 ECS 实例，并在业务需求下降时自动减少 ECS 实例，从而节约资源及运维成本。

1. 云监控服务

云监控（Cloud Monitor，CM）是一项针对阿里云资源和互联网应用进行监控的服务。云监控服务可收集阿里云资源的监控指标，探测互联网服务可用性，并针对指标设置警报。云监控服务能够监控 ECS、RDS 和 SLB 等各种阿里云服务资源，同时也能够通过 HTTP、ICMP 等通用网络协议监控互联网应用的可用性。借助云监控服务，用户可以全面了解用户在阿里云上的资源使用情况、性能和运行状况。借助报警服务，可以及时做出反应，保证应用程序顺畅运行。云监控服务功能如图 9-38 所示。

云监控为用户提供了非常丰富的使用场景，主要包括以下几个方面：

- 云服务监控：用户使用了云监控支持的阿里云服务后，即可方便地在云监控对应的产品页面查看用户的产品运行状态、各个指标的使用情况并对监控项设置报警规则。当前已经提供如下云服务的产品监控：云服务器 ECS、云数据库 RDS、负载均衡、对象存储 OSS、CDN、弹性公网 IP、云数据库 Memcache 版、云数据库 MongoDB 版、云数据库 Redis 版、分析型数据库、消息服务、日志服务、容器服务、API 网关、E-MapReduce 和弹性计算。

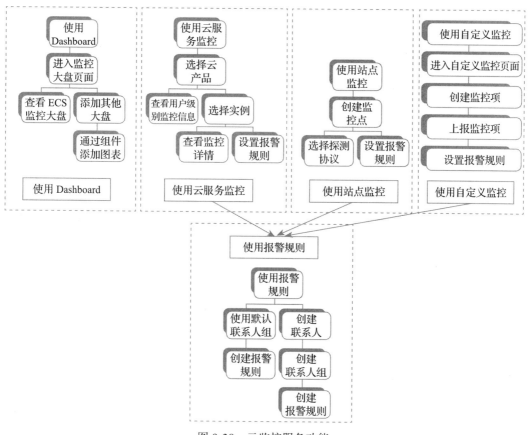

图 9-38　云监控服务功能

- 日常管理场景：用户在日常管理阿里云产品时，可直接登录云监控控制台，方便地查看各个云监控的运行状态。
- 及时处理异常场景：云监控会根据用户设置的报警规则，在监控数据达到报警阈值时发送报警信息，让用户及时获取异常通知，查询异常原因。
- 及时扩容场景：对带宽、连接数、磁盘使用率等监控项设置报警规则后，可以让用户方便地了解云服务现状，在业务量变大后及时收到报警通知，并安排进行服务扩容。
- 站点监控：站点监控服务目前提供 HTTP、ICMP、TCP、UDP、DNS、SMTP、POP3、FTP 这 8 种协议的监控设置，可探测用户站点的可用性、相应时间、丢包率，让用户全面了解站点的可用性并在出现异常时及时处理。
- 自定义监控：自定义监控补充了云服务监控的不足，如果云监控服务未能提供用户需要的监控项，用户可以创建新的监控项并采集监控数据上报到云监控，云监控会对新的监控项提供监控图表展示和报警功能。

● Dashboard：云监控的 Dashboard 功能提供用户自定义查看监控数据的功能。用户可以在一张监控大盘中跨产品、跨实例查看监控数据，集中展现相同业务的不同产品实例。

2. 移动数据分析

移动数据分析（mobile analytics）产品能够提供通用的多维度用户行为分析，支持日志自主分析，有助于移动开发者实现基于大数据技术的精细化运营、提升产品质量和体验、增强用户黏性。移动数据分析的界面如图 9-39 所示。

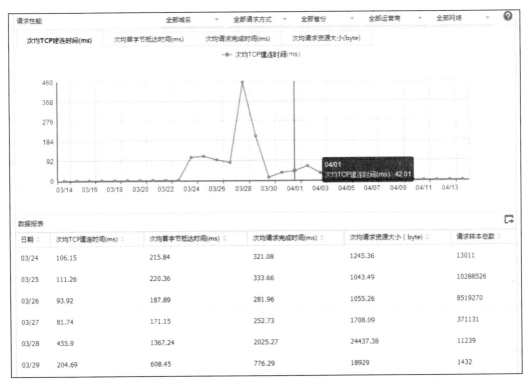

图 9-39　移动数据分析监控面板

该工具的功能如下：

● 进行完备的业务数据采集：该工具不仅可以采集用户的访问行为，也可以采集应用性能数据，同时支持 hybird 采集方案，帮助采集 APP 里面的 H5 页面，让用户行为数据串联起来，从而提供更大的业务分析价值。

● 维度丰富的统计报表：该工具有一套完善的运营指标体系，能够快速了解用户来自哪里、访问了哪些页面、停留了多长时间、用户终端及网络环境如何、应用程序卡顿或崩溃的实时反馈等。其中 Crash 分析能精确到设备粒度，从而得知某个具体设备的详细 Crash 信息。

- 秒级实时计算：该工具将实时计算用户、性能及 Crash 相关指标数据与报警监控结合起来，能够随时随地了解现在的数据变化情况。
- 日志自主分析：采集的数据可以实时同步到企业客户的 ODPS 空间，方便企业客户下一步进行 BI 分析或数据挖掘；同时提供自定义分析报表功能，满足更多的个性化数据报表需求。

3. 应用性能管理工具 AliAPM

AliAPM 是一个能够对应用进行深度监控的应用性能管理平台，主要功能包括应用关键路径的实时性能监控、数据库操作性能监控、NoSQL 操作性能监控、API 接口调用性能监控、性能问题追踪、服务端环境监控、自定义告警等。它能够帮助用户进行快速故障诊断、定位性能瓶颈、架构梳理、容量评估等工作。该工具的界面如图 9-40 所示。

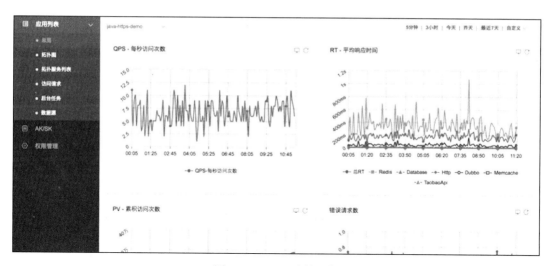

图 9-40　APM 监控面板

- 监控深入代码级：利用客户端 Agent 并结合大数据实时计算，用户可以从大量的业务请求中分析请求背后的代码执行情况，如执行时间最长的方法、慢 SQL 等，从而找到问题根源。
- 端到端拓扑分析：自动发现应用调用的所有服务节点，实现应用端到端的关联监控、报警与分析。基于应用拓扑图，能够迅速响应突发事件、快速定位影响服务的问题瓶颈。
- 监控数据维度丰富：除了提供应用直接相关的请求或关键流程等维度的监控数据，还会将应用的下游依赖抽象成服务并提供服务维度的监控数据，同时以上所有数据都会区分读/写并辅以异常数据统计。

- 报警配置灵活：能够灵活配置报警阈值、重试次数和报警间隔等，同时支持接收人分组，给予用户最大的报警配置自由度。

4. 弹性伸缩服务 ESS

ESS（弹性伸缩）能够根据用户的业务需求和策略，自动调整其弹性计算资源。因此，在业务需求高峰时，可以无缝地增加 ECS 实例，并在业务需求下降时自动减少 ECS 实例，达到节约成本的目的。

图 9-41 给出了 ESS（弹性伸缩）的实例，ESS 提供了丰富的模式，并能自动配置负载均衡和 RDS。

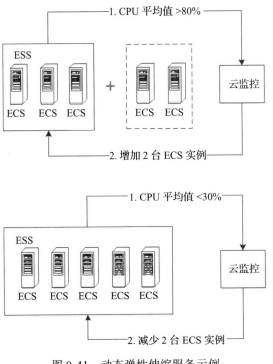

图 9-41　动态弹性伸缩服务示例

- 动态伸缩模式：基于云监控性能指标（如 CPU、内存利用率），自动增加或减少 ECS 实例。
- 定时伸缩模式：配置周期性任务，定时地增加或减少 ECS 实例。当周期性需求波动时，可同时配置动态伸缩模式以应付不可预期的变化。
- 固定数量模式：通过"最小实例数"属性，可以让用户始终保持健康运行的 ECS 实例数量，保证日常场景实时可用。
- 自动配置负载均衡和 RDS：在增加或减少 ECS 实例时，自动向负载均衡实例添加或移除相应的 ECS 实例，且自动向 RDS 访问白名单添加或移出该 ECS 实例的 IP。

基于 ESS 弹性伸缩的功能可以让用户根据需求"恰到好处"地分配资源，无须担心需求预测的准确性和突增的业务变化。而且，配置过程全程自动化，无须人工干预，实现自动创建和释放 ECS 实例、自动创建和释放 ECS 实例、自动赔偿负载均衡和 RDS 访问白名单。

9.5　应用性能容量评估及优化案例

本节将给出一个应用性能容量评估及优化的案例，使读者了解容量评估和优化的全过程以及相关工具的使用。

1. 背景

自 2013 年以来，某省政府连续两年将治理城市交通拥堵工作列入为民办实事的十件大事之一。为深入了解各地城市交通现状和存在的问题，听取市民的意见和建议，供政府进一步推进城市交通拥堵治理工作决策参考，推出"治理城市交通拥堵"网上调查。进行网上调查时，会给全省进行弹窗提示，之前省政府做过一次类似的调查，弹窗出现的时候造成网上调查投票系统服务器 CPU 资源利用率较高，特别是数据库 CPU 资源，并且出现连接池资源不够的情况。为避免"治理城市交通拥堵"网上调查再次出现类似问题，需上线前进行性能及容量的评估，摸底系统性能情况并进行有效优化，保障上线后系统性能能够支持系统业务。

2. 容量评估测试需求分析

目前预计系统性能压力点在于网上调查投票系统上线后会向全省 QQ 进行弹窗提示，通过腾讯 QQ，每五分钟大约弹窗 20 万 QQ 用户，业务人员评估后预计有 60% 的 QQ 用户接收到弹窗后会进入投票系统。用户进入系统后会进行访问投票首页、提交投票、查看结果等业务操作，按以往投票用户使用行为，评估业务操作比例为 10：1：3。表 9-2 给出了容量评估业务模型。

表 9-2　容量评估业务模型表

容量评估业务模型			
业务名词	事务名称	业务比例	预期平均 TPS
投票首页访问	投票首页访问	71.5%	400
投票提交	投票提交	7.1%	40
结果查看	投票结果首页查看	21.4%	120
	结果下一页 1 查看		
	结果下一页 2 查看		
合计		100%	560

注：预期平均 TPS（每秒处理事务数）= 20 万（弹窗用户）× 60%（点击弹窗进入系统比例）× 1.4（每用户产生事务数）/300s（弹窗间隔时间 5min）= 560

3. 容量评估目的、范围

- 基于当前容量评估测试环境和模型，通过测试发现性能瓶颈并调整优化。
- 基于当前容量评估测试环境和模型，获取系统性能容量，评估系统性能是否满足预期性能目标。

4. 容量评估环境

图 9-42 给出了容量评估环境逻辑架构，表 9-3 给出了容量评估环境配置。

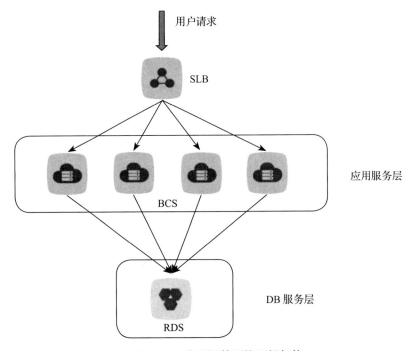

图 9-42 容量评估环境逻辑架构

表 9-3 容量评估环境配置

服务器名称	用途	IP 地址	规格	系统版本	安装软件
SLB	负载均衡器	*.*.*.217	按流量收费		
ECS	Web 服务器	*.*.*.51	2Core*8G	Linux	Tomcat/JDK1.6
	Web 服务器	*.*.*.52	2Core*8G	Linux	Tomcat/JDK1.6
	Web 服务器	*.*.*.53	2Core*8G	Linux	Tomcat/JDK1.6
	Web 服务器	*.*.*.54	2Core*8G	Linux	Tomcat/JDK1.6
RDS	数据库服务器	实例 ID：*********zugq	6G*1 500 连接数	Linux	MySQL

5. 评估测试和优化过程

（1）第一轮测试和分析：调优前测试结果数据

第一轮测试结果如表 9-4 所示。

表 9-4　第一轮测试结果

事务名	TPS	平均响应时间 (ms)	执行事务数	失败事务数	失败率
投票首页访问	24.97	175.81	22 432	11 195	49.91%
提交投票	4.91	8 995.54	2 211	0	0.00%
访问投票结果页面		20.48	6 812	0	0.00%
查看下一页 1	15.14	21.1	6 812	0	0.00%
查看下一页 2		3 039.13	6 812	0	0.00%
总计	45.2				

ECS：

机器 IP	CPU（%）	出网流量（Kb/s）	入网流量（Kb/s）	磁盘 IO 读（Kb/s）	磁盘 IO 写（Kb/s）
..*.51	10.5	28 587.19	15 732.17	0	65.73
..*.54	11.5	26 101.79	14 190.31	0	290.33
..*.53	9.88	21 813.72	12 631.6	0	44.67
..*.52	10	20 578.58	11 701.37	0	99.33

RDS：

实例 ID	CPU（%）	IOPS（次 /s）	TPS（次 /s）	QPS（次 /s）	容量（MB）	连接数（个）
*********zugq	95.17	2.95	0	181.85	2 173	300

结果数据分析：

1）投票首页访问事务失败率高达 49.91%，由于投票首页访问事务里包含静态文件下载请求，而部分 Web 服务器未部署静态文件到 Web 容器中，导致请求 404 错误、事务失败。

2）总 TPS 为 45.2，无法满足预期性能目标 560。

3）数据库 CPU 资源利用率高达 95.17%，投票提交事务响应时间高达 9 秒，通过数据库端监控发现，可以通过创建一些索引提高 SQL 执行效率。

（2）第二轮测试和优化：针对数据库索引优化测试结果数据

表 9-5 给出了第二轮测试结果。

表 9-5　第二轮测试结果

事务名	TPS	平均响应时间（ms）	执行事务数	失败事务数	失败率
投票首页访问	74.86	145.92	96 355	50 688	52.61%
提交投票	15.5	4 585.27	9 456	0	0.00%
访问投票结果页面		24.38	29 025	0	0.00%
查看下一页 1	47.58	18.56	29 025	0	0.00%
查看下一页 2		133.42	29 025	0	0.00%
总计	137.94				

ECS：

机器 IP	CPU（%）	出网流量（Kb/s）	入网流量（Kb/s）	磁盘 IO 读（Kb/s）	磁盘 IO 写（Kb/s）
..*.51	26.7	82 100.97	44 629.77	0	40.06
..*.54	32.2	90 161.73	49 612.54	0	119.2
..*.53	27.3	73 224.83	41 479.69	0	0
..*.52	26.2	69 516.95	39 383.42	0	79.73

RDS：

实例 ID	CPU（%）	IOPS（次/s）	TPS（次/s）	QPS（次/s）	容量（MB）	连接数（个）
*********zugq	95.83	17.4	0	788.95	3 226	291.5

结果数据分析：

1）投票首页访问事务失败率高达 52.61%，由于投票首页访问事务里包含静态文件下载请求，而部分 Web 服务器未部署静态文件到 Web 容器中，导致请求 404 错误、事务失败。计划后续测试去掉投票首页访问事务静态文件下载请求。

2）总 TPS 为 137.94，通过索引优化后，系统处理能力从每秒处理业务笔数 45.2 提升到 137.94，性能提升 3 倍，但仍然无法满足预期性能目标 TPS 560。

3）数据库 CPU 资源利用率高达 95.83%，投票提交事务响应时间从 9 秒优化后下降到 4.6 秒；投票提交业务存在明显性能问题，后续计划投票提交业务单业务测试利于问题排查解决。

（3）第三轮测试：针对数据库索引优化的测试（投票首页无静态文件下载）结果数据

表 9-6 给出了第三轮测试结果。

表 9-6 第三轮测试结果

事务名	TPS	平均响应时间（ms）	执行事务数	失败事务数	失败率
投票首页访问	95.42	23.44	58 205	0	0.00%
提交投票	9.32	9 443.37	5 684	0	0.00%
访问投票结果页面		22.71	17 390	0	0.00%
查看下一页 1	28.51	18.11	17 389	0	0.00%
查看下一页 2		183.7	17 389	0	0.00%
总计	133.25				

ECS：

机器 IP	CPU（%）	出网流量（Kb/s）	入网流量（Kb/s）	磁盘 IO 读（Kb/s）	磁盘 IO 写（Kb/s）
..*.51	5.09	13 381.66	8 405.27	0	11.72
..*.54	9.27	29 377.54	17 725.62	0	90.22
..*.53	8.18	21 208.89	13 270.46	0	20.4
..*.52	7.91	27 122.46	16 766.94	0	61.16

RDS：

实例 ID	CPU（%）	IOPS（次 /s）	TPS（次 /s）	QPS（次 /s）	容量（MB）	连接数（个）
*********zugq	100	8.15	0	111.4	3 615	300

（4）第四轮测试和优化：投票提交单业务优化测试结果数据

表 9-7 给出了第四轮测试结果。

表 9-7　第四轮测试结果

优化次序	每秒处理业务笔数	平均响应时间	Web CPU%	数据库 CPU%
1	14.3	3 800ms	5.50	100
2	150	400ms	40	79
3	200	280ms	40	97
4	156	335ms	19	62
5	355	113ms	28	100

投票提交业务性能分析及优化内容：

1）对投票提交操作进行单业务测试，最高 TPS 只有 14.3，响应时间为 3.8 秒，数据库资源 100 CPU%，存在明显的性能瓶颈。通过诊断分析发现，一个查询语句耗时较长（SELECT DISTINCT c_replyid FROM plugin_survey_reco WHERE i_formid = ? AND c_ip = ?），此查询语句扫描数据块较多并且 CPU 消耗较高，和开发人员确认后，认为从业务逻辑上可去掉该 SQL。

2）去掉该问题 SQL 后，将 RDS 服务器规格从 1GB 升为 6GB，测试结果 TPS 从 14.3 提升到 150，响应时间从 3800ms 下降到 400ms；通过监控诊断分析发现大量"select ? from dual"语句，和开发人员确认这个语句的作用是检测数据库连接是否可用，导致每次从连接池取连接都会执行一次此 SQL。

3）去掉"select ？ from dual"语句后测试，测试结果 TPS 从 150 提升到 200，响应时间从 400ms 下降到 280ms；由于每次投票提交都会插入 23 条记录，实现方式是通过 23 条 SQL 语句，每个 SQL 语句隐式地创建一个事务，对 Web 服务器和数据库服务器 CPU 资源都会造成额外的消耗，计划使用 JDBC 的批量提交改善 SQL 的插入性能。

4）使用 JDBC 批量提交功能后，TPS 反而从 200 下降到 156，响应时间从 280ms 增加到 335ms，从数据库监控发现批量提交功能没有生效，后查明，原因在于 MySQL JDBC 批处理数据，需要给 JDBC 连接加上 rewriteBatchedStatements=true，MySQL JDBC 默认不会开启批处理，并且 JDBC Driver 版本需要 5.1.8 及以上。由于担心升级驱动带来其他的影响，决定采用 23 条插入记录操作采用一条 SQL 语句提交来完成。

5）优化插入操作实现方式后，TPS 从 156 提升到 355，响应时间从 335ms 下降到 113ms，性能提升十分明显，并且使 Web 投票提交业务减少了对 Web 服务器 CPU 资源的消耗。

（5）第五轮测试：调优后最终测试结果数据

表 9-8 给出了第五轮测试结果。

表 9-8　第五轮测试结果

事务名	TPS	平均响应时间（ms）	执行事务数	失败事务数	失败率
投票首页访问	1 477.05	31.85	590 822	0	0
提交投票	146.44	75.85	58 576	0	0
访问投票结果页面	441.13	25.24	176 452	0	0
查看下一页 1		25.83	176 440	0	0
查看下一页 2		36.02	176 440	0	0

ECS：

机器 IP	CPU（%）	出网流量（Kb/s）	入网流量（Kb/s）	磁盘 IO 读（Kb/s）	磁盘 IO 写（Kb/s）	
..*.51	92.29	294 086.3	151 592.4	0	263.88	
..*.54	77.29	331 306.5	171 170.1	0	180.9	
..*.53	71.57	313 951.6	161 840.2	0	31.62	
..*.52	71.43	326 902.2	169 293	0	437.61	

RDS：

实例 ID	CPU（%）	IOPS（次 /s）	TPS（次 /s）	QPS（次 /s）	容量（MB）	连接数（个）
*********zugq	28.75	102	0	1 391.4	29 680	248

结果数据分析：

1）从调优后整体测试结果数据可以看出，TPS 为 2064，满足预期性能目标 TPS 560。

2）平均响应时间小于 100ms。

3）Web 服务器 CPU 资源消耗较高，平均达 78%。

4）DB 服务器 CPU 资源利用率为 28.75%，比较空闲。

6. 容量评估和优化成果

1）在容量评估环境下，通过性能调整优化，投票提交业务的每秒处理业务笔数从 14.3 提升到 355，处理能力提升近 25 倍；在投票首页访问、投票提交、结果查看业务操作比例为 10 : 1 : 3 的场景下，性能从每秒处理业务笔数 45.2 提升到 2064，整体处理能力提升 45 倍。

2）基于容量评估环境的结果，优化后评估测试结果 TPS 为 2064，满足预期性能测试目标 TPS（每秒处理业务笔数）为 560 的要求。

大数据上云

"阿里云是一家数据处理公司，不是以计算为中心的，而是以数据为中心的，阿里云也有志成为一家真正的云计算公司。"时任阿里云计算总裁王坚博士曾在一次采访中，强调阿里云以数据为中心提供全面的、基础的云计算服务，帮助更多小而美的企业创新、成长、实现价值。

云计算和大数据是相互依赖的，云计算是大数据的基础设施，而大数据是云计算上的最佳应用。云计算是大数据成长的驱动力，由于数据越来越多、越来越复杂、越来越实时，这就更加需要云计算去处理，最终形成云上大数据。

在大数据体系中，数据是燃料、算法是引擎。因此，本章将介绍大数据系统中数据上云的相关技术。

10.1 大数据上云概述

10.1.1 阿里云大数据架构

阿里云大数据架构自底向上可以分为五个层次：基础设施层、计算平台层、数据加工和分析工具层、数据服务和应用引擎层及数据应用和解决方案层，如图 10-1 所示。

10.1.2 阿里云大数据产品介绍

1. MaxCompute：离线数据处理

MaxCompute（原 ODPS）是一项大数据计算服务，它能提供快速、完全托管的 PB 级数据仓库解决方案，使企业可以经济并高效地分析、处理海量数据。它针对 TB/PB 级数据、实时性要求不高的场景提供分布式处理能力，可应用于数据分析、挖掘、商业智能等领域，主要服务于批量结构化数据的存储和计算，可以提供海量数据仓库的解决方案以及针对大数据的分析建模服务。

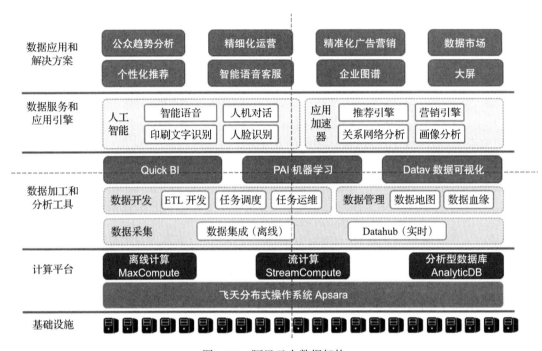

图 10-1　阿里云大数据架构

MaxCompute 主要适用于以下场景：

- 数据仓库

数据仓库是 MaxCompute 典型的应用场景，无论是传统的业务数据，还是互联网行业的日志、行为等海量数据，都可以入库整合到 MaxCompute 进行整体数据模型建模、ETL 加工处理、数据多维分析等。

- 数据挖掘

MaxCompute 通过 PAI 平台对外提供高质量机器学习算法以及低门槛的操作方式，为业务插上人工智能的翅膀。比如，阿里云提供的应用服务（推荐引擎、营销引擎等）都是基于 MaxCompute 的算法来提供具体业务应用的引擎。

- 商业智能分析

基于 MaxCompute 可以完成对日志数据、行为数据等一系列业务数据的分析和统计，以支持商业智能报表分析的场景。

2. DataWorks：大数据开发套件

大数据开发套件（DataWorks）基于 MaxCompute，能够为企业提供海量数据的离线处理、分析统计,以及数据挖掘的能力。

使用大数据开发套件(DataWorks),可对数据进行传输、处理,任务调度、任务运维等操作。利用 DataWorks,可从不同的数据源导入数据,并进行转换、处理,最后将数据同步到其他外部系统,供业务人员和业务系统使用。

大数据开发套件常用于以下场景:

- 将业务系统产生的数据迁移上云,利用 MaxCompute 强大的海量存储与数据处理能力,构建大型数据仓库和 BI 应用。
- 基于大数据开发套件快速使用和分析数据,将大数据加工结果导出后直接应用于业务系统,实现数据化运营。
- 针对作业调度与运维的复杂性,大数据开发套件提供统一友好的调度系统和可视化调度运维界面,解决运维管理复杂性等问题。

3. StreamCompute:流计算

StreamCompute(流计算)是运行在阿里云平台上的流式大数据分析平台,用户可通过它在云上进行流式数据实时化分析。使用阿里云 StreamCompute,用户可以轻松搭建自己的流式数据分析和计算服务,彻底规避底层流式处理逻辑繁杂、重复的开发工作,将更多精力聚焦在业务实现上。

StreamCompute 的应用场景如图 10-2 所示。

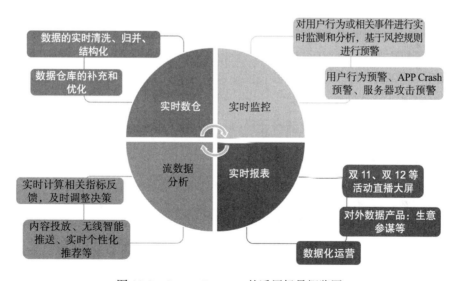

图 10-2　StreamCompute 的适用场景概览图

- 实时 ETL

集成流计算现有的诸多数据通道和 SQL 灵活的加工能力,能对流式数据进行实时清洗、归并、结构化,作为离线数据仓库有效的补充和优化。

- 实时报表

实时化采集、加工流式数据，实时监控和展现业务指标，使数据化运营实时化。

- 监控预警

对系统和用户行为进行实时检测和分析，实时监测和发现危险行为。

- 在线系统

实时计算各类数据指标，并利用实时结果及时调整在线系统业务策略。在各类内容投放、无线智能推送领域有大量应用。

4. DataHub：实时数据分发平台

阿里云实时数据分发平台 DataHub 具有对流式数据（streaming data）的发布、订阅和分发功能，让企业可以轻松构建基于流式数据的分析和应用。DataHub 服务可以对各种移动设备、应用软件、网站服务、传感器等产生的大量流式数据进行持续不断的收集、存储和分发。用户可以编写应用程序或者使用流计算引擎来处理写入 DataHub 的流式数据，比如实时 Web 访问日志、应用日志、各种事件等，并产出各种实时的数据处理结果，比如实时图表、报警信息、实时统计等。

DataHub 对外提供了 SDK 接口，并基于 SDK 为企业提供了 Logstash、Flume、Fluentd 等数据采集插件。

5. AnalyticDB：分析型数据库

分析型数据库（AnalyticDB）是阿里巴巴自主研发的海量数据实时高并发在线分析（Realtime OLAP）云计算服务，可以在毫秒级针对千亿级数据进行即时的多维分析透视和业务探索。分析型数据库提供对海量数据的自由计算和极速响应能力，能让用户快速进行灵活的数据探索，发现数据价值，并可直接嵌入业务系统为终端客户提供分析服务。

AnalyticDB 主要适用于以下场景：

- 海量数据下的 CRM、DMP 业务。
- 报表型大数据产品。
- Ad-Hoc 类大数据产品。
- 需要频繁交互和分析的内部 BI 系统。
- 将海量数据直接对接应用于业务系统的应用。
- 替换传统企业内部 OLAP 引擎。

6. PAI：机器学习平台

阿里云机器学习平台（PAI）是构建在阿里云 MaxCompute 计算平台之上，集数据处理、建模、离线预测、在线预测为一体的机器学习平台。该平台为算法开发者提供了丰富的算法模型和数据存取接口，同时为算法使用者提供了基于 Web 的 IDE+ 可视化实验搭建控制台。

PAI 可应用于以下场景：

- 股票预测、天气预报、广告投放、推荐引擎。

- 新闻分类、文本关键词抽取。
- 文本摘要抽取、金融风控、SNS 人物关系挖掘。
- 图像识别、语音识别、自然语言处理等。

10.1.3　大数据上云工具

1. 批量加载工具

（1）数据集成

数据集成（Data Integration，DI）是阿里云对外提供的稳定高效、可弹性伸缩的数据同步平台，目前主要为阿里云各个云产品（包括 MaxCompute、AnalyticDB、OSS、TableStore、RDS 等），以及 Oracle、SQL Server、PostgreSQL、HDFS、TXT 文件等提供离线（批量）数据进出通道。可以通过数据集成完成各种异构数据之间的传输和交换。

数据集成提供两种开发模式：向导模式、脚本模式。

- 向导模式：提供向导式的开发引导，通过可视化的填写和下一步的引导，帮助用户快速完成数据同步任务的配置工作。
- 脚本模式：用户可以通过直接编写数据同步的 JSON 脚本来完成数据同步开发。

利用数据集成的向导模式、脚本模式能够完成如下场景的数据同步：

- 阿里云官方数据存储之间（包括 MaxCompute、AnalyticDB、OSS、TableStore、RDS、Oracle、MySQL 等 20 多种存储类型）的数据交换。
- 支持阿里云 VPC 网络、经典网络等网络环境。
- 支持一定场景的跨 Region 数据同步能力。
- 支持一定场景的本地 IDC 数据同步。目前数据集成所支持的数据源如表 10-1 所示。

表 10-1　数据集成所支持的数据源

数据源分类	数据源类型	抽取（Reader）	导入（Writer）	支持方式	支持类型
关系型数据库	MySQL	支持	支持	向导 / 脚本	阿里云 / 自建
关系型数据库	SQL Server	支持	支持	向导 / 脚本	阿里云 / 自建
关系型数据库	PostgreSQL	支持	支持	向导 / 脚本	阿里云 / 自建
关系型数据库	Oracle	支持	支持	向导 / 脚本	自建
关系型数据库	DRDS	支持	支持	向导 / 脚本	阿里云
关系型数据库	DB2	支持	支持	脚本	自建
关系型数据库	达梦（对应数据源名称是 dm）	支持	支持	脚本	自建
关系型数据库	RDS for PPAS	支持	支持	脚本	阿里云
MPP	HybridDB for MySQL	支持	支持	向导 / 脚本	阿里云
MPP	HybridDB for PostgreSQL	支持	支持	向导 / 脚本	阿里云
大数据存储	MaxCompute（对应数据源名称是 odps）	支持	支持	向导 / 脚本	阿里云

（续）

数据源分类	数据源类型	抽取（Reader）	导入（Writer）	支持方式	支持类型
大数据存储	AnalyticDB（对应数据源名称 ADS）	不支持	支持	向导 / 脚本	阿里云
非结构化存储	OSS	支持	支持	向导 / 脚本	阿里云
非结构化存储	HDFS	支持	支持	脚本	自建
非结构化存储	FTP	支持	支持	向导 / 脚本	自建
NoSQL	HBase	支持	支持	脚本	阿里云 / 自建
NoSQL	MongoDB	支持	支持	脚本	阿里云 / 自建
NoSQL	Memcache	不支持	支持	脚本	阿里云 / 自建
NoSQL	Table Store（对应数据源名称是 OTS）	支持	支持	脚本	阿里云
NoSQL	LogHub	不支持	支持	脚本	阿里云
NoSQL	OpenSearch	不支持	支持	脚本	阿里云
NoSQL	Redis	不支持	支持	脚本	阿里云 / 自建
性能测试	Stream	支持	支持	脚本	性能测试

（2）DataX

数据集成（Data Integration）作为一个一站式的在线大数据集成方案，同时拥抱开源，将其核心的同步引擎（DataX）对社区开放出来。DataX 是阿里云开源的离线数据同步工具 / 平台，它在阿里巴巴集团内被广泛使用。DataX 实现包括 MySQL、Oracle、SQL Server、PostgreSQL、HDFS、AnalyticDB、HBase、TableStore、MaxCompute 等在内的各种异构数据源之间高效的数据同步功能。数据集成（Data Integration）的底层采用 DataX 来完成每个同步节点的同步任务。

（3）DI on Hadoop

若企业已经自建 Hadoop 集群，很可能有大量的源数据保存在 Hadoop/HDFS 环境中。HDFS 文件有 Text、Parquet、ORC File 等多种格式，且数据量巨大，一般在百 TB 级别甚至 PB 级别。这种情况下，企业通常期待直接复用已有的 Hadoop 执行集群完成数据上云，减少资源投入。

针对这类大规模 Hadoop 数据迁移到 MaxCompute 的场景，阿里云提供了适合这个场景的迁云工具—— DI On Hadoop。

DI On Hadoop 是数据集成针对 Hadoop 调度环境实现的版本，借助 MapReduce 的思想，并使用 Hadoop 的任务调度器，将同步任务发布到 Hadoop 集群上执行。这样，用户的数据可以通过 MapReduce 将任务批量并发加载到 MaxCompute 中，不需要用户提前安装和部署数据集成软件包，也不需要另外为数据集成准备执行集群。同时，可以享受到数据集成已有的插件逻辑、流控限速、重试等特性。

目前 DI On Hadoop 支持将 HDFS 中的数据加载到公共云 MaxCompute 当中。

（4）Tunnel 命令行（MaxCompute 命令行工具）

MaxCompute Tunnel 是 MaxCompute 的数据通道，用户可以通过 Tunnel 向 MaxCompute 上传或者从 MaxCompute 下载数据，一般适用于临时上传一批文件的场景。对于自定义要求更高的企业，可以考虑使用 Tunnel SDK 来完成数据上传及下载。

关于 MaxCompute Tunnel 的详细信息，可参考以下资源：

- 客户端下载地址为：http://repo.aliyun.com/download/odpscmd/latest/odpscmd_public. zip?spm=5176.doc27971.2.3.wKtvly&file=odpscmd_public.zip。
- MaxCompute Console 客户端的安装和基本使用方法参见以下网址：https://help.aliyun. com/document_detail/27971.html。
- Tunnel 命令操作参见官网说明：https://help.aliyun.com/document_detail/27833.html。
- Tunnel SDK 开发方法请参见官网说明：https://help.aliyun.com/document_detail/27837. html。

2. 实时采集工具

本节将介绍几种用于日志类数据的实时采集的工具，这些工具本质上调用了 DataHub 的 SDK，能够实时地采集数据。DataHub 的数据可以投递到 MaxCompute 或者供 StreamCompute 消费。

（1）Logstash

Logstash 是一种简洁、强大的分布式日志收集框架，经常与 ElasticSearch、Kibana 配置，组成著名的 ELK 技术栈，适合用于分析日志数据。阿里云流计算为了方便用户将更多数据采集到 DataHub 中，提供了针对 Logstash 的 DataHub Output/Input 插件。使用 Logstash，可以轻松享受到 Logstash 开源社区 30 多种数据源支持（file、syslog、redis、log4j、apache log 或 nginx log），同时 Logstash 还支持 filter 对传输字段自定义加工等功能。

（2）Flume

Flume 是一个分布式、稳定和可靠的实时日志采集工具，它提供了一套简单而灵活的流式数据处理架构（如图 10-3 所示），可以收集各种数据源，并将其写入不同的 Sink 中。阿里云为企业提供了 DataHub Sink，方便客户将采集的数据实时写入 DataHub 中。

DataHub 插件的源码下载地址为 https:// github.com/aliyun/aliyun-maxcompute-data- collectors/tree/master/flume-plugin。

（3）Fluentd

Fluentd 是一个日志收集系统，它可以收集各种数据源，并将其写入文件、RDBMS、NoSQL、IaaS、SaaS、Hadoop、阿里云 Datahub

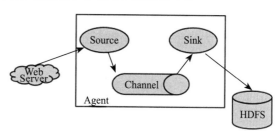

图 10-3　Flume 架构图

等中。它的特点是各部分均可定制。阿里云为了方便客户将更多数据采集进入 Datahub，提供了针对 Fluentd 的 output datahub 插件。Fluentd 架构如图 10-4 所示。

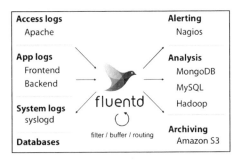

图 10-4　Fluentd 架构图

（4）DTS

数据传输服务（Data Transmission Servise，DTS）是阿里云提供的一种支持 RDBMS（关系型数据库）、NoSQL、OLAP 等多种数据源之间数据交互的数据服务。它提供了数据迁移、实时数据订阅及数据实时同步等多种数据传输能力。通过数据传输服务，可实现不停服数据迁移、数据异地灾备、跨境数据同步、缓存更新策略等多种业务应用场景，帮助企业构建安全、可扩展、高可用的数据架构。

企业可以通过 DTS 将来自阿里云上 RDS 等数据源的数据采集到阿里云大数据 Datahub 中。

（5）Oracle GoldenGate

Oracle GoldenGate（OGG）是一个基于日志的结构化数据备份工具，一般用于 Oracle 数据库之间的主从备份以及 Oracle 数据库到其他数据库（DB2、MySQL 等）的同步。OGG 的部署分为源端和目标端两部分，主要包含 Manager、Extract、Pump、Collector、Replicat 等组件。阿里云流计算为了方便客户通过 OGG 采集 Oracle 数据上云，专门提供了针对 OGG 的 Datahub 插件，可以将用户采集的数据写入 Datahub 中。

（6）Log Service

日志服务（Log Service）是针对日志类数据的一站式服务，在阿里巴巴集团经历了大量大数据场景锤炼而成。利用该工具，用户无需开发就能快捷完成数据采集、消费、投递以及查询分析等功能，提升运维、运营效率，建立 DT 时代海量日志处理能力。

日志服务可以通过其 logtail 接入服务的客户端，使用正则表达式从用户原始数据提取信息，组织成符合日志服务、日志数据模型的结构。通过简单的配置就可以将服务器上的日志收集到 Loghub，通过 Loghub 可以选择归档到 MaxCompute 或被 StreamCompute 实时消费。如果客户原始数据为日志类型数据，且有意向开通 Log Service 或已经在使用 Log Service 服务，那么也可以选择通过 Loghub 来实时采集数据。

10.1.4　大数据上云的优势

企业将大数据上云，将获得如下优势：

- 开箱即用，快速产生业务价值。用户只需开通阿里云大数据产品服务，即可使用大数据相关服务，避免了托管机房、购买硬件、配置软件服务等烦琐的工作和冗长的流程。
- 弹性伸缩：阿里云云上大数据产品均为分布式部署，可以根据企业需要进行弹性伸缩，部分产品可以做到秒级资源扩展，从而解决企业业务数据猛增时的性能瓶颈。

- 免运维：减少人力投入，降低企业的运维成本，集中精力于发展业务。
- 提升开发效率：阿里云的大数据产品为客户提供了便捷、易用的管理工具，大大降低了对开发人员的要求，并提高了整体开发效率。
- 完整的数据应用生态：在基础产品之上，为企业提供了如推荐引擎、营销引擎、智能语音交互、图像识别、机器学习等应用产品，为企业快速实现自己的业务提供了加速器。

10.1.5　大数据处理场景

从技术上来说，大数据场景主要分为离线数据处理和实时数据处理两种。离线数据处理场景是指业务要求必须定时对源数据进行加工、处理、分析，并定时将处理结果反馈给业务系统或业务人员，常用 T+1 模式，即每天定时处理数据。例如，企业数据仓库、海量日志分析、海量数据挖掘等业务场景。阿里云 MaxCompute 是解决离线数据处理场景的核心产品，其应用场景如图 10-5 所示。

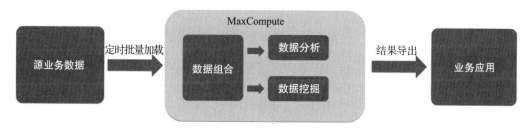

图 10-5　离线数据场景

实时数据处理场景是指业务要求必须实时对源数据进行采集、加工、处理、分析，并实时地将处理结果反馈给业务系统或业务人员。例如，实时报表展现、实时监控、实时指标计算等。阿里云 StreamCompute 是解决实时数据处理场景需求的核心产品。下面给出两个典型的应用 StreamCompute 的业务场景。

1）使用 StreamCompute，用户可以方便地对云数据库、ECS 日志、外部数据等多种流式数据进行实时分析。同时，通过数加平台 DataV、QuickBI 报表等展现组件，用户可以快速搭建一套实时流数据分析平台。其分析过程如图 10-6 所示。

2）物联网（IOT）套件可将大数据直接对接到流计算和 DataHub，流计算可以实时捕获物联网传感器信息并进行实时数据计算，将产出的实时数据对接到 IOTHub、监控告警、自定义报表展现工具上。其解决方案如图 10-7 所示。

10.1.6　常见的大数据上云方案

本节给出几种常见的将数据上云到 MaxCompute 的方案，但不一定涵盖所有情况，具体采用何种方案还需根据企业实际情况来确定。

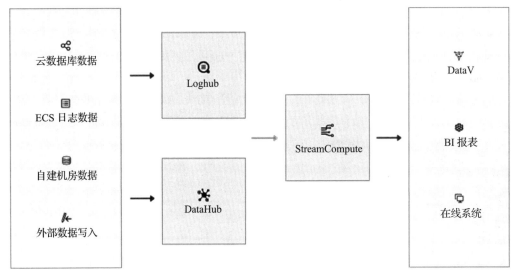

图 10-6　实时流数据分析

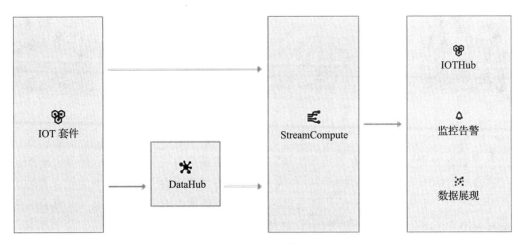

图 10-7　IOT 解决方案

1. 通过 DI 公共调度资源，将数据批量加载至 MaxCompute

通过 DI 公共调度资源将数据批量加载至 MaxCompute 的框架如图 10-8 所示。

企业数据在阿里云上，满足以下任何一种情况时，可考虑使用 Data Integration 默认提供的公共调度资源：

1）数据已经在 RDS 内，且通过 DataWorks 建立 RDS（经典网络、VPC 网络）实例、DI 类型的数据源时，测试连接通过。

2）数据已经在 DRDS、ECS 等产品内，而且企业没有开启专有网络（VPC）。

3）数据已经在 OSS、TableStore 等未被 VPC 隔离的产品内。

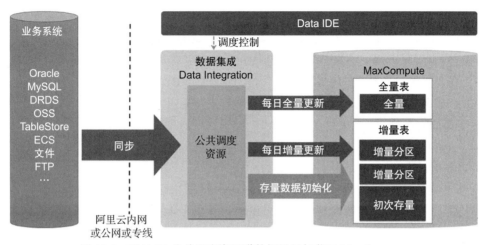

图 10-8　通过 DI 公共调度资源讲数据批量加载至 MaxCompute

对于本方案，需要说明的是：

1）本方案下，数据同步完全通过阿里云内网进行数据加载，无需开通专线、占用公网带宽。（注意，数据源连接需要配置为内网连接方式才能生效。）

2）本方案无需配置自定义调度资源，减少了数据同步成本和开发成本，一般优先建议采用此方案，如此方案无法实现，再考虑后续其他同步方案。

3）本方案采用阿里云提供的公共调度资源集群来完成数据同步，如对性能、自定义有更高要求，则不建议采用本方案。

4）通过 DataWorks 来完成对数据同步任务的调度控制。

2. 通过 DI 自定义调度资源，将数据批量加载至 MaxCompute

通过 DI 自定义调度资源将数据批量加载至 MaxCompute 的框架如图 10-9 所示。

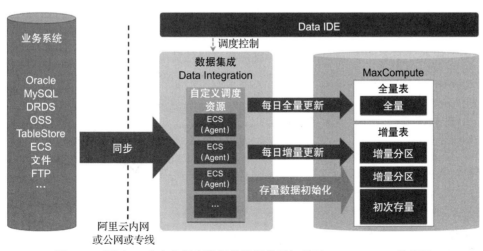

图 10-9　通过 DI 自定义调度资源将数据批量加载至 MaxCompute 的框架

当 Data Integration 的默认调度资源无法满足需求时，可以考虑自定义 DI 调度资源（需要自行购买 ECS），常见的应用场景如下（满足任意一项即可）：

1）企业对数据同步的性能、调度参数或安全性有更高要求。

2）企业数据在云上专有网络（VPC）内的 DRDS、ECS 上。

3）企业数据在云下 IDC 机房，已设置专线，期望通过专线来完成数据同步，此时可以考虑自定义调度资源（需要在专有网络（VPC）内，并购买 ECS）。

4）企业数据在云下 IDC 机房，期望通过公网来完成数据同步，此时需要在机房准备机器，并将其配置为 DI 的自定义调度资源。

关于本方案，需要说明的是：

1）对于线下数据，根据企业同步速率要求，可以选择公网或专线两种网络方式来传输数据。

- 公网：适用于企业的公网出口带宽可以满足传输需求，对成本控制严格，数据不必走专线的场景。
- 专线：如果数据传输对私密性、稳定性要求高，可以通过搭建专线的方式进行数据传输。

> **注意** 物理专线（Physical Connection）是通过租用运营商的专线来连通用户 IDC 业务到阿里云专线接入点，实现 IDC 与 VPC 之间在物理上的连通。物理专线线路具有私密性强、延迟低、质量稳定等特性，可将企业的自有资源通过专线接入阿里云资源，以构建混合构架，将云上环境连接成为内网环境，从而满足原有业务扩容、异地容灾、多区域业务服务提升等复杂业务场景。

2）自定义调度资源配置请参考 https://help.aliyun.com/document_detail/52330.html（如链接失效，请在阿里云官网的"支持 – 帮助文档 – 大数据开发套件"中，搜索"新增调度资源"查找相关资料）。

3）大数据开发套件（DataWorks）用户在默认调度资源的响应性能无法满足业务需要时，可以自主购买 ECS 配置成为调度资源，以提升调度任务的执行效率。调度资源可以包括若干台物理机或 ECS，用于运行调度任务。项目管理员可以在 DataWorks 套件的"项目配置 – 调度资源管理页面"中修改、新增调度资源。

3. 线下 Hadoop 数据上云方案

线下 Hadoop 通过 DI on Hadoop 来完成从 Hadoop 到云上 MaxCompute 的数据同步工作，有全量初始化和增量同步两种同步方式。

Hadoop 数据上云架构如图 10-10 所示。

如果企业已有自建的云下 Hadoop 集群，现在要将 Hadoop 集群的数据以批量离线方式同步到云上 MaxCompute，且对同步的效率有一定要求，建议采用本方案。

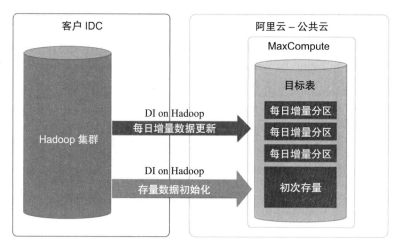

图 10-10 Hadoop 数据上云架构图

关于本方案，需要注意的是：

1）传输网络有两种选择：公网和专线（详见阿里云官网中"帮助与文档 – 高速通道"中的介绍）。

- 公网：适用于企业的公网出口带宽已经可以满足传输需求，对成本控制严格，数据不必走专线的场景。
- 专线：如果数据传输对私密性、稳定性要求高，可以通过搭建专线的方式进行数据传输。

2）Hadoop 集群所有机器均需要开通公网或专线访问权限（必须满足其中之一），且需要连通 MaxCompute EndPoint。详细的 Endpoint 地址可以参考 https://help.aliyun.com/document_detail/34951.html。

3）DI on Hadoop 工具能更好地利用 Hadoop 现有集群资源，增加同步的并发数，从而提高整体同步效率。

4. 实时数据上云方案

实时数据上云架构如图 10-11 所示。

如果企业对数据采集的实时性要求较高，或已有数据采集到 Datahub 中，那么可以选择直接将数据归档到 MaxCompute 的方式来将数据加载到 MaxCompute。该方案一般适用于增量数据更新场景，如果存量数据较大，建议采用上面的几个批量方案来完成数据加载。

关于本方案，需要说明的是：

1）实时采集工具（如 Logstash、Flume、Fluentd 等）一般需要部署到业务系统文件所在服务器来完成实时数据采集。

2）专线或公网的选择与前面介绍的几种方案相同。

3）对于进入 Datahub 的实时数据，可通过配置 Connector 将数据归档到 MaxCompute 中。

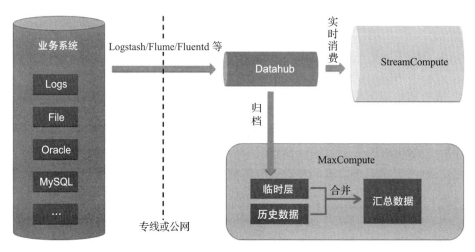

图 10-11　实时数据上云架构图

4）对于进入 Datahub 的实时数据，可以被 StreamCompute 实时消费，从而满足实时数据处理场景的需求。

5）数据归档到 MaxCompute 后，一般先进入临时层，之后根据业务需要定时将临时层数据与历史数据合并，生成最新版汇总数据。

10.2　大数据上云工具

阿里云上至少为用户提供了两套大数据计算平台，一套是阿里自研的 Dataworks 和 MaxCompute 的数加平台，一套是基于 ECS 部署的 E-MapReduce 平台。

本节将介绍大数据上云到数加平台的步骤，以及一些常见的案例。大数据上云主要包括以下几个步骤：客户调研、资源评估、数据上云、业务逻辑上云，如图 10-12 所示。

图 10-12　大数据上云的步骤

10.2.1　客户调研

在确定实施方案之前，需详细了解源数据的网络、数据大小及业务时间窗口等信息，用于确定最佳方案。数据上云的客户调研表如表 10-2 所示。

表 10-2　大数据上云的客户调研表

分类	调研项	说明
网络调研（云下）	能否连接公网	确定客户能否将数据通过互联网的方式传输到云上
	公网出口带宽	确定客户的互联网出口带宽，确定客户的传输速度能否达到业务要求，在规定的时间内将数据通过互联网的方式上传到云上
	是否需要专线接入	如果公网方案不通，需要确定企业能否接受通过线下机房接专线，走阿里云高速通道的方式来完成数据上传，该方式一般会产生额外费用
	其他	
网络调研（云上）	是否有 VPC 网络	确定企业是否已开通阿里云专有网络（VPC）。该问题会影响同步工具的选择，如果企业数据在 VPC 内的 ECS 或 DRDS 上，则需要通过自定义调度资源的方式完成数据同步到 MaxCompute 的工作
数据调研	业务系统数量	确定企业已有业务系统的个数，该项有时候可无
	业务表数量	确定企业已有业务表的个数，该项有时候可无
	数据总量	粗略评估企业已有数据总量，用于后续评估初始化数据同步耗时
	每日数据增量	粗略评估企业每日增量数据量，主要针对离线场景，用于后续评估每日同步耗时
数据调研	数据来源（如 Oracle、文件等）	确定企业的源数据来源，可能为多种来源，用来确定后续同步工具的选择。如果是文件类型的离线同步，则可以采用数据集成或 DataX 来完成同步
	数据处理脚本数量	粗略评估企业每日离线作业脚本数量，可用于后续评估购买计算资源的参考项
	数据处理是否有存储过程	确定企业是否有存储过程需要迁移，用于后续评估迁移工作量
	数据处理是否有 UDF	确定企业是否有 UDF 需要迁移，用于后续评估迁移工作量
	是否有非结构化数据	确定企业是否有图形、视频等非结构化数据需要处理，非结构化数据一般需要存储在 OSS 产品中，该项将影响后续整体同步处理方案
	是否已有任务调度系统	确定企业是否已有调度系统，用于评估企业是否需要使用 Data IDE 调度系统，以及线下调度如何与 DataWorks 调度集成等问题
	其他	
业务调研	离线数据同步频率	指企业离线数据场景的同步频率，常见的为每天同步一次。用于后续确定企业离线同步方案
	数据同步时间窗口	指企业离线数据场景，每次同步允许的时间窗口，比如每天凌晨 2 ~ 4 点必须同步完成。用于后续结合带宽、数据量等因素综合评估企业离线同步性能要求
	是否有离线数据处理场景	MaxCompute 产品用于处理离线数据处理场景，用于评估企业是否需要使用 MaxCompute
业务调研	是否有实时数据处理场景	StreamCompute 产品用于处理实时数据处理场景，用于评估企业是否需要使用 StreamCompute
	是否有数据挖掘场景	PAI 平台结合底层 MaxCompute 计算引擎，用于处理数据挖掘等机器学习场景，用于评估企业是否需要使用 PAI 机器学习
	是否有海量数据 OLAP 分析场景	AnalyticDB 产品用于处理海量数据 OLAP 分析场景，用于评估企业是否需要使用 AnalyticDB。例如，企业有百亿条数据，需要即时根据不同维度进行统计分析

10.2.2 资源评估

1. 存储资源

MaxCompute 中的本地存储以结构化形式存储在二维表（Table）中，采用的是列式压缩，实际压缩率会根据实际数据有所变化。

一般可以挑选数据量较大的几个表的样例数据，上传到 MaxCompute 后，评估整体的平均压缩比，然后根据压缩比，评估出上云后的存储数据量，进而评估出计算所需的存储成本。

如果上传的是原始数据，那么在数据的处理过程中还会产生一系列衍生数据，比如数据清洗、汇总的中间结果以及最终的结果等。也就是说，相对于原始数据会有一定的膨胀系数，此系数通常可以取 1 ～ 3 之间的数值。根据以上方法，可以评估所需的存储空间，以及相应的存储成本。

存储空间 = 原始数据量 * 压缩比 * 膨胀系数

2. 计算资源

使用 MaxCompute 中的资源时，计费方式有按量计费和包年包月两种方式，用户可根据实际需要选择适当的计量方式。

（1）按量计费

在按量计费模式下，任务会运行在一个非常大的公共资源池中，对应数百到数千台物理机（会根据实际业务量调整），系统根据每个任务的输入数据量以及计算复杂度进行计费。这种模式适用于计算任务不多，业务未固定（尤其初期使用时），或者需要调用尽可能多的计算资源来快速完成大型计算任务的场景。

（2）包年包月

包年包月的模式是通过购买 CU 的方式来固定每月的计算消耗，每个 CU 对应一个 CPU、4GB 内存。待业务固定后，可以根据业务期望的数据处理总时间、现有任务所需 CU 数量等来综合评估需要购买的 CU 个数。

如果后期业务增长，原来购买的 CU 不足，可以根据需要随时扩展更多的 CU。两种模式的对比如表 10-3 所示。

表 10-3　按量计费和包年包月方式的对比

模式	优点	缺点	适用场景
按量计费	不限定计算资源，在大部分场景处理任务快	不容易控制预算	1）需要任务尽快的完成 2）日常任务数量不多
包年包月	1）预算控制精确 2）预算资源的分配有保障	任务会限制在自己购买的资源池中运行，大型任务有可能需要的时间较长	1）任务数量较多 2）希望资源的分配更加有保障

以下是几种场景下，常见的资源估算的方式：

1）若客户已有 Hadoop 集群，可先根据线下集群规模来评估需预付费购买的 CU 个数。比如，客户线下集群有 30 台机器，每台机器的 CPU 为 32 核，并且系统的使用基本处于满载状态，那么建议购买 CU 个数 = 30 × 32 = 960。

2）如果没有类似的集群，只有数据量的大小，则可以根据通常情况下 CPU 与数据存储的经验比值来评估。若客户数据大小为 1TB，那么建议购买 3CU。注意，该场景下所做的是模糊评估，可能有比较大的误差，实际 CU 个数可在业务上线后再进行弹性缩减。

3）上云初期，可采取先购买后付费的模式，将生产业务迁移上云，结合所有任务运行情况，综合评估所需购买的 CU 个数。

针对以上几种情况，建议先短期购买一定的 CU，如果任务堆积程度较高，则继续增加 CU 个数；如任务同步时间非常宽余，则继续减少 CU 个数。

3. 网络资源

在从企业 IDC 机房向云上同步数据时，网络带宽是一个常见的瓶颈，所以在上云前期，我们需要评估网络资源能否满足业务要求。可以分两个阶段对所需网络带宽进行评估：

1）数据初始化：

$$初始化总数据量 / 业务期望初始化时间 = 初始化同步速度$$

2）每日增量：

$$每日增量数据量 / 业务期望每日同步时间 = 每日同步速度$$

根据现有网络带宽资源与初始化同步速度、每日同步速度对比，看能否满足业务要求。如果公网带宽不能满足需求，则需要采用物理专线的方式，详细信息可见如下网址：

- 产品官网：https://www.aliyun.com/product/expressconnect
- 物理专线说明：https://help.aliyun.com/document_detail/44852.html

4. 人员

数据上云涉及人员包括数据开发人员、机房运维人员、业务人员。各方职责分别如下：

- 数据开发人员一般指整个数据团队，该团队负责协调各方人员，确定整体上云方案及架构，并负责最终上云具体实施。
- 机房运维人员主要负责保障硬件、网络等资源，如网络如何打通、带宽如何提高、专线如何接入等。
- 业务人员负责整体业务逻辑迁移中对具体业务逻辑问题的支持。

10.2.3　数据上云

本节将介绍大数据上云的过程，这里所说的上云均指迁移数据到 MaxCompute 产品。

1. 数据表迁移

当我们开始将数据上云到 MaxCompute 时，第一步就是考虑如何将原有的表结构类型转换为 MaxCompute 的表结构类型。建议的方式是将源库表的表结构脚本导出，批量编辑修改为 MaxCompute 所需的语法。

（1）MaxCompute 数据类型和 DDL 语法介绍

我们先来了解一下 MaxCompute 支持的数据类型和建表的 DDL 语句。

MaxCompute 表中的列必须是表 10-4 描述的任意一种类型，相关类型的描述及取值范围如表 10-4 所示。

MaxCompute1.0 中支持的数据类型较少，MaxCompute2.0 进行了大量的扩展，如表 10-4 所示。由于原类型系统设计原因，目前如果需要使用新数据类型系统，需要设置 set odps.SQL.type.system.odps2=true; 或 setproject odps.SQL.type.system.odps2=true;，否则可能报错 xxxx type is not enabled in current mode。

表 10-4　MaxCompute 中的列类型及描述

类型	是否 2.0 版本新增	常量定义	描述
TINYINT	是	1Y，–127Y	8 位有符号整型，范围 –128 ～ 127
SMALLINT	是	32 767S，–100S	16 位有符号整型，范围 –32 768 ～ 32 767
INT	是	1 000，–15 645 787	32 位有符号整型，范围 $-2^{31} \sim 2^{31} - 1$
BIGINT	否	100 000 000 000L，–1L	64 位有符号整型，范围 $-2^{63} + 1 \sim 2^{63} - 1$
FLOAT	是	无	32 位二进制浮点型
DOUBLE	否	3.141 592 6 1E+7	64 位二进制浮点型
DECIMAL	否	3.5BD，99999999999.9999999BD	十进制精确数字类型，整型部分范围为 $-10^{36} + 1 \sim 10^{36} - 1$，小数部分精确到 10^{-18}
VARCHAR(n)	是	无	变长字符类型，n 为长度，取值范围 1 ～ 65 535
STRING	否	"abc"，'bcd'，"alibaba" 'inc'	字符串类型，目前长度限制为 8M
BINARY	是	无	二进制数据类型，目前长度限制为 8M
DATETIME	否	DATETIME '2017-11-11 00:00:00'	日期时间类型，范围从 0000 年 1 月 1 日到 9999 年 12 月 31 日，精确到毫秒
TIMESTAMP	是	TIMESTAMP '2017-11-11 00:00:00.123456789'	与时区无关的时间戳类型，范围从 0000 年 1 月 1 日到 9999 年 12 月 31 日 23.59:59.999999999，精确到纳秒
BOOLEAN	否	TRUE，FALSE	boolean 类型，取值为 TRUE 或 FALSE

我们来看一下 MaxCompute 中的 DDL 建表语句的写法，参考代码如下：

```
CREATE TABLE [IF NOT EXISTS] table_name
[(col_name data_type [COMMENT col_comment], ...)]
[COMMENT table_comment]
[PARTITIONED BY (col_name data_type [COMMENT col_comment], ...)]
[LIFECYCLE days]
[AS select_statement]
```

上述 DDL 语句的一些说明如下：

● 表名与列名均对大小写不敏感。

● 表名、列名中不能有特殊字符，只能使用英文的 a ～ z、A ～ Z 及数字和下划线（_），且以字母开头，名称的长度不超过 128 字节，否则将报错。

- 注释内容是长度不超过 1024 字节的有效字符串，否则将报错。

- [LIFECYCLE days] 中的参数 days 为生命周期时间，只接受正整数，单位为天。下面给出一个 DDL 建表语句的示例：

```
CREATE TABLE IF NOT EXISTS
sale_detail ( shop_name  STRING,
customer_id
        STRING,
total_price
        DOUBLE
)
PARTITIONED BY (sale_date STRING,region STRING); -- 如果没有同名表存在，创建一张分区
表 sale_detail。
```

（2）Oracle 到 MaxCompute 字段类型的转换

接下来，我们看一下常见数据库与 MaxCompute 字段类型的转换关系，表 10-5 所示为 Oracle 到 MaxCompute 的字段类型转换映射表。

表 10-5　Oracle 到 MaxCompute 字段类型的转换

Oracle	MaxCompute	说明
CHAR	STRING	MaxComputeString 类型大小限制为 8MB
NCHAR	STRING	
VARCHAR2	VARCHAR	
NVARCHAR2	VARCHAR	
INTEGER\BIGINT	BIGINT	
NUMBER(M,0)	DECIMAL/BIGINT	19 位以下的整型数据使用 BIGINT 存储。19 位以上整型数据选用 DECIMAL 类型
NUMBER(M,N),N>0	DECIMAL	
FLOAT/BINARY_FLOAT/ BINARY_DOUBLE	DOUBLE	
DATE	DATETIME	
RAW	STRING	RAW，类似于 CHAR，声明方式为 RAW(L)，L 为长度，以字节为单位。作为数据库列时最大值为 2 000，作为变量时最大值为 32 767 字节。该函数按照缺省字符集合，将 RAW 转换为 VARCHAR2
TIMESTAMP	DATETIME/STRING	TIMESTAMP 转换为 MaxCompute DATETIME 会损失微秒的精度。如不能损失精度建议转换为 STRING 类型
BLOB/NCLOB/CLOB/ LONG/LONG RAW/BFILE	STRING	将此类型数据存储到 OSS 中，MaxCompute 仅存储 OSS 地址
其他类型	STRING	其他 MaxCompute 不支持的类型可以转换为 String 类型存储

（3）Hive 到 MaxCompute 字段类型的转换

Hive 到 MaxCompute 字段类型的转换如表 10-6 所示。

表 10-6 Hive 到 MaxCompute 字段类型的转换

Hive	MaxCompute	说明
BOOLEAN	BOOLEAN	
TINYINT	TINYINT	
SMALLINT	SMALLINT	
INT	INT	
BIGINT	BIGINT	
DOUBLE	DOUBLE	
FLOAT	FLOAT	
DEICIMAL	DECIMAL	
STRING	STRING	单个 STRING 列最长允许 8MB
VARCHAR	VARCHAR	
CHAR	STRING	
BINARY	BINARY	
ARRAY	ARRAY	
TIMESTAMP	BIGINT	
DATE	DATETIME	
MAP<key,value>	MAP	
STRUCT	STRUCT	
UNION	不支持	
其他类型	STRING	其他 MaxCompute 不支持的类型可以转换为 STRING 类型存储

（4）MySQL 到 MaxCompute 字段类型的转换

MySQL 到 MaxCompute 字段类型的转换如表 10-7 所示。

表 10-7 MySQL 到 MaxCompute 字段类型的转换

MySQL	MaxCompute	说明
TINYINT	TINYINT	
SMALLINT	SMALLINT	
MEDIUMINT	INT	
INT\INTEGER	INT	
BIGINT	BIGINT	
FLOAT	FLOAT	
DOUBLE	DOUBLE	
DECIMAL	DECIMAL	
DATE\DATETIME	DATETIME	
TIMESTAMP	TIMESTAMP	
TIME\YEAR	STRING	

（续）

MySQL	MaxCompute	说明
CHAR	STRING	
VARCHAR	VARCHAR	
TINYTEXT\TEXT	STRING	
MEDIUMTEXT\LONGTEXT	STRING	将 MEDIUMTEXT\LONGTEXT 存储到 OSS 中，MaxCompute 仅存储 OSS 地址
TIN YBLOB\BLO B\LOG NG BLO B\MEDIUMBLOB	STRING	将 TINYBLOB\BLOB\LOGNGBLOB\MEDIUMBLOB 存储到 OSS 中，MaxCompute 仅存储 OSS 地址

2. 存量数据迁移

数据上云时，第一批需要迁移的就是存量数据。存量数据是指源库或源端已经存在的历史数据，这部分数据需要一次性、批量地同步到云上。

（1）工具选择

同步存量数据时，可根据情况选择以下工具：

1）如果数据在云上，数据量在 TB 级别以下，那么建议采用 DataWorks（大数据开发套件），再选择数据同步 / 数据集成功能。

2）如果数据在云下，那么优先建议使用 DataX 来完成数据同步。

3）如果数据在云下 Hadoop 集群，那么优先建议使用 DI On Hadoop 工具来完成数据同步。详细使用方法请参考示例 "HDFS 到 MaxCompute 的数据同步"。

（2）性能评估

存量数据迁移一般是一次性工作，且数据量较大（可能有几十 TB，甚至 PB 级别），所以对同步性能要求极高，应优先考虑性能以满足业务要求。如图 10-13 所示，整个同步过程分为五部分，我们需要评估以下几个问题：

图 10-13　存量数据迁移需要评估的问题

1）源库 / 源端读取性能能否满足要求？

需要找业务系统支持人员来调整性能参数等来提高其读取速度。

2）带宽能否满足要求？

需要找运维人员调整带宽，如公网带宽不能满足要求，可以考虑阿里云的高速通道。

3）同步机器资源是否足够？

确定负责完成同步的机器是否足够，这些机器的数量将影响实际同步任务的并发量，从而影响整体的同步性能。在同步机器不足以成为同步瓶颈的情况下，可以通过扩容同步机器的方式来提高整体同步性能。

4）同步工具的性能能否满足需要？

目前 DataX 能够满足一般客户的性能要求，如有特殊需求，请联系阿里云客服人员。DataX 的具体性能指标可以参考每个 Channels 的性能测试，详见 https://github.com/alibaba/DataX/wiki/DataX-all-data-channels。

5）MaxCompute 的写入性能能否满足要求？

MaxCompute 一般的写入性能足以满足客户需求。

上述描述并不能涵盖所有情况和处理办法，还需根据具体实施情况来评估瓶颈点在哪个步骤，再根据瓶颈点来做优化，从而提升整体同步效率。

（3）数据验证

在存量数据迁移完成之后，我们需要对同步结果数据进行验证。验证主要通过对比同步前与同步后数据的总记录数来完成，如果发现不一致，那么需要查找导致错误的原因。例如：

1）因多次导入导致重复数据。此类情况下，需要找出重复的数据记录数，可以在 MaxCompute 中通过 SQL 再次清洗，或者清空该表，再同步一次。

2）因脏数据导致同步后的数据记录数小于同步前的数据记录数，此时需要确定脏数据的占比，查明原因。比如，是否存在分隔符设置错误、文件字符集设置错误、表结构历史上有过变更、表中数据缺失 / 乱码无法导入等问题。需要根据具体占比来决定是否可以忽略这部分数据，或者修改相应配置后重新导入数据。

（4）示例：HDFS 到 MaxCompute 的数据同步

本节将从一个实际案例出发，介绍如何使用 DI On Hadoop 版本，完成将 HDFS 数据同步到 MaxCompute。具体步骤如下。

1）基础环境准备。

运行 DI On Hadoop 任务需要 Hadoop 环境，因为这类任务本质上是一个 MapReduce 任务，需要使用 Hadoop 客户端将此 MapReduce 任务提交到 Hadoop 集群。

下载 DI On Hadoop 软件包，此软件包本质上是一个 Hadoop MapReduce Jar，文件名为 datax-jar-with-dependencies.jar。截至本书编写完成时，该上云工具还没有完成开源流程，可以在阿里云提工单或者联系客户支持人员索取本软件包。需要注意的是，提交 DI On Hadoop 任务需要有 Java 环境。

2）编写任务配置代码。

HDFS 同步数据到 MaxCompute 的 JSON 配置如下：

```
{
    "core": {
```

```
            "transport": {
                "channel": {
                    "speed": {
                        "byte": "-1",
                        "record": "-1"
                    }
                }
            }
        },
        "job": {
            "setting": {
                "speed": {
                    "byte": 1048576
                },
                "errorLimit":
                    { "record": 0
                }
            },
            "content": [
                {
                    "reader": {
                        "name": "hdfsreader",
                        "parameter": {
                            "path": "/tmp/test_datax/i_love_yixiao*",
                            "defaultFS": "hdfs://localhost:9000",
                            "column": [
                                {
                                    "index": 0,
                                    "type": "string"
                                },
                                {
                                    "index": 1,
                                    "type": "string"
                                }
                            ],
                            "fileType": "text",
                            "encoding": "UTF-8",
                            "fieldDelimiter": ","
                        }
                    },
                    "writer": {
                        "name": "odpswriter",
                        "parameter": {
                            "project": "di_on_hadoop_demo",
                            "table": "i_love_yixiao",
                            "partition": "pt=20170510,dt=00",
                            "column": [
                                "id ",
```

```
                                    "na me"
                            ],
                            "accessId": "xxxxxxxxxx",
                            "accessKey": "xxxxxxxxxx",
                            "truncate": true,
                            "odpsServer": "http://service.odps.aliyun.com/api",
                            "tunnelServer": "http://dt.odps.aliyun.com",
                            "accountType": "aliyun"
                        }
                    }
                }
            ]
        }
    }
```

更多配置说明可以访问数据集成开源版（DataX）项目主页查看详细的 JSON 配置含义，地址为 https://github.com/alibaba/DataX。

3）任务提交执行。

通过 Hadoop 客户端提交一个 DI On Hadoop 任务，提交命令如下：

```
./bin/hadoop jar datax-jar-with-dependencies.jar com.alibaba.datax.hdfs.odps.
mr.HdfsToOdpsMRJob ./bvt_case/speed.json
```

注意，这里也可以使用类似数据集成开源版（DataX）的参数占位符功能，比如 JSON 配置有如下片段：

```
"path": "/tmp/test_datax/i_love_yixiao/pt=${bizdate}/",
```

对于这种参数占位符的方式，在通过 Hadoop 客户端提交一个 DI On Hadoop 任务时，命令如下：

```
./bin/hadoop jar datax-jar-with-dependencies.jar com.alibaba.datax.hdfs.
odps. mr.HdfsToOdpsMRJob./bvt_case/speed.json -P"-Dbizdate=20170510" -t i_love_
yixiao_20170510_2_maxcompute
```

这里在任务提交时为 HDFS 的路径占位符传递的值，并给此 MapReduce 任务赋予一个有意义的、便于任务管理的名字 i_love_yixiao_20170510_2_maxcompute。通过这种方式，可以编写一份配置，通过传递参数多次运行完成存量、增量数据上云的工作。

建议尽量考虑 HDFS 数据分区特征，并结合上面的参数替换功能完成上云任务的配置和执行。

4）任务状态收集。

步骤 3 已经提交运行一个 DI On Hadoop 任务，控制台会打印同步任务执行的汇总进度信息，包括 Mapper 进度、Reducer 进度等。任务执行成功后，还可以看到任务执行速度、记录条数等相关的同步统计信息。具体如下所示：

```
                          bytes written=0
17/04/18 16:46:18 INFO scheduler.JobScheduler: DataX Reader.Job [hdfsreader] do post work.
17/04/18 16:46:18 INFO scheduler.JobScheduler: DataX Writer.Job [odpswriter] do post work.
任务启动时刻    :Tue Apr 18 16:43:10 CST 2017
任务结束时刻    :Tue Apr 18 16:46:15 CST 2017
任务总计耗时    :185  s
任务平均流量    :  5.72 MB/s
记录写入速度    :551410 rec/s
读出记录总数    :102011010
读写失败总数    :0
job success
```

此处只是运行一个简单的 Demo 任务，在实际生产环境中，任务执行速度要远远大于这个速度。

（5）示例：MySQL 到 MaxCompute 的数据同步

本节将给出一个实际案例，介绍如何使用数据集成开源版本（DataX）完成 MySQL 数据同步到 MaxCompute 的工作。具体步骤如下：

1）基础环境准备。

为了运行数据集成开源版本（DataX），需要准备以下软件环境：

- Linux、Windows：建议将 Linux 作为生产环境，Windows 可以作为开发验证环境。
- JDK 1.7 版本以及以上。
- Python（推荐 Python2.6.X）。

如果需要通过源代码编译数据集成开源版本（DataX），还需要准备 Maven，建议选择 Apache Maven 3.x 系列版本。编译细节可参见 Github 项目帮助文档。

2）工具下载以及安装。

可以从以下地址下载数据集成开源版本（DataX）工具包（如果仅是使用，推荐直接下载）：

http://datax-opensource.oss-cn-hangzhou.aliyuncs.com/datax.tar.gz

下载后解压至本地某个目录，修改权限为 755，进入 bin 目录，即可运行样例同步作业：

```
$ tar -zxvf datax.tar.gz
$ sudo chmod -R 755 {YOUR_DATAX_HOME}
$ cd {YOUR_DATAX_HOME}/bin
$ python datax.py ../job/job.json
```

3）编写同步配置文件。

DI On Hadoop 的 JSON 配置文件内容如下：

```
{
    "job": {
        "content": [
            {
                "reader": {
```

```
                    "name": "mysqlreader",
                    "parameter": {
                        "column": [
                            "id",
            "context",
            "' ${bizdate} ' "
                        ],
                        "connection": [
                            {
                                "jdbcUrl": [
                                    "jdbc:mysql://127.0.0.1:3306/demo_database"
                                ],
                                "table": [
                                    "t_job"
                                ]
                            }
                        ],
                        "password": "root",
                        "username": "root",
                        "where": "id < 1000",
                        "splitPk": "id"
                    }
                },
                "writer": {
                    "name": "odpswriter",
                    "parameter": {
                        "accessId": "xxxxxxx",
                        "accessKey": "xxxxxxx",
                        "column": [
                            "id",
"context",
"bizdate"

                        ],
                        "odpsServer": "http://odps-ext.aliyun-inc.com/api",
                        "tunnelServer": "http://dt-ext.odps.aliyun-inc.com",
                        "partition": "pt=20170510",
                        "project": "demo_project",
                        "table": "t_job",
                        "truncate": true
                    }
                }
            }
        ],
        "setting": {
            "speed": {
                "channel": "2"
            }
        }
    }
}
```

4）启动同步任务。

第 3 步的配置文件保存到磁盘上，将其命名为 mysql2maxcompute.json。

```
$ cd {YOUR_DATAX_DIR_BIN}
$ python datax.py ./ mysql2maxcompute.json
```

同步任务成功结束，通过数据集成开源版（DataX）将数据从 MySQL 上传到 MaxCompute 中，显示日志类似如下：

```
2017-05-11 22:51:57.427 [job-0] INFO  JobContainer -
任务启动时刻                    : 2017-05-11 22:51:56
任务结束时刻                    : 2017-05-11 22:51:57
任务总计耗时                    :                  1s
任务平均流量                    :            2.48MB/s
记录写入速度                    :         100000rec/s
读出记录总数                    :              100000
读写失败总数                    :                   0
```

5）扩展延伸。

基于数据集成开源版（DataX），还可以完成以下工作：

- 自定义调度参数：可以在同步任务 JSON 配置中设置占位符，比如上面 mysql2-maxcompute.json 文件中的 ${bizdate}，在任务执行时传递占位符实际值。比如 python datax.py ./ mysql2maxcompute.json -p"-Dbizdate=20170510"。
- 周期调度：可以通过外部调度系统定期调用 datax.py 运行同步作业，比如 Linux 默认自带的 crontab 命令。
- 自定义插件：如果有特殊通道需求而数据集成开源版（DataX）暂时还没有支持，或者对已有通道有定制化需要，可以添加、修改相关实现代码，通过源代码编译获得定制的数据集成开源版本（DataX）。
- 贡献代码：可以将代码修改通过 github merge request 提交给阿里云数据集成，修改审核通过后会合并到数据集成官方代码中。

更多详细信息可以参阅数据集成开源版（DataX）项目主页 https://github.com/alibaba/DataX，这是数据集成支持开放程度最高的模式。

3. 增量数据更新（批量）

增量数据更新（批量）指的是日常定时同步任务，定时从源库抽取最新的更新数据到 MaxCompute 中。最常见的场景就是 T+1，即每天晚上定时同步当天的数据到 MaxCompute 中。

批量更新增量数据适用于企业源数据表中有时间戳字段（且该字段业务系统能正常使用），如果没有时间戳字段则无法进行此方案更新，只能选择另外两种办法：

1）每日全量更新方案：如果源表数据量不大，可考虑这种方案。

2）增量数据更新（实时）方案：如通过 MySQL binlog 等机制来完成实时增量数据的更新。

（1）工具选择

对于增量数据更新（批量）的工作，可选择以下工具：

1）优先选择 DataWorks（大数据开发套件）中的数据同步 / 数据集成功能来完成定时同步任务配置，DataWorks 提供了完整的调度引擎功能，可以在页面上便捷地配置数据同步任务。

DataWorks 可以配置调度资源，使用阿里云提供的默认公共调度资源来执行同步任务，也可以选择自定义调度资源。在默认公共调度资源无法连接源库或性能无法满足要求时，可以考虑自定义调度资源。

2）如果 DataWorks 无法满足需求，那么可以考虑通过 DataX 来进行数据同步，比如：

- 无法将本地 IDC 的机器添加为数据集成的执行 Agent，不允许本地 IDC 机器同数据集成保持心跳联系，同时数据存储也没有暴露公网访问。
- 需要对同步任务资源占用有完全的控制权（包括但不限于内存占用量、完全掌控流控等）。
- 数据上云是临时性的、一次性的操作。
- 企业具有一定的系统运维能力，期待脚本化、定制化的数据上云策略。比如，本地环境已有任务调度系统，期待使用此调度系统触发执行同步作业。

（2）性能评估

定时批量任务有时也会对性能有要求，比如业务方要求必须在 2 个小时内传完今日新增数据，同样，性能的瓶颈点可以参考前面介绍存量数据迁移的性能评估时给出的方法，依旧需要从五个步骤上查找瓶颈点，并进行优化。

如果对同步时间和数据量有更高要求，比如要求必须在 10 分钟内传完一天的增量（如 20TB）数据，那么建议改为采用实时采集工具，请参考"增量数据更新（实时）"部分。

（3）示例：使用 DataWorks 完成数据同步[⊖]

本节将给出一个实际案例，介绍如何使用数据集成向导模式、脚本模式完成数据同步作业配置，进而将 MySQL 数据整同步到 MaxCompute 中。

1）登录到数加数据集成产品首页 https://di.shuju.aliyun.com，并选择左侧的"工作空间概览"–"数据源"标签，进入数据源管理页面。其中右上角有新增数据源功能按钮。如图 10-14 所示。

2）点击"新增数据源"，在"数据源名称"处添加一个面向整库迁移的 MySQL 数据源 update_databae，点击"测试连通性"来验证数据源访问正确无误后，确认保存此数据源。如图 10-15 所示。

⊖ 以下示例均以本书出版时的 DataWorks 版本来描述步骤与截图。请关注阿里云官网获取 DataWorks 产品的最新信息。

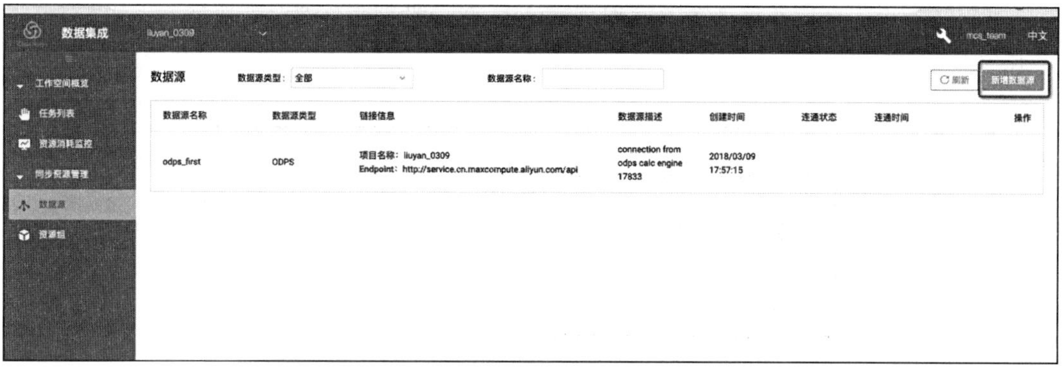

图 10-14　数据源管理页面

图 10-15　新增数据源设置

3）新增数据源成功后，即可在数据源列表中看到新增的 MySQL 数据源 update_database。

4）利用向导模式创建数据上云任务。

①选择左侧的"离线同步"－"同步任务"标签，进入同步任务配置页面，如图 10-16 所示，可以选择任务开发模式，这里选择向导模式。

②在"数据来源"处，我们选择刚刚添加的 MySQL 数据源 update_database；在"表"处选择同步本数据库的 reader 表。由于是全量全表同步，因此没有数据过滤条件，"数据过

滤"处保持空白；最后选择任务并发切分列为 id 列，即"切分键"处选择 id。如图 10-17 所示。

图 10-16　选择向导模式

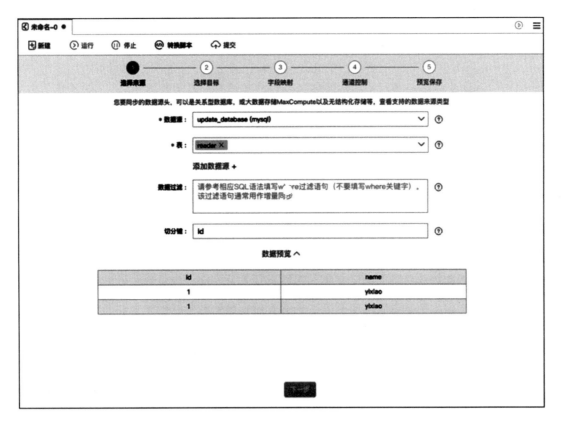

图 10-17　设置数据源

③选择数据目标，这里的"数据源"选择数据上传目标，即 MaxCompute，项目计算引擎数据源 odps_first 即是本项目默认管理的 MaxCompute Project；如果目标数据表不存在，

可以使用这里的快速建表功能创建目标 MaxCompute 表；配置分区信息和数据写出清理规则。最终的页面设置如图 10-18 所示。

　　④进行字段映射，在这里，我们完成源头 MySQL 表和目标 MaxCompute 表同步时，两张表字段同步映射关系。图 10-19 中有指向的连线指出了数据同步映射关系和方向。

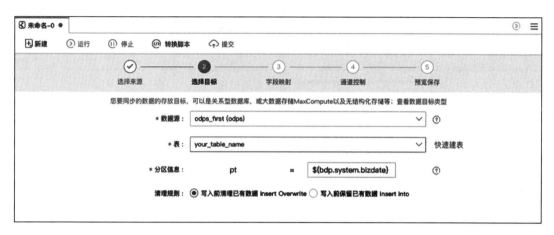

图 10-18　选择目标

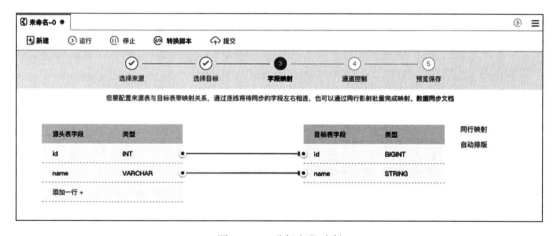

图 10-19　进行字段映射

　　⑤"通道控制"部分包括控制数据同步作业的速率（请根据项目实际需要填写，这里为 1MB/s），以及脏数据限制。这里填写脏数据的最大容忍条数，如果配置为 0，表示不允许脏数据存在；如果不填则代表容忍脏数据。如图 10-20 所示。

　　⑥"预览保存"部分用来对前面几步的配置做最终确认。确认无误后，点击"保存"按钮，将作业配置保存到 mysql_2_maxcompute 节点中。如图 10-21 所示。

图 10-20　设置通道控制

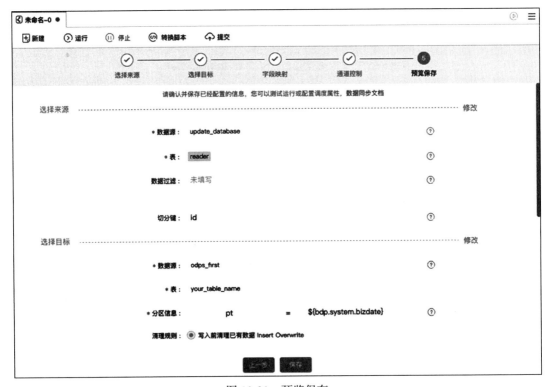

图 10-21　预览保存

⑦节点配置完成后，点击图 10-22 所示的"运行"按钮，开始执行同步作业。任务执行成功后，界面下方有红框标识的执行日志，其中包括任务启动时刻、任务结束时刻、任务总计耗时、任务平均流量、记录写入速度、读出记录总数、读写失败总数等统计信息。

注意，数据集成和 DataWorks 是无缝对接的，数据集成能够享受到 DataWorks 完备的调度、工作流依赖、任务运维、监控报警等功能。比如，如果上云同步任务需要定期调度执行，可以点击上图工具栏红框处的"提交"按钮，将任务提交到 DataWorks 的调度系统，获得定期调度能力。如图 10-23 所示。

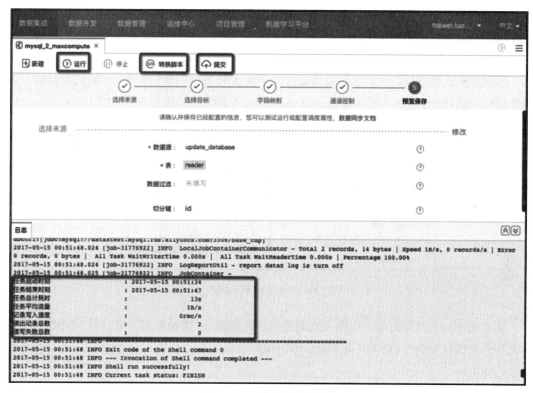

图 10-22　执行同步作业

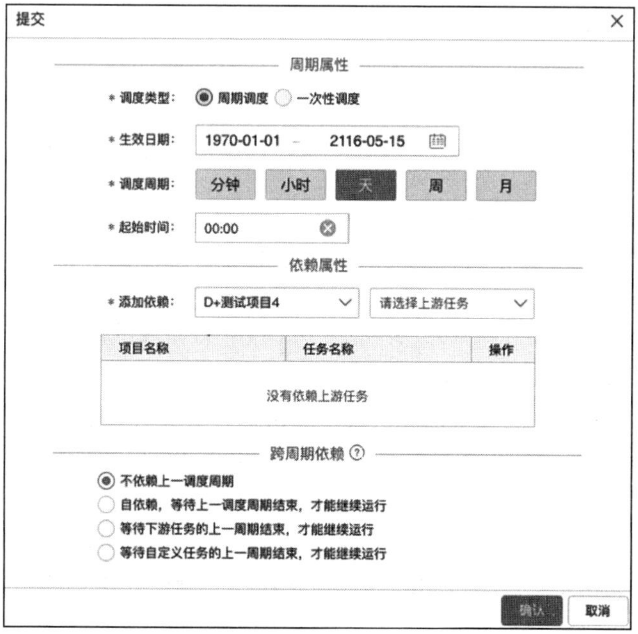

图 10-23　提交任务

至此，我们完成了数据集成向导模式下的任务配置，将 MySQL 数据库表同步到了 MaxCompute 当中。

5）脚本模式。

①脚本模式是指用户可以通过直接编写数据同步的 JSON 脚本来完成数据同步开发。选择左侧的"离线同步"–"同步任务"标签，进入同步任务配置页面，如图 10-24 所示，这里我们选择脚本模式。

图 10-24　选择脚本模式

②在图 10-25 的页面中，选择来源类型和目标类型。"来源类型"处选择 MySQL，"目标类型"处选择 ODPS（ODPS 即 MaxCompute）。

图 10-25　导入模板

③选择"导入模板"后可以看到同步任务配置 JSON，这里会给出一份可直接运行的配置 JSON，详细的 JSON 配置信息可以点击图 10-26 所示的红框的帮助文档进一步了解。

④脚本模式 JSON 配置编写完成后，可以点击保存、运行、任务提交调度等。本质上，向导模式和脚本模式都是为了生产数据集成可执行 JSON 代码。

6）总结。

数据集成提供的向导模式和脚本模式本质上都是为了生产数据集成可执行 JSON 代码，只是作业配置形式不同而已。通过实际的界面化操作，并结合帮助文档即可完成作业的配置，这里不做过多的阐述。

4. 增量数据更新（实时）

增量数据更新（实时）一般适用于实时 / 流式业务场景。若要求业务数据实时归档到 MaxCompute 或者实时进行流计算处理，那么可以选择实时数据采集的方式，可供选择的实时采集工具也比较多，如 Logstash、Fluentd、Flume、DTS、OGG 等。

（1）工具选择

对增量数据更新（实时）的工作，可以选择如下工具：

1）如果源数据为文件 / 日志格式，建议采用 Logstash/Flume/Fluentd 的方式。

2）如果源数据为 Oracle 数据库，建议采用 OGG。

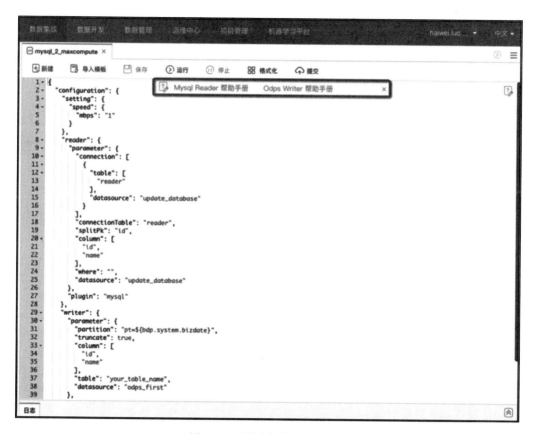

图 10-26　同步任务配置 JSON

3）如果源数据为阿里云 RDS，建议采用 DTS。

4）如果有自定义的需求，或上述工具均无法支持的场景，可以使用 DataHub SDK 完成更加灵活的数据上传。

（2）示例：Logstash 实时采集日志

本节将给出一个实际案例，介绍如何使用 Logstash 完成实时日志数据的采集，将日志数据实时同步到 Datahub 中，进而归档到 MaxCompute 或者让 StreamCompute 进行流式计算。

1）安装。安装 Logstash 要求使用 JRE 7 版本及以上，否则部分功能无法使用。阿里云提供两种 LogStash 的安装方式：

- 一键安装：通过一键安装包可一键安装 Logstash 和 DataHub 插件，下载地址如下：http://aliyun-datahub.oss-cn-hangzhou.aliyuncs.com/tools/logstash-with-datahub-2.3.0.tar.gz? file=logstash-with-datahub-2.3.0.tar.gz。

当前提供了免安装的版本，解压即可使用，解压命令如下：

```
$ tar -xzvf logstash-with-datahub-2.3.0.tar.gz
$ cd logstash-with-datahub-2.3.0
```

- 单独安装

①安装 Logstash：参见 Logstash 官网提供的安装教程完成安装工作，网址为 https://www.elastic.co/guide/en/logstash/2.3/index.html。

特别需要注意的是，最新的 Logstash 需要 Java 7 及以上版本。

②安装 DataHub 插件：下载所需要的插件，下载地址为 http://aliyun-datahub.oss-cn-hangzhou.aliyuncs.com/tools/logstash-output-datahub-1.0.0.gem? file=logstash-output-datahub-1.0.0.gem。

使用如下命令进行安装：

```
$ {LOG_STASH_HOME}/bin/plugin install  --local logstash-output-datahub-1.0.0.gem
```

2）使用 DataHub Output 插件上传数据，上传 Log4j 日志到 DataHub。

下面以 Log4j 日志为例，演示如何使用 Logstash 采集 Log4j 日志数据。Log4j 的日志样例如下：

```
20:04:30.359 [qtp1453606810-20] INFO AuditInterceptor - [13pn9kdr5tl84stzkmaa8vmg]
end /web/v1/project/fhp4clxfbu0w3ym2n7ee6ynh/statistics?executionName=bayes_poc_
test GET, 187 ms
```

针对上述 Log4j 文件，我们希望将数据结构化并采集进入 DataHub，其中 DataHub 的 Topic 格式如下：

字段名称	字段类型
request_time	STRING
thread_id	STRING
log_level	STRING
class_name	STRING
request_id	STRING
detail	STRING

Logstash 任务配置如下：

```
input {
    file {
        path => "${APP_HOME}/log/bayes.log"
        start_position => "beginning"
    }
}
filter{
    grok {
        match => {
            "message" => "(?<request_time>\d\d:\d\d:\d\d\.\d+)\s+\[(?<thread_
id>[\w\-]+)\]\s+(?<log_ level>\w+)\s+(?<class_name>\w+)\s+\-\s+\[(?<request_id>\
w+)\]\s+(?<detail>.+)"
        }
    }
}
output {
    datahub {
        access_id => "Your accessId"
        access_key => "Your accessKey"
        endpoint => "Endpoint"
        project_name => "project"
        topic_name => "topic"
        #shard_id => "0"
        #shard_keys => ["thread_id"]
        dirty_data_continue => true
        dirty_data_file => "/Users/ph0ly/trash/dirty.data"
        dirty_data_file_max_size => 1000
    }
}
```

使用如下命令启动 Logstash：

```
logstash -f <上述配置文件地址>
```

batch_size 是每次向 DataHub 发送的记录条数，默认值为 125，指定 batch_size 启动 Logstash：

```
logstash -f <上述配置文件地址> -b 256
```

3）参数说明如下：

- access_id(Required)：阿里云 access id。
- access_key(Required)：阿里云 access key。
- endpoint(Required)：阿里云 datahub 的服务地址。
- project_name(Required)：datahub 项目名称。
- topic_name(Required)：datahub topic 名称。
- retry_times(Optional)：重试次数。–1 为无限重试，0 为不重试，>0 表示需要重试的具体次数，默认值为 –1。

- retry_interval(Optional)：两次重试的间隔，单位为秒，默认值为 5。
- shard_keys(Optional)：数组类型，插件会根据这些字段的值计算 hash，将每条数据上传至某个 shard。注意，shard_keys 和 shard_id 都未指定，默认轮询上传至不同 shard。
- shard_id(Optional)：所有数据上传至指定的 shard，注意 shard_keys 和 shard_id 都未指定，默认轮询上传至不同 shard。
- dirty_data_continue(Optional)：脏数据是否继续运行，默认为 false。如果指定 true，则忽视遇到的脏数据，继续处理数据。当开启该开关，必须指定 @dirty_data_file 文件。
- dirty_data_file(Optional)：脏数据文件名称，在 @dirty_data_continue 开启的情况下，需要指定该值。特别要注意的是，脏数据文件将被分割成 .part1 和 .part2 两个部分，part1 作为更早的脏数据，part2 作为更新的数据。
- dirty_data_file_max_size(Optional)：脏数据文件的最大尺寸，该值保证脏数据文件最大不超过这个值，目前该值仅是一个参考值。

更多的配置参数请参考 Logstash 官方网站，以及 ELK stack 中文指南，网址为 https://www.elastic.co/。

5. MySQL 整库迁移

整库迁移是提升用户上云效率、降低用户成本的一种快捷工具，它可以帮助用户快速地将一个 MySQL 数据库内的所有表一并上传到 MaxCompute，从而极大地节约初始化数据上云的批量任务创建时间。

假设 MySQL 数据库有 100 张表，用户原本可能需要配置 100 次数据同步任务，但利用整库迁移功能可以一次性完成。同时，由于数据库的表设计规范性的问题，此工具无法保证一定可以一次性按照业务需求完成所有表的同步工作，即它有一定的约束性。

（1）功能约束和最佳实践

本节主要从功能性和约束性两个方面对整库迁移进行介绍，为实际使用整库迁移提供实践指导。

前面说过，由于数据库的表设计规范性的问题，整库迁移具有一定的约束性，具体如下：

1）目前仅提供 MySQL 数据源的整库迁移到 MaxCompute 的功能。Hadoop/Hive 数据源、Oracle 数据源整库迁移功能会逐渐开放出来。

2）仅提供每日增量、每日全量的上传方式。

如果需要一次性同步历史数据，则此功能无法满足需求，故给出以下建议：

- 建议配置为每日任务，而非一次性同步历史数据。通过数加 DataWorks 提供的调度补数据功能，可对历史数据进行追溯，从而避免在全量同步历史数据后，还需要做临时的 SQL 任务来拆分数据。

- 如果需要一次性同步历史数据，可以在任务开发页面进行任务的配置，然后点击运行，完成后通过 SQL 语句进行数据的转换，因为这两个操作均为一次性行为。

如果每日增量上传有特殊业务逻辑，而非用一个单纯的日期字段标识增量，则此功能无法满足需求，故给出以下建议：

- 数据库数据的增量上传有两种方式：通过 binlog（DTS 产品可提供）和数据库提供数据变更的日期字段来实现。目前数据集成支持后一种方式，所以要求数据库有数据变更的日期字段。通过日期字段，系统会识别数据是否为业务日期当天变更，从而同步所有的变更数据。
- 为了使增量上传更为方便，建议在创建所有数据库表的时候都有 gmt_create、gmt_modify 时间字段，同时为了提高效率，建议增加整数自增 id 列为主键。

3）整库迁移提供分批和整批上传的方式。

为了保障数据库的压力负载，整库迁移提供了分批上传的方式。该方式支持配置在指定的时间间隔内，将指定的数据库表同步。可以按照时间间隔把表拆分为几批运行，避免数据库的负载过大，影响正常的业务。所有生成任务的上限速度均为 1M/s。这里有以下两点建议：

①如果已有主、备库，建议同步任务全部同步备库数据。

②批量任务中每张表都会有 1 个数据库连接，上限速度为 1M/s。如果同时运行 100 张表的同步任务，就会有 100 个数据库进行连接，建议根据自己的业务情况谨慎选择并发数。

4）仅提供整体的表名、字段名及字段类型映射。

整库迁移会自动创建 MaxCompute 表，分区字段为 pt，类型为字符串 string，格式为 yyyymmdd。选择表时必须同步所有字段，它不能对字段进行编辑。

（2）示例：MySQL 整库迁移到 MaxCompute[⊖]

本节将从一个实际案例出发，介绍如何使用整库迁移功能，完成 MySQL 数据整库迁移到 MaxCompute 的工作。具体步骤如下：

1）参考"使用 DataWorks 进行数据同步"部分，进入 DataWorks 新增数据页面。

2）点击"新增数据源"，在"数据源名称"处添加一个面向整库迁移的 MySQL 数据源 clone_databae，点击"测试连通性"验证数据源访问正确无误后，确认保存此数据源。如图 10-27 所示。

⊖　以下示例均以本书出版时的 DataWorks 的版本为准进行步骤描述和截图。

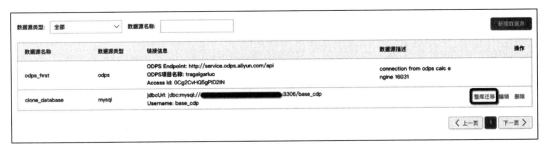

图 10-27　设置数据源

3）新增数据源成功后，即可在数据源列表中看到新增的 MySQL 数据源 clone_databae。点击对应 MySQL 数据源条目的"整库迁移"按钮即可进入对应数据源的整库迁移功能界面，如图 10-28 所示。

图 10-28　整库迁移

4）整库迁移界面如图 10-29 所示，主要分为以下 3 个功能区域：

首先是"待迁移表筛选区"，该区域将 MySQL 数据源 clone_databae 下所有数据库表以表格的形式展现出来，可以根据实际需要批量选择待迁的数据库表。

其次是右上角的"高级设置"按钮，这里提供了 MySQL 数据表和 MaxCompute 数据表的表名称、列名称、列类型的映射转换规则。

最下面是迁移模式、并发控制的工具栏区域，可以控制整库迁移的模式（全量、增量）、并发度配置（分批上次、整批上传）、提交迁移任务进度状态信息等。

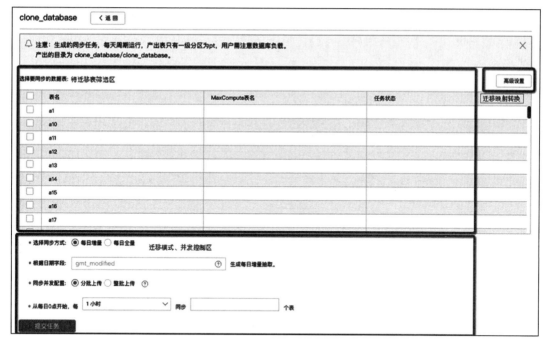

图 10-29　整库迁移页面

5）点击"高级设置"按钮，设置如图 10-30 所示的映射转换规则，可以根据具体需求选择转换规则。比如，这里 MaxCompute 端建表统一增加了"ods_"这一前缀。

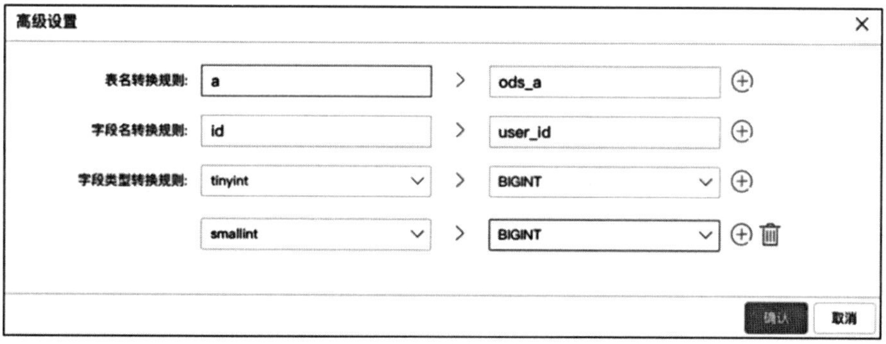

图 10-30　高级设置

6）在工具栏区域部分，如图 10-31 所示，"选择同步方式"处选择"每日增量"，并在"根据日期字段"处配置增量字段为 gmt_modified，数据集成默认会根据选择的增量字段生成每个任务的增量抽取 where 条件，并配合 DataWorks 调度参数，比如 ${bdp. system. bizdate}，形成每天的数据抽取条件。

数据集成抽取 MySQL 库表的数据的原理是通过 JDBC 连接远程 MySQL 数据库，并执行相应的 SQL 语句将数据从 MySQL 库中 SELECT 出来。由于是标准的 SQL 抽取语句，可以配置 WHERE 子句控制数据范围。对于整库迁移，可以查看到增量抽取的 where 条件，这里是：

```
STR_TO_DATE('${bdp.system.bizdate}', '%Y%m%d') <= gmt_modified AND gmt_
modified
  < DATE_ADD(STR_TO_DATE('${bdp.system.bizdate}', '%Y%m%d'), interval 1 day)
```

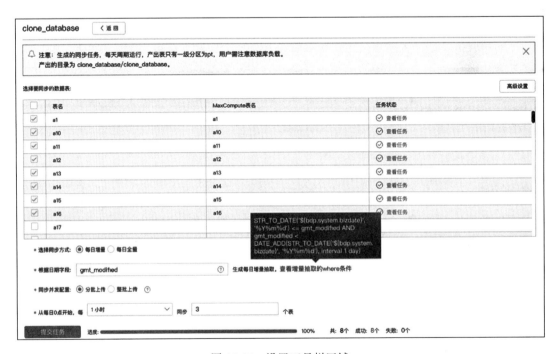

图 10-31　设置工具栏区域

为了对源头 MySQL 数据源进行保护，避免因在同一时间启动大量数据同步作业造成数据库压力过大，这里选择分批上传模式，并配置从每日 0 点开始，每 1 小时启动 3 个数据库表同步。最后，点击提交任务按钮。这里可以看到迁移进度信息，以及每一个表的迁移任务状态。

7）点击 a1 表对应的迁移任务，会跳转到数据集成的任务开发界面。如图 10-32 所示，可以看到源头 a1 表对应的 MaxCompute 表 ods_a1 创建成功，列的名字和类型也符合之前映射转换配置。在左侧目录树的 clone_database 目录下，会有对应的所有整库迁移任务，任务命名规则是 mysql2odps_ 源表名，如图 10-32 方框部分所示。

8）到这里，我们完成了将一个 MySQL 数据源 clone_database 整库迁移到 MaxCompute 的工作。这些任务会根据配置的调度周期（默认天调度）被调度执行，也可以使用 DataWorks 任务运维中的"补数据功能"来完成历史数据的传输。通过数据集成的整库迁移功能可以极大减少初始化上云的配置、迁移成本，如下即是上面整库迁移 a1 表任务执行成功的日志。

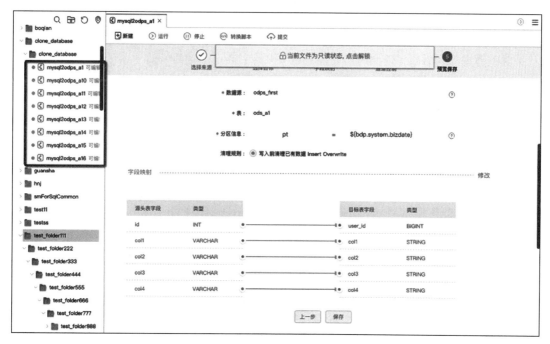

图 10-32　数据集成的任务开发界面

10.2.4　业务逻辑上云

1. SQL 迁移

MaxCompute SQL 采用的语法与 SQL 类似，可以将它看作标准 SQL 的子集，但不能因此简单地把 MaxCompute 等价成一个数据库,它在很多方面并不具备数据库的特征,如不具备事务、主键约束、索引等。目前,在 MaxCompute 中允许的最大 SQL 长度是 2MB。

关于 SQL 语法的详细介绍,请参考官网 https://help.aliyun.com/document_detail/27860.html。

下面介绍 MaxCompute SQL 中的几种常见命令。

(1) MaxCompute Insert 语法

● 静态分区

静态分区命令的语法格式如下:

```
INSERT OVERWRITE|INTO TABLE tablename [PARTITION (partcol1=val1, partcol2=val2
...)]
select_statement
FROM from_statement;
```

下面给出静态分区的一个示例:

```
insert overwrite table sale_detail_insert partition (sale_date='2013',
region='china')
    select shop_name, customer_id, total_price from sale_detail;
```

对于静态分区语法,使用时需要注意以下几点:

1)向某个分区插入数据时,分区列不允许出现在 select 列表中:

```
insert overwrite table sale_detail_insert partition (sale_date='2013',
region='china')
    select shop_name, customer_id, total_price, sale_date, region
    from sale_detail;
    -- 报错返回, sale_date, region 为分区列, 不允许出现在静态分区的 insert 语句中。
```

2)partition 的值只能是常量,不能出现表达式。以下用法是非法的:

```
insert overwrite table sale_detail_insert partition (sale_date= datepart
('2016-09-18 01:10:00', 'yyyy') , region='china')
    select shop_name, customer_id, total_price from sale_detail;
```

● 动态分区

在对一张分区表执行 insert overwrite 操作时,可以在语句中指定分区的值。也可以用另外一种更加灵活的方式,在分区中指定一个分区列名,但不给出值。相应的,在 select 子句中的对应列中提供分区的值。

动态分区命令的语法格式如下:

```
insert overwrite table tablename partition (partcol1, partcol2 ...) select_
statement from from_statement;
```

下面给出动态分区语法的一个示例:

```
create table total_revenues (revenue bigint) partitioned by (region string);
```

```
insert overwrite table total_revenues partition(region)
    select total_price as revenue,
    region from sale_detail;
```

按照这种写法，在 SQL 运行之前是不知道会产生哪些分区的，只有在 select 运行结束后，才能由 region 字段产生的值确定会产生哪些分区，这也是"动态分区"这一名称的由来。

在使用动态分区时，需要注意以下几点：

1）动态分区的性能要低于静态分区，建议优先选用静态分区格式。

2）select_statement 的最后几个字段需要依次对应目标表的分区名称。

```
-- 如下所示，目标表分区为：sale_date,region，则 select statement 部分的最后 2 个字段必须为
sale_date,region
insert overwrite table sale_detail_dypart partition (sale_date, region)
    select shop_name,customer_id,total_price,sale_date,region from
    sale_detail;
```

3）如果目标表有多级分区，在运行 insert 语句时允许指定部分分区为静态，但是静态分区必须是高级分区。

```
-- 如下所示，目标表分区为：sale_date,region，sale_date 为一级分区，是最高级分区，其可设置
静态值：'20170101'，而 region 为二级分区，在 select statement 最后一个字段指定其动态值。
insert overwrite table sale_detail_dypart partition (sale_date'20170101', region)
select shop_name,customer_id,total_price,region from sale_detail;
```

（2）MaxCompute select 语法

MaxCompute select 的语法格式如下：

```
SELECT [ALL | DISTINCT] select_expr, select_expr, ...
    FROM table_reference
    [WHERE where_condition]
    [GROUP BY col_list]
    [ORDER BY order_condition]
    [DISTRIBUTE BY distribute_condition [SORT BY sort_condition] ]
    [LIMIT number]
```

下面给出 select 的一个示例：

```
select t.region, sum(t.total_price)
from sale_detail t
where t.sale_date >= '2008' and t.sale_date <= '2014'
group by t.region
limit 100;
```

● 子查询

普通的 select 是从几张表中读数据，如 select column_1, column_2…from table_name，但查询的对象也可以是另外一个 select 操作，如：

```
-- 示例 1
select * from (select shop_name from sale_detail) a;

-- 示例 2
select a.shop_name, a.customer_id, a.total_price from
(select * from shop) a join sale_detail
on a.shop_name = sale_detail.shop_name;
```

- union all

该命令将两个或多个 select 操作返回的数据集联合成一个数据集，如果结果有重复行，会返回所有符合条件的行，不会进行重复行的去重处理。

```
select * from (
    select * from sale_detail where region = 'hangzhou'
    union all
    select * from sale_detail where region = 'shanghai'
) t;
```

- join 操作

该命令支持 left outer join、right outer join、full outer join、inner join 四种常见 join 操作。例如，left join 会从左表（shop）返回所有的记录，包括在右表（sale_detail）中没有匹配的行，参见如下示例：

```
select a.shop_name as ashop, b.shop_name as bshop
from shop a left outer join sale_detail b on a.shop_name=b.shop_name;
```

其他几种 join 操作和传统 SQL 中的 join 没有太大区别，此处不再一一举例。但需要注意以下几点：

1）on 连接条件，只允许 and 连接的等值条件，只有在 mapjoin 中，可以使用不等值连接或者使用 or 连接多个条件。

2）最多支持 16 路 join 操作，如需更多 join 操作，则要在中间增加一个临时表，分两次查询完成更多路 join 的查询操作。

（3）与标准 SQL 的主要区别及解决方法

本节将从习惯使用关系型数据库 SQL 的用户实践角度出发，列举用户在使用 MaxCompute SQL 时容易遇见的问题。MaxCompute SQL 的语法建议参考对应的文档，配合文档使用可以快速上手 MaxCompute SQL。

1）场景

- 不支持事务。
- 不支持索引和主外键约束。
- 不支持自增字段和默认值。如果有默认值，请在数据写入时自行赋值。

2）表分区

- 在导入数据时，单分区数据量不要太小，避免分区数量过多（对于 MaxCompute，单分区数据量在 GB 级别是正常现象）。

- 在查询时，需要加上分区裁剪条件，避免查询分区过多。

3）DML 区别及解法

- Insert

```
insert overwrite table sale_detail_bakup partition (sale_date='2013',
region='china')
    select shop_name, customer_id, total_price from sale_detail;
```

① insert into/overwrite 后面必须有关键字 table。

②不支持 insert into/overwrite table tablename values(xxx) 的语法。例如，以下语法是不支持的：

```
insert overwrite table sale_detail_backup values ('1','a','b');
```

③数据插入表的字段映射不是根据 select 的别名设置的，而是根据 select 的字段的顺序和表里的字段的顺序设置的。下面的 SQL 语句仍然是合法的，但从业务逻辑上来看是错误的：

```
insert overwrite table sale_detail_insert partition (sale_date='2013',
region='china')
select customer_id, shop_name, total_price from sale_detail;
-- 在创建 sale_detail_insert 表时，列的顺序为：
-- shop_name string, customer_id string, total_price bigint
-- 而从 sale_detail 向 sale_detail_insert 插入数据是，sale_detail 的插入顺序为：
-- customer_id, shop_name, total_price
-- 此时，会将 sale_detail.customer_id 的数据插入 sale_detail_insert.shop_name
-- 将 sale_detail.shop_name 的数据插入 sale_detail_insert.customer_id
```

- update/delete

目前不支持针对单条记录或某几条记录的 update/delete 语句，在 MaxCompute 中仅支持对单个分区或整个表的数据进行删除或重写。如果有需要，可以按照以下逻辑完成 update/delete。

①如果需要更新（update）数据，只能把源分区 / 表数据导入到新分区 / 表，在导入过程中执行相应的更新逻辑。新分区 / 表可以与源相同，即就地更新。例如：

```
-- UPDATE 示例
insert overwrite table table_new
select id,name,(case when type = 1 then 'A' else 'B' end) as type - 更新逻辑
from table_old;
```

②如果需要删除（delete）的数据，可以通过删除（drop）表达到数据删除的目的。非分区表可以通过 "truncate table table_name;" 语句清空表数据；分区表可以通过 "alter table table_name drop if exists partition（分区名 = '具体分区值'）" 删除分区，达到删除整个分区数据的目的。

也可以通过 insert+where 条件把需要的数据导入到另一张新分区 / 表中或就地更新，insert 语句支持源和目的表是同一张表。例如：

```
--DELETE 示例
insert overwrite table
table_new select * from
table_new
where id not in (1,2,3); - 删除逻辑
```

● mapjoin

当一个大表和一个或多个小表做 join 时，可以使用 mapjoin 命令，其性能比普通的 join 命令快很多。mapjoin 的基本原理是：在小数据量情况下，SQL 将用户指定的小表全部加载到执行 join 操作的程序的内存中，从而加快 join 的执行速度。

MaxCompute SQL 不支持在普通 join 的 on 条件中使用不等值表达式、or 逻辑等复杂的 join 条件，但是在 mapjoin 中可以进行如上操作。例如：

```
select /*+ mapjoin(a) */
        a.total_price,
        b.total_price
    from shop a join sale_detail b
    on a.total_price < b.total_price or a.total_price + b.total_price < 500;
```

● order by

order by 后面需要配合 Limit n 使用。如果希望做数据量很大的排序，甚至做全表排序，可以把这个 n 设置得很大。但应谨慎使用该功能，因为无法用到分布式系统的优势，可能会有性能问题。

● union all

参与 union all 运算的所有列的数据类型、列个数、列名称必须完全一致，否则会抛出异常。

union all 查询外面需要再嵌套一层子查询来使用。例如：

```
select a,b from (
    select a,b from tab_a
    union all
    select a,b from tab_b
) t
```

要分组取出每组数据的前 N 条，可使用如下命令：

```
SELECT * FROM (
    SELECT
    empno
        , ename
        , sal
        , job
        , ROW_NUMBER() OVER (PARTITION BY job ORDER BY sal) AS rn
```

```
    FROM emp
) tmp
WHERE rn < 10;
```

关于 MaxCompute SQL 与标准 SQL 的区别，欢迎登录云栖社区进一步了解：https://yq.aliyun.com/articles/66611。

2. 内置函数

不同数据库的内置函数也是有很大差异的，但大部分除了名字不同之外，一些通用的函数功能是一致的。MaxCompute 的内置函数说明请参考如下资料：https://help.aliyun.com/document_detail/96342.html?spm=a2c4g.11186623.3.4.67a63634j2d073。

3. UDF 迁移

MaxCompute 提供了很多内建函数来满足用户的计算需求，用户还可以通过创建自定义函数来满足不同的计算需求。UDF（User Defined Function，用户自定义函数）在使用上与普通的内建函数类似，目前阿里云上支持的开发语言为 Java。

如果系统内置函数无法满足业务需求，建议通过 UDF 来实现自定义的需求。在 MaxCompute 中，用户可以扩展的 UDF 有三种，如表 10-8 所示。

表 10-8　MaxCompute 中用户可扩展的 UDF

UDF 分类	描述
用户自定义标量值函数（User Defined Scalar Function，UDF）	输入与输出是一对一的关系，即读入一行数据，写出一条输出值
自定义表值函数（User Defined Table Valued Function，UDTF）	用来解决一次函数调用输出多行数据的场景，也是唯一能返回多个字段的自定义函数。UDF 只能一次计算输出一条返回值
自定义聚合函数（User Defined Aggregation Function，UDAF）	输入与输出是多对一的关系，即将多条输入记录聚合成一条输出值。可以与 SQL 中的 Group By 语句联合使用

　　注：截至本书出版时，MaxCompute UDF 程序在分布式环境中运行时，出于安全的考虑，受到 Java 沙箱的限制，在未来新版本中将采用新的技术方案，既保证安全，又去掉了这些限制。沙箱限制见 https://help.aliyun.com/document_detail/27967.html。

（1）传统 RDBMS 中自定义函数的迁移

传统 RDBMS（如 Oracle、MySQL）中的自定义函数的开发语言一般为 SQL，如果需要将其迁移到 MaxCompute 中，则应参考 MaxCompute UDF 开发说明，使用 Java 语言重新复制实现其业务逻辑。

（2）Hive UDF 的迁移

Hive 的 UDF 与 MaxCompute UDF 的开发语言相同，实现方式也极其类似，迁移过程相对容易，但需要注意以下两点：

1）需要将 Hive UDF 代码中引用的接口改为 MaxCompute 的接口。

2）如果 Hive UDF 中使用了一些本地文件或 HDFS 文件，那么需要将这类文件上传到

MaxCompute 中作为资源来保存和访问。

接下来，我们通过一个简单示例来演示 Hive 和 MaxCompute 自定义函数的不同[⊖]。

① Java 实现 UDF

Hive UDF 的实现如下：

```
package com.example.hive.udf;
import org.apache.hadoop.hive.ql.exec.UDF;
public final class Lower extends UDF {
    public String evaluate(final String s)
        { if (s == null) { return null; }
        return new Text(s.toString().toLowerCase());
    }
}
```

MaxCompute UDF 的实现如下：

```
package com.example.odps.udf;
import
com.aliyun.odps.udf.UDF;
public final class Lower extends UDF
        { public String evaluate(final String s) {
        if (s == null) { return null; }
        return new Text(s.toString().toLowerCase());
    }
}
```

② 创建 UDF 的语句

Hive 创建 UDF 的语句如下：

```
create temporary function my_lower as 'com.example.hive.udf.Lower';
```

MaxCompute 创建 UDF 的语句如下：

```
create function my_lower as 'com.example.hive.udf.Lower'
```

DataWorks 中还提供了通过界面创建 UDF 的方式。

③ 调用 UDF

Hive 和 MaxCompute 的调用方式完全一致，如下所示：

```
select my_lower(title), sum(freq) from titles group by my_lower(title);
```

10.3　大数据上云（E-MapReduce）

本节将介绍大数据上云到 E-MapReduce 的步骤。整个迁移任务的流程分为准备工作和资源评估、历史数据迁移、任务和调度迁移以及最后的结果验证五个阶段，如图 10-33 所示。

⊖　以下描述均以本书出版时的 MaxCompute 版本为准描述。

图 10-33　迁移实施流程

10.3.1　准备工作

1. 系统调研

在系统调研阶段，应和用户沟通，从以下几方面了解当前 Hadoop 集群的情况，以决定后续采用的技术方案。调研后应完成表 10-9 中相关信息的收集。

表 10-9　系统调研表

范围	事项	结果	说明
集群	当前 Hadoop 集群的规模		
	Hadoop 集群的配置 CPU MEMORY STORAGE		
	集群资源利用率		负载是否已经跑满、日平均负载，以及峰值时间段
数据	结构化数据总量		Hive Table
	日增数据量		
	半结构化数据总量		NoSQL、KV 数据、HBase
	日增数据量		
	非结构化数据总量		文件、图片、音频等
	日增数据量		
	Hive 表的数据类型		表的数据类型有哪些，导入方式是否能覆盖这些数据类型
任务	Hive SQL		各类型任务及数量
	Hadoop MR		
	Hadoop Streaming		
	Spark 批量任务（SQL，Scala 脚本等）		
	Spark Streaming		
	统计分析 / 机器学习		
	深度学习算法		
	HBase 相关		
外围系统对接	RDBMS 类型数据源		Oracle、MySQL、SQL Server 等数据源类型
Input	RDBMS 数据源日采集量		
	RDBMS 数据源采集方式		实时 / 批量
	RDBMS 数据源采集时间窗口		

（续）

范围	事项	结果	说明
Input	RDBMS 数据源采集工具		Sqoop、kettle 等
	日志（文本）类型数据源		日志 /FTP/HDFS 文件等
	日采集量		
	采集方式		实时 / 批量
	采集时间窗口		
	日志（文本）类型数据源实时采集工具		
Output	推送到 RDBMS 数据量		
	推送时间窗口		
	推送到…		Oracle、MySQL、SQL Server 等数据源类型
用户	开发团队规模		
	权限管理模式		按用户 / 按角色
	资源划分		
网络	能否连接公网	确定客户能否将数据通过互联网的方式传输到云上	
	公网出口带宽	确定客户的互联网出口带宽，确定客户的传输速度能否达到业务要求，在规定的时间内将数据通过互联网的方式上传到云上	
	是否需要专线接入	如果公网方案不通，需要确定企业能否接受通过线下机房接专线，走阿里云高速通道的方式来完成数据上传，该方式一般会产生额外费用	
其他	系统架构图		
	其他		

2. 迁移需求

在这个阶段，需要了解用户的迁云需求，比如迁云的区域要求、安全架构要求、业务最长可中断时间、可使用的物理资源和人力资源以及其他一些个性化需求。

3. 产品开通

在这个阶段，需开通阿里云账号注册并完成实名认证。

另外，开通阿里云 OSS 和 E-MapReduce 服务。

4. 环境配置

在环境配置阶段，主要完成以下工作：

1）核实网络情况：
- 源集群里的 Slave 节点和 OSS 是否通过网络连通。
- 源集群里的 Slave 节点和目标集群里的 Slave 节点是否通过网络连通。

2）Kerberos

如果源集群配置了 Kerberos，在新集群里也需要开启对应的功能，包括在创建集群的时候就要开启 Kerberos 安全认证。另外，在做迁移的时候，也需要对迁移的 Linux 用户配置 Kerberos 认证。假设 Linux 上需要用户 test1 进行后续的 Hadoop 集群的操作：

①添加 princepal，使用命令：

```
sudo su root
sh /usr/lib/has-current/bin/hadmin-local.sh /etc/ecm/has-conf -k
/etc/ecm/has-conf/admin.keytab
addprinc -pw ${password} ${username}
```

其中 ${password} 是 princepal 的密码。${username} 是对应的 princepal 用户，比如 test1 的用户的 username 是 test1/EMR.500139602.COM@EMR.500139602.COM。这里，EMR.500139602.COM@EMR.500139602.COM 是集群的域名，每个集群的域名不一样，在创建前可以用 listprincs 命令查看其他的 princepal 的域名，以免域名使用错误导致 princepal 不可用。

②导出 keytab，命令为：

```
sudo su root
sh /usr/lib/has-current/bin/hadmin-local.sh /etc/ecm/has-conf -k
/etc/ecm/has-conf/admin.keytab
xst  -k /tmp/test1.keytab test1/EMR.500139602.COM@EMR.500139602.COM
```

其中 /tmp/test1.keytab 为导出的 keytab，导出后需要 chown 成 test1。

③初始化 key，命令为：

```
kinit -k -t /tmp/test1.keytab test1/EMR.500139602.COM@EMR.500139602.COM
```

成功后可以通过 klist 命令来确认状态，并尝试访问 HDFS 或者访问 Hive 查看是否使用正常。也可以用 –l 选项修改过期时间以免需要多次 kinit。

3）Gateway

可以参考以下文档了解如何搭建 Gateway：

```
https://help.aliyun.com/document_detail/54530.html
```

另外，如果需要搭建 Kafka 的 Gateway，可以用类似下面的方法：

```
scp -r root@masterip:/usr/lib/kafka-current /opt/apps/
ln -s /opt/apps/kafka-current  /usr/lib/kafka-current
scp -r root@masterip:/etc/ecm/kafka-conf  /etc/ecm/kafka-conf/
scp root@masterip:/etc/profile.d/kafka.sh /etc/profile.d/
source /etc/profile.d/kafka.sh
```

这里，Kafka 涉及的机器应配置到 /etc/hosts 目录下面。

10.3.2 资源评估

集群的规模可以参考之前线下的 Hadoop 的集群的配置进行评估。在迁移和测试时，建议先把集群设置成按量付费的集群，以便任务运行结束后可以及时释放，从而节省费用，也方便动态评估计算资源需求。在后续任务测试结束，已经可以比较容易评估计算资源需求时再考虑切换成包年包月的集群。数据存放在 OSS 上，某种意义上可以理解成存储空间无限大，用户不需要考虑存储空间的大小，主要应考虑计算能力是否跟得上。如果用户对于集群规模已经有比较好的评估，也可以考虑一开始就使用包年包月的集群。

10.3.3 数据迁移

云下的 Hadoop 方案数据文件存放在 HDFS 中；在云上 EMR 方案中，数据文件可以存放在 OSS 或 HDFS 中，所以有三种场景可以用到这种同步方案，分别是 HDFS->HDFS，HDFS->OSS，OSS->HDFS。虽然 Distcp 和 EMR-Tools 都是比较方便的工具，而 EMR-Tools 使用上比较方便（EMR-Tools 是 Distcp 的封装），这里重点介绍用 EMR-Tools 来进行数据的同步。

OSS 和 HDFS 对于 EMR 而言是平级的两种存储系统，在同步的时候命令的区别只是地址换一下：

- 对于 HDFS，地址是标准的 HDFS 路径，比如 hdfs://emr-master:9000/path/on/emr。
- 对于 OSS，使用的是 oss://[accessKeyId:accessKeySecret@]bucket[.endpoint]/object/path。

其中，accessKeyId 和 accessKeySecret 是访问阿里云 API（包括 OSS 等云产品）的密钥，bucket-name.oss-cn-hangzhou.aliyuncs.com（各 Region 有不通的内外网域名）是 OSS 的访问域名，包括 bucket 名称和所在 Region 的 endpoint 地址。

请注意：使用 EMR-Tools 和 Distcp 拷贝数据的时候都是从 core 节点直接发送数据到 HDFS/OSS，所以需要 core 节点有访问 HDFS/OSS 的能力。可以考虑使用挂 EIP 或者拉专线的方法来解决这个问题。

（1）直连方式迁移数据文件

1）环境准备。

确保当前机器可以正常访问 Hadoop 集群，也就是说，可以用 hadoop 命令访问 HDFS：

```
hadoop fs -ls /
```

2）下载和安装。

下载 https://yq.aliyun.com/articles/78093 里的附件并解压：

```
tar jxf emr-tools.tar.bz2
```

如果没有安装好 tar，可以用以下命令进行安装：

```
sudo yum -y install tar
sudo yum -y install bzip2
```

将 HDFS 数据复制到 OSS 上：

```
cd emr-tools
./hdfs2oss4emr.sh /path/on/hdfs
oss://accessKeyId:accessKeySecret@bucket-name.oss-cn-hangzhou.aliyuncs.com/
path/on/oss
```

3）到 HDFS/OSS 上验证文件是否已经导入成功，数据内容是否正确。

（2）中转文件方式迁移数据文件到 HDFS

如果网络不通，需要从 HDFS 里导出数据，使之成为本地文件，通过 Gateway 做数据的中转。这一步对应的迁移同步方案的第 4 步："从源 HDFS 导到云外 Gateway"。这时候可以使用 Hadoop 自带的命令 hadoop dfs-get 命令来获取。

1）普通 HDFS 文件

对于 HDFS 里的普通数据，可以在分析哪些目录下的文件需要导出后，使用以下命令

```
mkdir /export
chown exp:hadoop /export
su - exp
hadoop fs -get hdfs://hadoop-cluster/data/ /export
```

进行导出。其中：

- /export 目录是本地用于存放导出数据的目录。
- exp 是导出机器上的一个用于导出操作的 Linux 用户。
- hadoop 是 exp 用户的用户组。
- hadoop-cluster 是导出集群的地址。
- data/ 是导出集群里需要导出的 HDFS 文件的路径。

以上参数都可以根据实际情况进行替换。

2）Hive

对于 Hive 的数据，可以用以下 shell 脚本导出：

```
mkdir /exportHive
chown exp:hadoop /exportHive
su - exp
tbs=("table1" " table2" " table3" " table4")
hive_base="hdfs:// hadoop-cluster/user/hive/warehouse/hive_from.db/"
exoprt_hive_base="/exportHive/"
mkdir -p $exoprt_hive_base;
for tb in ${tbs[@]}
do
 hadoop fs -get $hive_base$tb/ $exoprt_hive_base
 echo $tb
done
```

其中：

- /exportHive 目录是本地用于存放导出数据的目录。

- exp 是导出机器上的一个用于导出操作的 Linux 用户。
- hadoop 是 exp 用户的用户组。
- tbs 里的是用户需要导出的表的列表。
- hadoop-cluster 是导出集群的地址。
- hive_base 是 Hive 表在 HDFS 上的存放路径。

同样，以上参数都可以根据实际情况进行替换。

（3）数据增量同步方案

历史数据迁移到云上 EMR 集群后，到应用系统正式切换前，还有许多工作需要做，比如任务的配置、数据的校验和性能测试等。在这个过程中，需要保证数据的同步，以免在切换时出现新集群上的数据还是老系统做全量迁移时候的数据这种尴尬的情况。根据之前的老系统的增量数据写入方式，要在新系统上同步配置数据的增量同步。如果是由其他系统写入的，则需要在上游系统实现数据双写。如果是由诸如 sqoop 之类的任务实现数据导入的话，根据作业迁移的方法，把迁移作业配置上来后，用作业来进行数据的同步（具体参考工作流任务迁移部分说明）。

有时候，可能有多个用户一起使用同一个平台。比如，同一企业下的不同部门，或者同一个政府部门下的不同厅局或科室等。这种情况下，不同的部门使用不同的用户名进行集群访问，这时要对一些表做数据授权，让某个用户可以访问到另外一个用户的数据。

首先需要确定哪些表需要授权。如果之前能有授权列表最好，如果没有，可以在导出方的 HDFS 上执行 hadoop fs -ls -R / | grep +，这个命令通过过滤 HDFS 里带 + 号的内容，就能够筛选出需要授权的目录列表。之后，加以对比即可得到实际上需要授权的列表。根据执行的结果，验证一下 setfacl 的情况。权限后面带有 + 就表示有 setfacl 设置，可以使用 hadoop fs -getacl /dict 这个方法获得原来集群上的 facl 的信息。

拿到待授权的数据后就可以通过 Ranger 进行授权。Ranger 是 Apache 开源的一个权限控制工具，通过 Ranger 授权的方法可以参考以下资源 https://cwiki.apache.org/confluence/display/RANGER/Index，点击 Ranger User Guide 可获得完整的授权操作方案。

首先，如图 10-34 所示，进入 Ranger 界面。

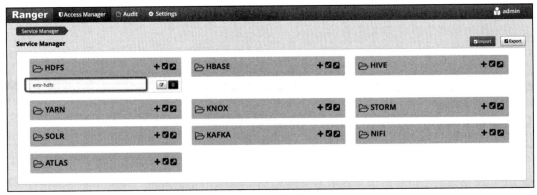

图 10-34　在 Ranger 页面查看 HDFS 授权信息

在这里可以新增一个新的授权 Policy，如图 10-35 所示。

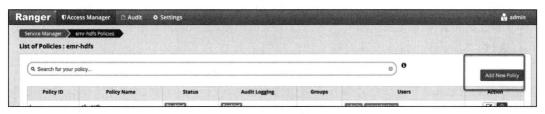

图 10-35　新增授权

填写相应的名字、路径和目标、授权的权限等信息后保存即可，参考图 10-36。

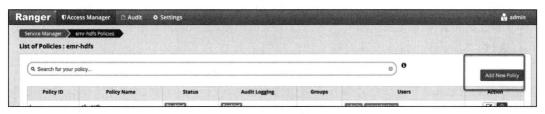

图 10-36　授权信息详情填写

10.3.4　Hive 迁移

Hive 迁移到 E-MapReduce 主要包括两个步骤：HDFS 数据的迁移和 Meta 的迁移。数据的迁移可以参考 10.3.3 节。Hive 的表有普通表和外部表两种类型。对于普通表，如果用户自己没有修改过，则需要同步 HDFS 里 /user/hive/warehouse 下的数据。如果是外部表，则需要同步外部表指定的 HDFS 路径的数据。

Meta 的迁移是需要把老的 Hive 的 Meta 数据库里的数据同步到 E-MapReduce 提供的 Hive 的 Meta 数据库中。E-MapReduce 使用 MySQL 来存储 Hive 的 Meta。假设目前数据源也使用 MySQL 来存储 Meta。若为其他的数据库类型，可参考对应数据库的数据导出方式来导出数据，然后导入到 MySQL 即可。本节不再展开说明。这里的迁移方案是针对源端和目的端 Hive 版本一样的情况。如果版本不一致，请参考本章 Hive 版本升级部分。

（1）非外部表数据同步

HDFS 的数据同步参考 10.3.3 节的说明，这里不再赘述。只需要同步 HDFS 上 /user/hive/warehouse 目录下的数据即可。因为线下集群的 core 节点和线上集群网络一般不连通，可以通过 OSS 中转。另外一种策略是数据只同步到 OSS，不会再同步到集群的 HDFS 上，然后通过把原来表的定义改成以外部表的方式读取 OSS 上的数据即可。不过鉴于这种方式需要修改表的定义，因此暂时不放在本次迁移考虑范围内，可以在迁移结束后再对系统进行改造。如果在前面的 HDFS 数据同步的操作里已经同步了这部分的数据，则可以略过这步。

（2）外部表的数据同步

外部表可以把数据同步到 HDFS 上（这样和非外部表的同步方法完全一致），也可以只同步到 OSS 上。如果在前面的 HDFS 数据同步的操作里已经同步了这部分数据，则可以略过这个步骤。

（3）Meta 同步

一般只有包月的常驻集群才会有同步表 Meta 的需求，否则因为每次计算完成后集群都会释放，所以需要每次进行 Hive 作业时重新创建表（也就意味着每次都需要重新创建表）。同步 Meta 需要把老集群上的 Meta 数据库里的数据同步到 E-MapReduce 的 MySQL 上。

①登录老集群创建迁移表名列表文件，命令示例如下所示：

```
mysqldump hivemeta  -h ip-address-old-meta-mysql  -P 3306 -u root -p >
mysqldump.sql
```

其中，hivemeta 是数据库里存放 Meta 的数据库名称，ip-address-old-meta-mysql 是数据库的连接地址。root 是数据库的登录账号。这个命令执行后还需要输入数据库的密码。以上信息一般可以在 $HIVE_CONF_DIR 下的 hive-site.xml 里找到（可以咨询线下 EMR 集群的运维人员了解具体的文件存放路径或直接了解数据库的信息）。在配置文件的 javax.jdo.option.ConnectionPassword 配置项可以看到密码，在 javax.jdo.option.ConnectionURL 可以看到数据库的连接方式。

② 修改 mysqldump.sql，把 其 中 的 hdfs://ip-address-old-namenode:port/ 修改成新的 E-MapReduce 集群。另外，如果是外部表且使用数据同步 OSS 的情况，则把这个表的数据位置改成 OSS 的路径位置，即 oss://bucket_name/path/on/oss。可以用 notepad++ 之类的工具进行批量替换。建议新 E-MapReduce 集群的 path 和 OSS 上的 path 与线下的 Hadoop 的集群上的 HDFS 的路径一样。这样，做替换的时候只需要修改集群的名称端口，或者只需要修改 OSS 路径。

③使用如下命令把修改好的 Meta 信息导入 E-MapReduce 集群的 Meta 数据库里：

```
mysql hivemeta -u root -p < ./mysqldump.sql
```

其中的 Meta 服务器的信息可以在 $HIVE_CONF_DIR 下的 hive-site.xml 里找到。执行该命令后，输入数据库的密码并按回车，Meta 就同步成功了。

（4）结果核对。

登录到集群，查看数据是否正确。可以用如下命令

```
su - hadoop
hive
```

启动 Hive。然后，使用"show tables;"查看表的列表并通过 SQL 查询其中的数据等方法来校验同步的结果。

1. 使用 export/import 迁移

使用这个方案做数据的迁移时，需要先使用 export 命令把 Hive 表导出到 HDFS 上，然后使用数据迁移的方法，导出到 EMR 的 HDFS 上；最后使用 import 命令，把表导出到 EMR 的 Hive 表里。官网文档如下：

```
https://cwiki.apache.org/confluence/display/Hive/LanguageManual+ImportExport
```

1）用 export 将数据导出到 HDFS。

通过如下简单的命令就可以将数据导出到 HDFS：

```
export table department to 'hdfs_exports_location/department';
```

2）数据跨 HDFS 迁移。

将数据从老的 HDFS 集群拷贝到新集群的 HDFS 上，这个过程可以参考前面的数据迁移步骤的说明。

3）数据从 HDFS 导入到 Hive 表。

通过 Hive 的 import 命令可以将数据从 HDFS 导入到 Hive。

● 对于普通表，可以用以下命令：

```
import from 'hdfs_exports_location/department';
```

● 如果需要重命名，可以设置为如下形式：

```
import table imported_dept from 'hdfs_exports_location/department';
```

● 如果是外部表，可以设置为如下形式：

```
import external table department from 'hdfs_exports_location/department';
```

● 对于需要设置 location 的场景，location 处需要填写完整的 HDFS 路径：

```
import table tablename from '/hdfs/export/path' location 'hdfs:// /hdfs/import/
path/ ';
```

2. Hive 版本升级

用户的 Hive 版本可能和我们目前已经支持的 Hive 版本不一样。考虑到我们会尽量使用目前已经稳定的最新版本的 Hive，所以一般情况下用户的 Hive 版本会低于云端的版本，这

时就需要升级 Hive 版本。具体的操作步骤如下：

1）在本地的元数据库上新建一个 database。

2）将老的 database 的数据复制到这个新库。导出老库的命令如下：

```
mysqldump --databases <databaseName> --single-transaction > hive_databases.sql -p
```

然后导入新库，命令如下：

```
mysql <databaseName> < hive_databases.sql>
```

3）使用 Hive 的升级脚本来升级这个新的 database。如果当前的 1.1 元数据版本没有 Hive 事务特性相关的表，比如 TXNS 等，就需要先执行 hive-txn-schema-x.xx.x.mysql.sql，只需要升级版本的 schema 即可。

升级新 database 时，可以用如下的 mysql 脚本进行逐一升级，并观察错误信息：

```
upgrade-1.1.0-to-1.2.0.mysql.sql
upgrade-1.2.0-to-2.0.0.mysql.sql
```

对应的文件在 E-MapReduce 文件中的位置在：
/opt/apps/ecm/service/hive/2.0.1/package/apache-hive-2.0.1-bin/scripts/metastore/upgrade/mysql/。

4）升级好的 Hive Meta 后，可以参考本章的方法进行后续的导出操作。

10.3.5 作业部署

E-MapReduce 支持 Hadoop 生态系统原生的 Hue 和 Oozie 等系统进行作业和调度的部署，产品本身也支持在控制台上进行任务和监控的配置。

在作业的部署上，如果使用开源生态的工具，就是把任务使用 Hue 和 Oozie 在新平台上用和老平台一样的配置方法重新配置。如果使用 E-MapReduce 产品自身的部署方式，则在产品的控制台里进行任务的配置。简言之，任务可以通过阿里云官方工具或开源工具进行重新配置。

在监控方面，如果用户使用 E-MapReduce 进行任务调度的配置，可以在控制台上配置作业的执行集群（是临时创建还是使用现有集群）、作业的上下游以及调度周期等属性。保存成功后，再配置任务的报警。如果使用 Hue 和 Oozie 进行配置，则需要登录 Hue 后进行手工配置，具体方法也和老系统完全一样，这里不再赘述。

10.3.6 双跑和校验

测试和校验的工作贯穿在整个平台的迁移过程中。

在数据迁移完成后，需要校验数据的准确性。如果是 Hive 表，那么除了数据的内容，还需要校验表的 Meta 是否正确。

在应用迁移完成后，需要校验应用的计算结果是否准确，任务的调度和报警是否能正常运行。

迁移完成后，还需要记录任务的计算时长，对计算的性能做评估，以及定位慢任务并解决。针对计算的下游系统，比如数据 API 接口可能需要消费大数据系统的计算结果，也需要一并做功能和性能测试。

在完成全部的迁移操作和实际的切换过程中，需要有一段时间做系统的双跑。在双跑的过程中，两套系统（新老集群）都处于可用的状态。最终切换后，只切换数据的消费地址即可。若出现问题，可以再切换回来。

1. HDFS 数据校验

在同步结束后，对比文件的个数、路径、大小是否正确，也可以抽查部分数据查看数据内容是否正确。

2. Hive 数据校验

对比 Hive 上的 Meta 是否正确，分区的列和分区数是否正确。通过 SQL 对比数据量和统计结果正确。

（1）表 Meta

- 表的 Meta 可以通过命令 "desc formatted tablename;" 来对比表结果。
- 表的分区的信息可以使用命令 "show partitions tablename;" 来对比表结果。

（2）表数据

- 表的数据总条数可以使用 SQL 的 count(*) 进行对比。
- 数字类型的字段（比如 bigint、double、decimal 等）可以通过 sum(colname)，count(colname) 来对比非空字段数、字段和。
- 对于非数字类型的字段，可以使用 hash 函数将其转成数字类型后，再通过 sum 进行求和校验。
- 如果数据比较多，求和的过程中出现报错（比如在海量数据场景下，bigint 也无法容纳计算数值），可以对数据进行采样，比如：

```
select
    sum(hash(ename)),
    sum(hash(mgr)),
    sum(hash(hiredate)),
    sum(hash(comm)),
    sum(sal),
    count(*) as cnt
from emp
where hash(ename)%1000 = 892;
```

考虑到可能使用跨平台迁移，需要一个多种数据库都能支持的通用算法，可以使用以下命令：

```
select
    sum(conv(coalesce(substr(md5(ename),-4),0),16,10)),
    sum(conv(coalesce(substr(md5(mgr),-4),0),16,10)),
```

```
    sum(conv(coalesce(substr(md5(hiredate),-4),0),16,10)),
    sum(conv(coalesce(substr(md5(comm),-4),0),16,10))
from emp
where sum(conv(coalesce(substr(md5(ename),-4),0),16,10)) = 14670;
```

其中，md5 用于把字符串等其他类型转成 md5，然后使用 conv 转成十进制进行计算。使用 substr 是因为 md5 的字符串太长，不做截取的话会溢出。这里截取的位数可以根据实际情况选择，截取位数越多准确性越高。

3. 调度和报警

任务提交后，可以手工执行以验证任务是否运行正常。如果是周期性调度任务，可以根据预先设置的调度确定是否能准时调度任务。另外，可以通过修改代码让任务出现异常情况，观察报警功能是否能正常生效。测试结束后把改错的代码再改回来。

4. 集群计算准确性

配置集群作业并开始运行后，也需要对比计算结果的准确性。可以参考前文 Hive 数据校验部分或者自己写 MR 作业来计算统计值，从而确保计算结果的准确性。

5. 集群性能

在集群的迁移过程中，需要针对迁移的每个任务查看任务的性能。如果出现慢任务，需要进行任务的瓶颈定位和排除。

如果任务已经配置成定时任务，可以通过 EMR 控制台上的任务运行执行计划（使用 EMR 调度任务）或 Hue 上的 Oozie Dashboard（使用 Oozie 调度任务）查看任务的运行情况，并根据任务的运行时间点定位整个工作流瓶颈所在的作业，并进行定位和排除。同时，也可以对比任务在老集群的运行情况，通过对比发现时间消耗不符合预期的任务。

6. 下游数据消费接口测试

大数据平台产生的数据需要有下游的应用进行数据消费，比较常见的下游应用是数据库。这些下游消费接口也需要做足够的测试以保障可用性。主要包括功能性测试和性能测试。根据下游应用的不同，测试的方法也各不相同，实际测试方法取决于下游应用的类型。

功能测试是指下游的消费接口是否能在各种场景下准确地提供数据服务，针对实际的各种数据消费场景，调用消费接口返回的结果内容是否准确。

性能测试是指数据消费接口在一定的并发访问下是否能持续提供服务，涉及的应用服务和数据库等是否正常运行，资源消耗是否过高。在并发访问下持续一定时间还能保持持续访问，即可认为下游数据接口通过性能测试。

7. 平台切换

为了保证在平台的迁移过程中，新老系统的功能不受影响，降低切换带来的风险，我们以 EMR 的典型数据仓库为例，介绍平台切换的方法：

（1）迁移之前的状态

图 10-37 是迁移之前的状态，任务运行在原平台上，最终计算结果写入数据存储（如数据库）后供业务系统调用。

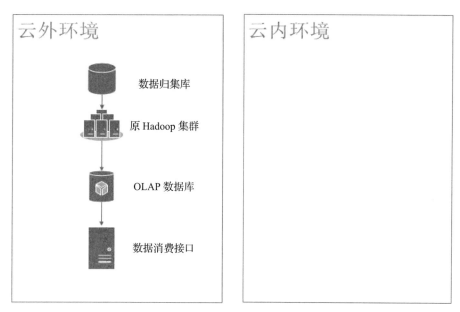

图 10-37　系统迁移前状态

（2）迁移双跑状态

如图 10-38 所示，经过一段时间的迁移，逐步形成双系统并跑的情况。这时除了 EMR 需要从数据源拉取数据外，对原来的系统不会有任何影响。在这个过程中，需要做新平台的搭建和测试等工作，直至最终完全准备完毕，等待切换。

（3）平台切换

系统一切准备就绪、外部时机成熟时，就可以执行切换操作。我们需要申请分钟级别切换窗口，将业务系统的数据读取接口地址改成新 EMP 平台地址，并重启服务（如有必要）。如果切换过程发现异常，并且无法在限定时间内解决，可以把数据读取接口改成旧接口。如图 10-39 所示。

为了保证平稳过渡，建议在切换前先梳理接口的调用次数，选择数个调用次数相对较少，但是也有一定调用量的接口先行切换。如果业务系统设计得比较完善，也可以做灰度发布，对于单一接口只切换部分流量到新平台上。选择这样的调用量的接口是为了避免切换失败带来大面积的业务故障，同时有足够的调用次数可以保证问题被及时发现。如果切换过来的流量调用正常，再增加切换的流量占比直至完全切换成功。

（4）老集群下线

切换完成后，再平稳运行一段时间，就可以下线老的项目。先灰度逐批停止周期调度，待全部停止并观察一些时间后，若没出现任何问题，就可以删除老项目内的数据，再删除项目即可。

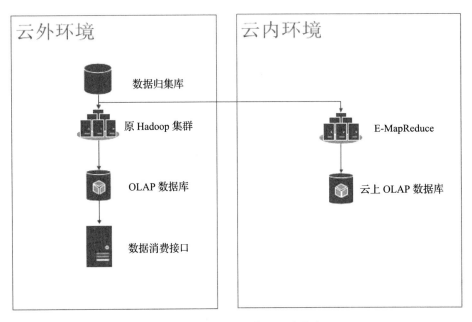

图 10-38　系统迁移完成双跑状态

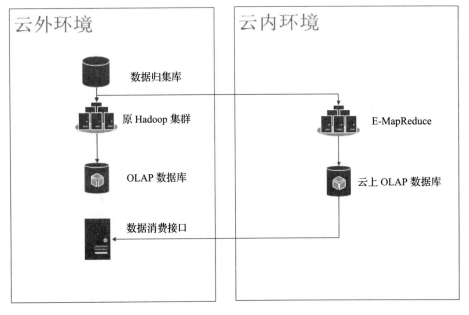

图 10-39　平台切换后的状态

10.4　大数据上云案例

10.4.1　某气象企业数据上云案例

1. 背景说明

某气象企业有两部分数据，一部分为海量离线数据，包括过去30年的全国气象数据，这批海量数据存在非结构化、文件类型复杂、文件量大（百 TB 级别）、数据量大（万亿条级别）的特点。主要的场景是对历史数据进行加工汇总，实时预测最近 7 天的天气情况。另一部分数据为 API 日志，每日增量约为 5TB，主要的日志分析场景是天气查询业务和广告业务。整个过程涉及的数据量庞大，且计算复杂，这对云平台的大数据能力、生态完整性和开放性提出了很高的要求。企业原来有自建集群及其他一些云上服务，但无论从网络、集群规模还是计算能力上都无法满足企业不断攀升的业务规模。

2. 解决方案及架构

针对该企业的需求，设计出的解决方案架构，如图 10-40 所示。

- 高速通道：企业每日增量数据约为 7 ～ 8TB，公网带宽出口仅为 1Gbit/s，无法满足业务要求，所以需要搭建专线来解决带宽瓶颈问题。

- Flume：企业结合自己业务和技术人员情况，决定采用 Flume 完成实时数据采集。

- 自定义调度资源（ECS DataX）：离线数据在企业 IDC 机房，DataWorks 的默认公共调度资源网络无法连接，需要在客户 VPC 网络下购买 ECS，建立自定义的调度资源来完成数据同步。

- 气象文件处理：源文件为气象类 nc 格式，属于非结构化数据，需要对文件进行解析，将其转换为结构化数据后，再存储到 MaxCompute。采用的技术方案为先将气象文件存储到 OSS，再自定义 MapReduce 来完成对源文件的解析，并将其写入 MaxCompute（该案例当时受限于 MaxCompute1.0 功能，采用的是自定义 MapReduce 的方式。目前最新版本 MaxCompute 2.0 版本已经支持 OSS 作为外部表，可参考官网文档 https://yq.aliyun.com/articles/61567 获得详细信息）。

10.4.2　某直播企业数据上云案例

1. 背景说明

某直播企业在本地 IDC 有自建 Hadoop 集群，但因为维护成本高、集群扩展周期长、扩展工作量大等原因，考虑将现有数据上云，以减少硬件网络的维护成本、提高弹性扩展的能力。因客户建设现有 Hadoop 集群已付出不少成本，所以最终确定本地 Hadoop 集群和云上 MaxCompute 暂时保持同时运行，今后随着业务增长，逐步切换所有业务到 MaxCompute 集群。

企业的主要场景为日常报表、日志分析、即时查询等，大部分为离线场景。

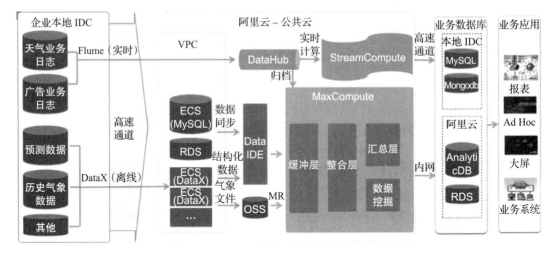

图 10-40　气象企业数据上云案例

2. 解决方案及架构

针对该企业的需求，构建解决方案如下：

- 网络选择公网。该企业出口带宽为 2GBit/s，离线日增量数据在 1TB 左右，采用公网出口带宽能够满足需求。
- 由于日志等数据量较大，采用实时采集并归档 MaxCompute 的方式传输数据，充分利用每个时间点的带宽。
- Hadoop 集群离线数据迁移时，因对同步性能要求较高，采用 DI on Hadoop 工具。
- 对于任务调度，线下任务调度依旧沿用企业原有自研调度管理体系，线上任务调度采用 DataWorks 任务调度功能。
- 基于 MaxCompute 的计算能力，阿里云对外提供个性化推荐引擎，可快速实现企业的个性化推荐需求，实现类似淘宝千人千面的业务场景。
- Quick BI 是阿里云对外提供的报表工具，可解决该企业的 Ad Hoc 查询及部分固定报表业务需求。

10.4.3　某政务平台数据上云案例

1. 背景说明

某政府部门以前维护了一套自建 Hadoop 平台，上面运行了一些数据清洗相关的任务。因集群能力、运维成本等原因，该部门想把计算迁移到云平台上来。但是考虑到系统迁移的成本和时间，最终选择了使用基于 E-MapReduce 来代替原来的 Hadoop 平台的方案。在经过一段时间的双跑比对后，最终把任务都切换到云上来，并将原有平台下线。

平台的主要场景为数据的汇集、数据治理，并将数据治理后的数据对接到应用系统。

2. 解决方案及架构

针对该客户的需求，构建解决方案如图 10-41 所示。

- 用户已有一个汇集系统，用于从不同的数据源汇集数据。因为用户的数据来自不同的部门，也有来自外部的数据，通过汇集库进行数据的汇集工作，并将上游系统的信息做了屏蔽。
- 数据清洗平台是基于 E-MapReduce 实现的一套数据清洗加工的平台。通过这个计算平台，去除了重复数据和脏数据，并反馈给上游系统做检查订正。整个清洗流程分离线清洗和实时清洗两个步骤，分别是基于 Hive 和 Spark，以及基于 Kafka 和 Spark Streaming 实现的。
- 计算后的结果通过 DataX 同步到 HybridDB for MySQL，再通过 "数据共享平台" 对接到上层应用系统。

考虑到上游数据可能重新推送的情况，数据清洗平台支持全量清洗和增量清洗。针对本次迁移工作，在新平台上完成数据清洗代码的部署调试后，对绝大部分业务经常使用的表只需要做一次全量抽取和清洗即可。如果数据量特别大，或者是一些备份的冷数据，通过 DataX 同步到 HDFS 的指定目录供后续处理和查询需求使用。

如果想了解更多实时的案例及 MaxCompute 的使用经验，请关注云栖社区公众号 https://yq.aliyun.com/teams/6（阿里云数加 – 大数据开发）。

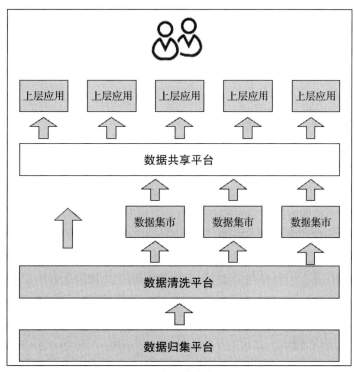

图 10-41　政务平台数据上云架构

企业迁云综合案例

在前面各章中，我们学习了云上的架构，了解了应用、数据库、文件存储、大数据迁云的过程，以及云上应用优化的方法和理论，并介绍了业务中台建设的理论与实践，同时介绍了阿里云丰富的产品和工具。本章将选取两个综合案例，通过讲解这两个案例，使读者理解包括行业背景、业务知识、架构梳理和设计、典型业务迁云思路和疑难问题解法等在内的迁云过程，帮助读者建立全面和完整的迁云思维体系，并能够结合自己的实际工作和业务需要制订合理的迁云方案。

11.1　交通管理行业案例

11.1.1　行业背景

在云计算和大数据浪潮影响下，我国有越来越多的省市级交通运输管理部门正在建设交通管理大数据云，希望解决机动车和驾驶员爆发式增长、大规模路网建设等带来的海量信息实时监管的问题。对于交通行业来说，大数据云初期定位为服务于交通运输管理部门对交通运输中的海量实时信息进行监管，未来可以扩展到通过大数据云平台超强的计算和存储能力优化大众交通通行效率，最终将大数据云平台打造成支撑智能交通的交通管理在线业务办理和大数据情报分析预警平台。

11.1.2　OLTP 系统迁云

交通管理综合应用平台是一个典型的 OLTP 系统，在全国大多数省市交通管理部门广泛使用。此系统融合了机动车管理、驾驶证管理、违法处理、驾驶员管理等多个交通管理核心业务系统，对数据资源、业务流程、软件功能、信息服务、标准规范体系等进行整合，从而建立起全国统一的交通管理综合应用平台。

（1）系统现状

交通管理综合应用平台是交通领域的核心业务系统，也是和老百姓息息相关的系统。在该系统的技术架构中，数据库系统基于小型机、SAN 存储，加上多节点的 Oracle RAC 集群对外提供服务。基于我们的调研发现（调研表如表 11-1 所示），目前存在的主要问题是：①系统运行速度慢；②硬件、数据库系统问题经常导致数据库宕机，使业务系统无法对外正常提供服务。

经过进一步分析发现，造成上述问题的原因有如下几个：

- 在业务办理期间运行的统计分析功能、周边业务系统的数据拉取和查询导致数据库压力过大，进而影响在线业务办理。
- 业务办理本身的业务校验逻辑复杂，导致业务办理慢。
- 数据存储设计不合理，数据库中存储了大量图片等非结构化数据，导致数据库的总容量过大，造成数据库系统运行缓慢。
- 由于运维管理和容灾机制不完善，导致数据库归档日志磁盘满和底层硬件损坏等情况得不到及时处理，进而造成系统不可用。

表 11-1　客户调研信息表

调研项目	客户情况
数据库	采用多节点 Oracle RAC 集群，Oracle 11g
数据量	总数据量超过 30TB，图片等非结构化数据接近 30TB，结构化数据不到 1TB（包含大量日志数据）
业务流量	访问量不大，月末月初会有小高峰
数据类型	以图片数据和日志数据为主

交通管理综合应用平台的整个系统的核心业务逻辑与数据库强耦合，大量采用 Oracle 特有语法 PL/SQL 实现，若全部重新改造，则开发成本过高、周期过长，短期内无法快速解决客户问题，因此，确定整个系统采用渐进迁云策略，具体安排如下：

- 结构化数据先迁云，图片等非结构化数据暂不迁云。因为系统中的结构化数据是整个业务的核心数据，统计分析和周边业务系统都是基于此开展工作的。
- 部分统计分析业务迁云。对系统中影响系统性能常用的统计分析功能进行改造迁移，基于云上的数据进行统计分析，减少系统压力，提高在线业务处理的性能。
- 周边非核心业务访问迁云，主要是将依赖系统数据（如路网监控、指挥调度、酒驾管理等）的周边业务系统访问全部迁移至云上数据库访问，从而减少周边业务访问对系统核心的在线业务办理的影响。
- 由于核心在线业务办理程序改造周期长、动力不足，因此核心业务迁云暂缓，待有相应决心和资金支持后再考虑迁云。

（2）基本迁云方案

结合交通管理综合应用平台的现状，我们采用部分迁云方案：

- **部分数据迁云，即系统全量结构化数据迁云**。结构化数据在云上存储 3 份，分别存储在 RDS、AnalyticDB 和 MaxCompute 服务中，RDS 存储在线业务库结构增量数据，对外提供高并发、简单查询（以单表查询为主）服务，AnalyticDB 通过实时同步服务从 RDS 接受实时增量数据，对外提供并发量较小的实时统计分析查询；MaxCompute 主要对外提供离线数据分析处理，MaxCompute 数据增量可通过定期抽取或实时同步方式从 RDS 完成数据同步。

- **部分应用或功能迁云（查询统计类业务迁云）**。这里主要包含两部分内容：①依赖于原有系统提供数据支持的周边业务改造迁云；②原有系统部分统计分析功能改造迁云。应保证迁云后的业务系统和统计分析功能的业务处理逻辑和数据访问全部在云平台内完成。另外，业务系统需要根据业务访问特点，合理选择 RDS、AnalyticDB、MaxCompute 服务。

- **数据同步方案**。云下到云上通过异构数据同步服务将结构化数据同步至阿里云平台 RDS 数据库服务，使用商业化的数据同步技术自动从在线业务数据库实时抽取增量日志，并将增量日志推送至阿里云平台增量日志接受服务，再由增量日志写入服务将实时增量写入 RDS 服务；云产品之间的数据同步，则由云上数据同步服务在检测到 RDS 增量变更信息后，根据用户设置的同步规则，定时将增量数据同步至 AnalyticDB 和 MaxCompute 服务，整个数据同步链路延时可控制在分钟级别内。

（3）系统迁云实施架构改造

1）结构化数据迁云、部分查询类业务迁云。云上业务系统和云下在线业务库没有任何数据或接口间的调用关系，云上业务系统的访问由云上 RDS 数据库支撑。系统架构如图 11-1 所示。

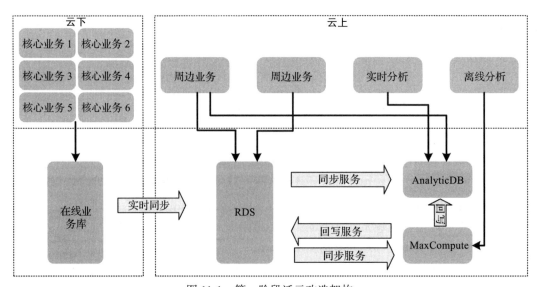

图 11-1　第一阶段迁云改造架构

2）部分在线业务异构数据库改造迁云，此时系统处于改造中间状态，云下业务和云上 RDS 数据库环境存在业务调用关系，云下未迁移的在线业务系统需要调用云上 RDS 数据库。我们在做异构数据库改造迁移前需充分调研系统各个业务模块间的调用关系，优先改造迁移没有调用关系或调用关系较少的业务模块，采用从简单到复杂的顺序逐步完成整个在线业务系统异构改造迁云工作。如图 11-2 所示。

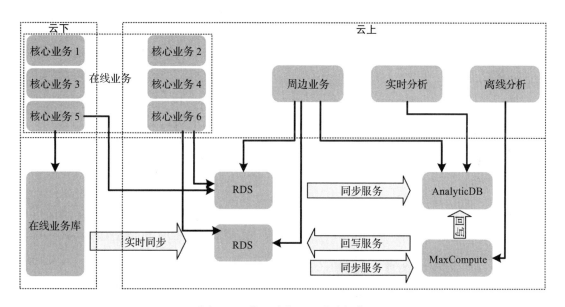

图 11-2 第二阶段迁云改造架构

3）在完成整个系统在线业务的异构数据库改造迁云后，可利用阿里云分布式可扩展的微服务技术架构，继续对业务系统进行优化。优化主要涉及两方面，一方面是使用 DRDS 分布式关系数据库服务实现 RDS 数据库的服务节点的动态可扩展性；另一方面可基于阿里云 EDAS 进行微服务化改造。最终，进化到业务系统在云端的理想状态。云上最终架构如图 11-3 所示。

11.1.3 典型 OLTP 系统平滑迁云

对于任何行业的数据库，数据安全是最重要的。对于交通管理行业，Oracle 是比较稳定的数据库架构。客户一度为自己云下传统的核心业务系统庞大的数据体量、低下的业务性能而感到力不从心。超过 30TB 的存量数据，每个月 TB 级的增长速度，无论是对于日常业务还是运维管理都是一个极大的挑战。此外，客户只在 1 个机房部署了 1 套双节 RAC，没有其他任何容灾或应急措施。针对这一情况，我们给出了核心数据库迁云解决方案。

（1）第一阶段：备份迁云

第一阶段备份迁云的过程如图 11-4 所示。

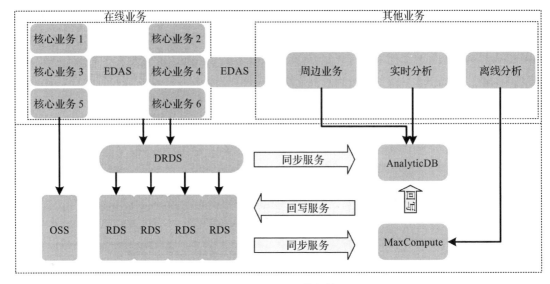

图 11-3 云上最终架构

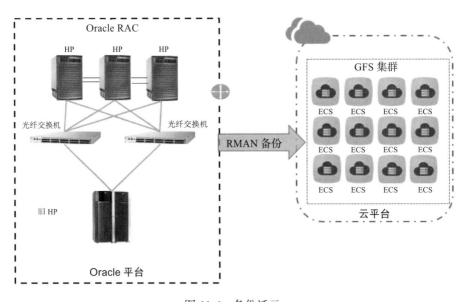

图 11-4 备份迁云

图 11-4 的左边是传统的线下 Oracle 架构，右边是在云上搭建的备份系统。将线下数据库直接备份到云上的分布式文件集群，简便高效。云上有足够的由 ECS 和云磁盘搭建的至少 100TB 的存储集群，足以满足客户需求。普通云盘 GFS 的写入速度大约为 60MB/s（测试数据），写入全量备份文件（24TB）文件大约需要 4 ~ 5 天，写入每天的增量（200GB）文件大约用 60min。

（2）第二阶段：云上容灾

第二阶段是进行云上容灾，如图 11-5 所示。

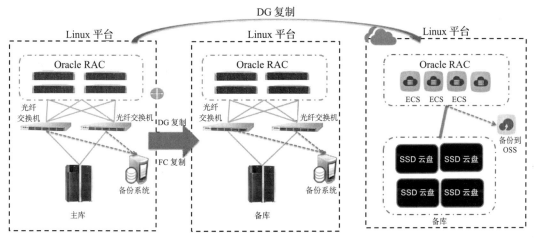

图 11-5　云上容灾

图 11-5 的左边和中间是传统的 Oracle 云下部署情况，客户生产中心有一套 4 节点 RAC 集群，通过 DataGuard 复制到同一栋楼的另一层机房，在同城 30 公里外的经济开发区还有基于阿里云的容灾系统，从而实现了一套完整的"两地三中心"容灾架构。借助 Oracle Active DataGuard 的只读 standby 实例优势，可以将大量的查询类业务和数据库备份运维工作放在 standby 实例中进行，分担主库的压力。

11.1.4　大规模离线计算系统迁云

在交通管理行业，大数据交通情报分析支撑平台是一个典型的大规模离线计算系统。整个系统架构分为前端采集层、标准化层、数据资源层、应用专题层、支撑服务层、业务应用层六个层次，其中标准化层、数据资源层、应用专题层、支撑服务层组成一个开放式的大数据平台，如图 11-6 所示。

（1）前端采集层

前端采集层完成不同量级的数据采集，并接入云平台，具体方式如下：

- 针对小数据量的实时数据，采用 API 的方式进行数据导入。
- 针对大数据量的日志、数据库文件，采用批量文件导入。
- 针对大数据量的实时数据，采用流计算方式导入。
- 针对非结构化大数据量数据，采用文件导入方式。

（2）标准化层

标准化层通过对采集的数据进行提取、清洗、关联、比对等操作为上层提供符合业务规范和技术标准的数据资源，对数据进行统一的标准化处理，使得不同来源的数据格式统

一、关联完整、标识明确，从而提高数据的质量和关联性，方便开展更为复杂的大数据处理业务。

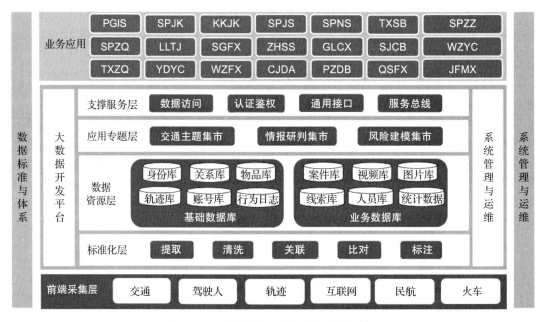

图 11-6 大数据交通情报分析支撑平台

标准化层应具备如下功能：

- **数据提取**：从采集的海量数据中提取有用信息，例如身份证、手机号、QQ 号、邮箱、虚拟账号等。
- **数据清洗**：包括垃圾过滤、数据去重、格式转换与清洗。
- **数据关联**：按照用户制定的规则对各类数据进行关联分析。
- **数据比对**：根据指定规则逐条比对各类特定对象或重点人员。一旦发现中标数据，则通过平台的服务接口向上层应用反馈。

（3）数据资源层

数据资源中心存储的数据包括海量原始数据、基础数据、专题数据、业务数据和其他数据，抽象分类为七大信息资源库，包括身份库、关系库、物品库、轨迹库、账号库、行为日志库和全文信息库。

数据资源中心运用大数据处理技术，对上述数据进行统一的存储、计算和管理，通过服务支撑层接口或数据存储访问中间件，为上层业务应用提供数据支撑。数据资源层应具备高性能、高扩展、高可靠等特性，同时保证数据的准确性、完整性，响应的及时性，满足业务应用的性能需求。此外，数据资源层通过长期的全量数据积累，为大数据应用提供支撑。

数据资源中心应按照"静态数据长期保存，动态数据滚动更新存储"的原则进行存储容量和周期的维护管理。需要长期保存的数据类别包括身份库、关系库、物品库、账号库、位置轨迹库。需要滚动更新存储的数据类别包括行为日志库、全文信息库。

数据资源中心应具备大数据分析计算能力，能运用批处理计算、迭代式计算、实时流计算等分析计算模型，实现大规模和复杂类型数据的综合处理，为上层分析挖掘和预测类应用提供有效的技术支撑。通用计算在不同的数据资源中分别实现，计算结果集中存储，并以共享方式供其他业务系统调用。

（4）应用专题层

应用专题层面向具体的应用场景组织数据，从资源层的多个主题数据库中抽取数据，采用维度建模的方式构建数据集市。根据应用需要对数据进行关联、转换，基于预先定义的维度和指标对数据进行汇总，满足应用多种粒度的数据访问要求。

（5）支撑服务层

支撑服务层介于数据中心和业务应用之间，依托服务总线，为上层业务应用提供颗粒化的服务，实现对下层数据的访问和调用，达到业务与数据解耦的目标，保证底层架构的灵活性和业务应用的高扩展性。通过业务应用服务化，实现全网互联、业务和数据资源共享，从而为业务联动、业务扩展和业务创新提供有力保障。

（6）业务应用层

根据公安大情报项目的业务需求，依托下层的服务支撑体系，实现基础业务应用和各类扩展应用。基础业务应用由区厅指导建设，扩展业务应用由各地市单位根据自身工作需要灵活开展。这些业务包括图像侦查、交警专题、情报分析、犯罪预测、驾驶人积分模型等内容。

（7）安全管理

系统安全管理通过使用相关管理规定、结合对数据的分级分类标准规范，实现对系统功能及数据的访问控制和权限管理，并记录系统操作日志，支持执法监督和审计。系统安全管理主要包含以下几个基本业务：

- **安全防护**：主要是制定安全防护机制，包括安全管理机制，授权、认证、访问机制，安全信息和事件管理机制，故障管理机制等。
- **数据安全**：主要是包含物理存储安全和数据安全备份两大部分。
- **其他安全**：需要考虑物理与环境安全、外部威胁、设备安全和线缆等外设环境安全等。

11.1.5　典型的大规模离线计算系统迁云

随着数据量的增加，原有的 Oracle 架构已经无法支撑百亿级别的数据量，因此对于目前交通涉及的业务场景，我们提供了一个基于手机信息的解决方案。

手机探针数据是通过手机 4G 卡进行采集的，数据会在客户内网进行相应的分析与处理，然后进行相应的数据分析应用的展现。

（1）建设原则

数据实时进行采集，然后实时传输到内网存储并分析，将手机探针的数据与经过车辆的视频数据进行相应的应用分析，因此采集到的数据最终会以应用为导向。

（2）建设目标

经过对网络情况与数据接入的方式的调研分析，着力完成以下建设目标：

- 采集到的数据能实时落地到公安外网的落地服务器，并生成 AVRO 格式的数据文件，保证数据的实时性与完整性。
- 保证能有效地把数据实时地生成落地文件。
- 数据采集与落地服务要确保大量采集设备的数据传输性能。

（3）建设架构

手机探针数据接入系统的总体架构如图 11-7 所示，主要包含一个服务组件和三个应用组件：

- **基础服务层**：在设备进行数据采集后，需要实时向数据落地服务传送数据，在此应用服务过程中，需要基础服务框架对多种数据源进行采集，该框架用于支撑统一数据的输入与输出和多个应用同时运行。
- **数据落地应用服务**：数据从采集设备传输过来后，需要对数据进行相应的解密，然后再依公安外网边界的相应协议进行汇集并生成文件。此应用服务会部署在多个节点，以均衡后续的大量的数据采集负载，避免服务出现单点故障的问题。

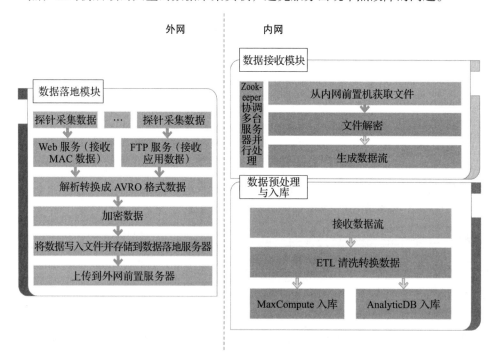

图 11-7　手机探针数据接入系统的总体架构

- **数据接收应用服务**：数据进入到内网的边界服务器后，需要对数据进行相应的实时采集，并生成相应的数据结构，形成记录，以方便后续的应用进行入库操作。
- **数据入库应用服务**：采集到的数据需要进行相应的基础应用的数据实时查询，因此要将数据放到阿里云的 ODPS/AnalyticDB 进行数据存储，同时也需要对手机探针的数据结合过车的视频数据进行人车合一的分析，因此数据也需要放入阿里云的 MaxCompute/AnalyticDB 的数据存储层。

（4）开发框架

在手机探针数据接入的技术框架中，目前只是采用分布式多点应用服务框架，以 Java 作为技术语言进行相应的开发。

- **基础的应用服务框架**：能承载多个应用服务，同时运行多个服务实例，以解决高并发的数据请求，而且能解决多个应用服务在一个框架下运行管理。
- **数据的落地服务与数据接收服务**：这两个应用主要用于处理数据的数据校验、数据加密和数据预处理。

（5）网络架构

手机探针数据由手机探针进行数据采集后，通过 3G/4G 网络接入阵控平台进行数据归集及数据预处理、清洗，通过外网边界（在外网边界的应用服务保护区部署数据前置机）接入大数据支撑平台做深度加工处理。其网络架构如图 11-8 所示。

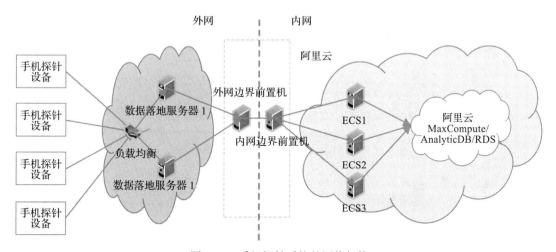

图 11-8　手机探针系统的网络架构

（6）数据落地服务

手机探针设备采集到数据后，需要向落地服务器进行请求，把当前采集到的数据上传，落地服务器收到相应的数据后，对数据进行相应的加密等操作，然后再生成文件，同时把文件写入系统外网的边界前置服务器相应的目录。

由于落地服务器需要接收大量采集设备传输过来的数据，因此需要在两个或者两个节点以上部署服务，以提高服务的可用性。

在服务节点前配置负载均衡，以平衡服务的负载，同时防止某些节点出现中断的情况。数据落地服务流程如图 11-9 所示。

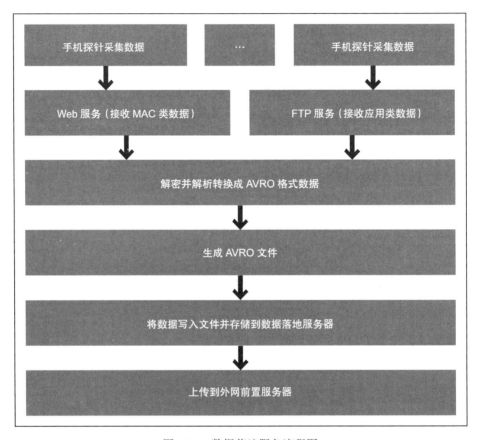

图 11-9　数据落地服务流程图

（7）数据接收与解密

数据接收模块的主要作用是给采集设备提供服务，采集设备通过请求服务把数据发送到数据落地服务器，并统一数据格式。

在数据从设备端发送到落地服务器的接收服务时，会在设备端加上 AES 的加密算法，以保证数据在外网传输过程中不会出现数据泄露的问题。

- **数据的封装**：从数据接收模块中获取到数据后，需要对数据进行格式（AVRO）封装，以减小数据体积。
- **将数据上传到系统外网前置服务器**：把数据进行相应的打包处理后，生成二进制文件，保存在落地服务器的本地磁盘，再从本地磁盘中把相应的文件上传到外网前置服务器。落地服务器到外网前置服务器的数据传输是采用 FTP 协议完成的。在上传文件的过程中，如果出现失败情况，落地服务会对文件进行判断，同时会把文件缓存在落地服务器，直到上传成功后，再对缓存文件进行删除操作。

- **数据内网接收服务：** 在内网的阿里云的云端 ECS 服务器中，部署相应的多点数据服务，不断从内网的边界服务器中获取相应的数据文件，并生成相应的数据记录，向入库服务提供相应的数据流。数据接收流程如图 11-10 所示。

图 11-10　数据接收服务流程图

（8）数据获取功能

当内网边界服务器生成相应的文件后，需要使用分布式协调服务来同时协调多个节点获取内网边界服务器文件中的数据。

（9）数据流的生成

这一步主要是对数据进行 AVRO 格式的转换，并把相应的数据向数据预处理与入库服务进行传输。

- **数据预处理与入库服务：** 对数据进行相应的校验与数据归整处理，清除不整齐的数据，以提高数据的质量；在完成数据清理工作后，会把数据同时入库到 ODPS 和 AnalyticDB 两个数据存储中。该服务如图 11-11 所示。

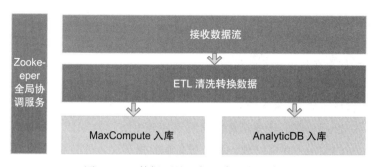

图 11-11　数据预处理与入库服务示意图

- **数据流的预处理与清洗：** 从数据接收模块中获取到相应的数据流后，需要对数据进行相应校验，对数据格式进行相应归整处理，并对数据进行相应的清洗，部分数据要进行去重处理。
- **数据流的 MaxCompute/AnalyticDB 入库：** 由于手机探针的数据需要结合过车的数据

进行人车合一的分析处理，因此会有大量计算处理。在此之前，需要把这些数据发送到 MaxCompute 的数据存储层，只要调用 MaxCompute 的入库 API 接口即可完成该工作。

目前是有多个节点同时从业务数据源中获取不同的数据文件进行入库，在入库的过程中是通过高性能的分布式 Zookeeper 协调系统来协调多个服务器完成数据的获取与写入到 MaxCompute/AnalyticDB 的数据库，以保证数据的一致性，避免数据的重复。数据入库流程如图 11-12 所示。

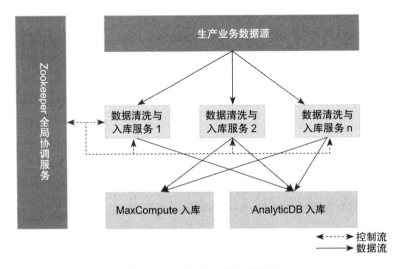

图 11-12　数据入库处理流程

从数据源中获取到数据后，会向 Zookeeper 通知相应的操作消息，并锁定相应的处理源，然后再进行处理。处理完成后，释放相应的处理源锁并向 Zookeeper 发起更改消息通知。

- **异常处理：**如果在数据入库的过程中，MaxCompute/AnalyticDB 的服务出现异常情况，会把相应的数据缓存在服务所在的本地磁盘上，以避免数据的丢失问题。
- **设备信息数据流的 RDS 入库：**在设备信息的查询过程中，外网的设备信息进入到公安内网后，会把相应的设备信息的数据入库到 RDS 的数据库中。其入库的过程与业务数据入库的流程和异常处理一致。设备信息数据库入库过程如图 11-13 所示。

11.1.6　迁云后的变化

迁云后，客户系统发生了如下变化：

- 在线和离线业务分离、核心和非核心业务分离，短期内快速减轻在线业务办理系统的压力，提高了在线业务办公系统的性能。

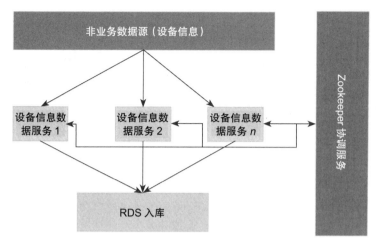

图 11-13　设备信息数据库入库

- 基于阿里云平台的分布式数据库服务可以很方便地实现关系数据库节点的动态扩展，避免由于单节点的计算能力瓶颈导致某个时期系统性能急剧下降。
- 基于阿里云平台的大数据分析产品沟通情报分析平台，可水平、动态扩展平台的存储和计算，避免由于数据的指数级增长导致系统计算能力入不敷出。
- 基于阿里云平台构建在线业务系统和情报分析系统，可以快速打通不同云产品和服务之间的数据通道，只需一次配置即可自动完成在线分析系统数据到大数据分析平台 MaxCompute、AnalyticDB 的数据链路打通，为大数据情报分析平台提供了数据基础。

11.2　互联网金融行业案例

11.2.1　迁云背景

以余额宝为代表的互联网金融企业近年来发展迅猛，随着业务发展，互联网金融公司 IT 团队发现，原有的基础系统架构已无法满足业务的持续发展。

最初，该客户计划通过第三方软件开发商购买 P2P 网贷平台，再根据自身业务需求进行二次开发，通过 LVS、Nginx、Tomcat、Redis、Atlas、MySQL、Dubbo、RabbitMQ、Zookeeper、MongoDB 等开源产品，迅速进行基础系统架构部署，这种方式可以让创业者更专注于核心业务开拓，快速切入市场。该企业的云下系统部署架构如图 11-14 所示。

经过仔细调研和测算后，发现采用云下系统部署还面临如下一些挑战：

1）自主建设 IDC 的方案，初期需投入大量资金用于建设机房、购买硬件、部署网络等基础设施，后续的运维也需要投入大量的人力和资金成本；而在开发、运维、DBA 等岗位的人员招聘进度也会滞后于业务上线和推广进度。

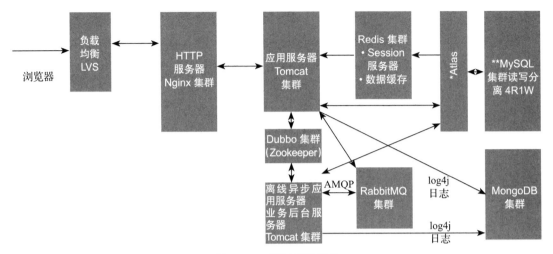

图 11-14 云下部署架构

2）由于 OLAP 操作与 OLTP 操作没有分离，用户前台与业务后台操作没有分离，手动投标与后台异步处理要同时进行操作，这种高耦合的业务场景很容易因为局部的业务突增对全局造成影响，局部的性能衰减也会对业务造成极大的影响。业务层面的解耦改造相对于紧迫的上线日期来说不太现实，需要短平快地对现有的应用系统链路进行尽可能的优化，在业务上线进度和优化策略间需要找到一个平衡点。

3）为了支撑业务的快速扩张，功能上的迭代速度远远高于代码规范和数据库开发规范的制定速度，回归测试会解决功能问题，但是性能问题往往只有在访问压力触发一定阈值的时候才能发现，而这将给客户体验带来极差的影响。如何在新开发的系统投入生产环境之前及时评估系统容量并将系统容量与业务需求进行匹配，是摆在技术人员面前的一大难题。

4）该网站旨在打造一个规范、安全、透明、诚信的互联网金融服务平台，为投资者提供低风险、高回报的理财产品。因此，如何保证主机的安全性，保障应用系统的数据通信的安全性，从而抵御互联网领域常见的攻击，给用户提供一个可信的、稳定的投资环境是技术人员必须关注和考虑的问题。

5）作为国内领先的抵押融资服务提供商，借贷人身份信息、抵押物信息等非结构化内容是重要的核心资产，这些资产日积月累，数量急剧增长。除了正在进行中的借贷人信息和正在募资标的的抵押物信息，还有大量的抵押物数据和日志数据需要归档保存，这些数据平时不常用到，但却必须长期保存以备不时之需。这些非结构化数据的保存周期要远远超过硬件的生命周期，如何安全、可靠地保存这些数据资产，也是技术人员要解决的一大挑战。

11.2.2 迁云解决方案

为了解决上述困难，设计云上部署架构如图 11-15 所示。我们希望基于云上解决方案来解决云下部署架构在新升级的业务系统中所面临的挑战。

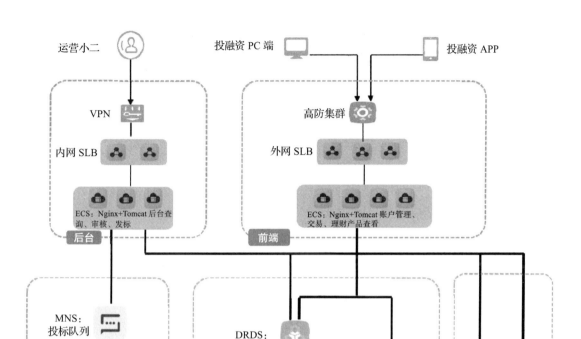

图 11-15　云上部署架构

- 云技术服务团队在很短时间内针对用户需求完成了云上架构设计并部署了云上测试集群，帮助客户完成了云上架构设计与环境搭建。这种及时到位的技术服务使客户可以更专注于业务。

- 针对业务的实际场景制定性能测试，针对业务方对业务指标目标值需求，进行了性能压测、调试和分析，评估出上线后是否能在高峰期满足实际的性能和稳定要求。

- 对前端、网络、服务器、数据缓存和数据库整条链路提交了优化建议，给出了纵向和横向的扩容方案，经过多次分析、调优及测试，基本能满足各业务场景的目标要求。

- 从数据安全、应用安全、主机安全角度为用户提供了云上安全方案。

- 安全架构的设计。我们采用阿里云高防 IP 来应对 DDoS、CC 攻击，同时，http 采用 https 来提升安全性。一些基本的安全扫描也可以通过云盾来完成，非常方便。高防 IP 可以应对互联网服务器在遭受大流量的 DDoS 攻击后导致服务不可用的情况，用户可以通过配置高防 IP，将攻击流量引流到高防 IP，确保源站的稳定可靠。

- 对前端进行优化。通过进行动静态分离，CDN 服务将源站内容分发至全国所有的节点，缩短用户查看对象的延迟，提高用户访问网站的响应速度与网站的可用性，解决网络带宽小、用户访问量大、网点分布不均等问题。

- 数据库架构优化。RDS 和 DRDS 高度兼容 MySQL 协议和语法，代替 Atlas 进行读写分离改造，并可以对数据库全生命周期运维管控。
- 消息系统的优化。消息服务提供了主题订阅模型，旨在像 RabbitMQ 一样提供一对多的消息订阅以及通知功能，能够实现一站式集成多种推送通知方式。

11.2.3 迁云过程中的问题剖析

由于客户对云产品不熟悉，对云上架构设计更不熟悉，因此无法快速、从容地进行云上架构设计和部署。对于互联网金融业务来说，业务的创新和快速成长是核心竞争力，因此将业务快速迁云、成功割接并稳定运行非常重要。接下来，我们将结合上述云上架构介绍将互联网金融业务迁云的过程，并解释其中的一些疑难问题。

1. CDN 使用方案

（1）静态文件的更新方式

主流的静态文件更新有三种方案：

- 在 http 参数中加版本号，通过 get 参数的版本号进行更新。但是，这种静态文件更新方式需要在 CDN 端对每个静态文件的参数进行回源处理，存在被穿透攻击的安全隐患。
- 直接在后台更新文件内容，每次更新完内容之后，通过阿里云 CDN 服务提供的 API 或者控制台提供的功能进行缓存刷新。这种静态文件更新方式会增加缓存刷新的操作成本。
- 可以采用更换文件名的方式，每次更新内容时采用不同的文件名，修改代码中的文件名称，但是每次静态文件发布时需要重新对应用进行发布，造成静态文件更新成本非常高。

最后，在安全控制和发布成本上进行了权衡，确定采用第二种方案进行 CDN 静态文件的更新。

（2）缓存时间的设置方式

对于缓存时间的设置方案，考虑了以下几种：

- 在开发环节直接在文件头里设置时间过期策略，但这会增加开发成本，如果需要更新时间，还需要重新对项目进行发布。
- 在 CDN 控制台对过期时间进行设置，这种方案操作简单，更改成本非常低。
- 使用默认设置，由 CDN 前端根据访问频次进行动态计算（过期时间在 1 小时～ 1 天之间）。

综合各种因素，我们选择了直接通过控制台进行缓存时间设置的方式。

（3）访问方式和回源方式

关于访问方式和回源方式，做了如下设置：

- 将页面修饰文件、标书文件的对外发布的域名与原有应用程序的域名进行了分离。
- 对原有非结构化存储文件进行了迁移，需要配备可供公网访问的公有云 OSS。
- 设置回源的域名。

（4）拆分域名优化

- 根据应用的不同拆分域名

很多网站在搭建的时候，只是申请和购买了一个域名，然后把所有内容，包括图片、JS、CSS、HTML、PHP 等，都放在一个域名下。拆分域名指的就是根据不同的应用将域名拆分出来。比如，HTML、HTM 等页面类内容放在一起；JS、CSS 等样式类内容放在一起；jpg、png、gif 等图片类内容放在一起；PHP、ASP 等动态类内容放在一起。这样的分配方式有利于将来进一步优化网站，并且在需要寻找加速工具时，可以有针对性地选择不同的加速方式。

- 将同一个应用拆分成多个域名

比如，我们在一个 PHP 静态文件的发布代码中进行如下设置，将一个静态文件的域名拆分成了 4 个：

```
zone = (zlib.crc32(pid) % 4) + 1
static${zone}.domain.com.cn
```

进行域名拆分之后的作用是显而易见的。使用 IE6 和 IE7 内核的浏览器，针对同个域名，只会同时发起 2 个连接；使用 IE8 内核的浏览器，针对同个域名，可以同时发起 6 个连接；而并发连接更多的时候，网页打开速度会更快。

2. 应用安全方案

（1）运维管理安全

在运维管理安全层面，重点有以下三个方面的考虑（如图 11-16 所示）：

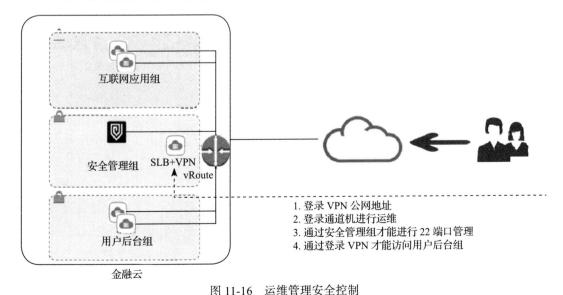

1. 登录 VPN 公网地址
2. 登录通道机进行运维
3. 通过安全管理组才能进行 22 端口管理
4. 通过登录 VPN 才能访问用户后台组

图 11-16　运维管理安全控制

- 设置运维管理、互联网应用、用户后台三个安全组。
- 将 VPN 作为唯一的访问金融云内网的入口。
- 将跳板机作为唯一的运维通道，ECS 运维端口不必对外。

（2）网络安全

网站是最容易遭受攻击的应用类型，黑客通过 DNS 解析即可得到网站的真实服务器，通过对真实服务器发起 DDoS 攻击或者 CC 攻击很容易就能使网站陷入瘫痪，无法对外提供服务。被 DDoS 攻击的业务不可用，服务器无法 ping 通，超出了日常访问流量；而被 CC 攻击，会造成网站连接数和恶意访问量增多、网站变慢或者无法访问。

通过配置高防 IP，可以提供 DDoS、CC、WAF 防护服务，可以防护 SYN Flood、UDP Flood、ACK Flood、ICMP Flood、DNS Query Flood、NTP reply Flood、CC 攻击、Web 应用攻击等 3 ～ 7 层 DDoS 攻击。如图 11-17 所示，我们需要把域名解析到高防 IP 上（对于 Web 业务，只要把域名指向高防 IP 即可；对于非 Web 业务，把业务 IP 换成高防 IP 即可），同时在高防上设置转发规则；所有公网流量都要通过高防机房，再通过端口协议转发的方式将用户的访问通过高防 IP 转发到源站 IP，同时将恶意攻击流量在高防 IP 上进行清洗过滤后，将正常流量返回给源站 IP，从而确保源站 IP 稳定访问的防护服务。

（3）应用接入层安全

在应用接入层安全层面，主要解决以下问题：

- **SLB 端证书的配置**：由控制台自助操作。
- **CDN 端证书的配置**：配置证书和新增域名两项操作都需要后台操作。
- **Web 端配置**：通过 http 和 https 监听不同端口，解决 http 跳转到 https 的配置问题，如图 11-17 所示。

图 11-17　ngnix 配置信息

配置完 https 之后，全站整体的链路示意图如图 11-18 所示。

3. 压测模型的制定

针对业务情况，制定了四个测试模型：

（1）测试模型一（前台混合场景，分别包括 PC 端和移动端）

PC 端、移动端分别发起业务压力，分别得出 PC 端和移动端的最大并发用户数，不同业务场景的访问占比根据需求调研表得出。

（2）测试模型二（前台突变场景，分别包括 PC 端突变和移动端突变）

PC 端按照混合场景最高容量的 75% 发起业务压力，在 PC 端混合场景最高容量的 75% 的压力下，将投标操作的访问频次增加为原来的 3 倍、4 倍、5 倍，关注混合场景下各业务类型的响应时间和 TPS 变化。

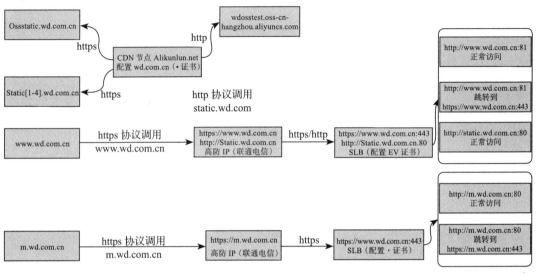

图 11-18　http 链路示意图

（3）测试模型三（后台混合场景）

由业务后台操作发起压力，并发用户数设置为 500。自动投标、撮合成交等后台批处理操作作为背景压力。

（4）测试模型四（指定业务指标下的前后台混合场景）

- 在对系统进行持续优化之后，按照指定业务指标要求对业务的混合场景进行压力测试。使用 PC 端 +APP 端混合场景发起前台业务压力，前台混合场景的并发用户数设置为 PC 端 4000，APP 端 6000。
- 自动投标、自动撮合成交等后台批处理操作作为背景压力。
- 业务后台操作作为背景压力，并发用户数设置为 500。

4．性能分析

（1）可能的瓶颈点

1）**硬件上的性能瓶颈**：一般指的是 CPU、内存、磁盘 I/O、网络 I/O 等方面的问题。

2）**中间件上的性能瓶颈**：一般指的是应用服务器、Web 服务器等应用软件，还包括数据库系统。例如，本系统中因 Tomcat 配置的 JDBC 连接池的参数设置不合理而造成的瓶颈。

3）**应用程序上的性能瓶颈**：例如，程序架构规划不合理、程序本身设计有问题（串行处理、请求的处理线程不够、无缓冲、无缓存、生产者和消费者不协调等），导致系统在大量用户访问时性能低下而造成的瓶颈。

4）**操作系统上的性能瓶颈**：例如，在进行性能测试，出现物理内存不足时，虚拟内存设置不合理，虚拟内存的交换效率就会大大降低，从而导致行为的响应时间大大增加，这时认为操作系统上出现性能瓶颈。

5）**网络设备瓶颈**：一般指的是负载均衡设备（SLB）的带宽瓶颈和性能瓶颈。例如，在 SLB 上设置了动态分发负载的机制，当发现后端应用服务器上的硬件资源没有充分利用时，首先需要判断 SLB 上是否存在性能瓶颈或者带宽瓶颈。尤其是对于 HTTPS 接入的业务，SSL 的加解密非常消耗计算资源，SLB 的性能瓶颈需要重点关注。

（2）方法

1）CPU。如果 CPU 资源利用率很高，则需要查看 CPU 消耗在 user、sys、wait 中的哪个状态下。

- 如果 CPU user 非常高，需要查看消耗在哪个进程，可以用 top(linux) 命令看出，接着用 top-H-p <pid> 看哪个线程消耗资源高。如果是 Java 应用，可以用 Jstack 查看此线程正在执行的堆栈，看资源消耗在哪个方法上，从源代码中知道问题所在；如果是 C++ 应用，则可以用 gprof 性能工具进行分析。
- 如果 CPU sys 非常高，可以用 strace(linux) 查看系统调用的资源消耗及时间。
- 如果 CPU wait 非常高，就要考虑磁盘读写了，可以通过减少日志输出、异步或更换速度快的硬盘来缓解。

2）Memory。操作系统为了最大化利用内存，一般都设置大量的 cache，因此，内存利用率高达 99% 并不是问题，内存的问题主要是看某个进程占用的内存是否非常大，以及是否有大量的 swap（虚拟内存交换）。

3）**磁盘 I/O**。磁盘 I/O 一个显著的指标是繁忙率，可以通过减少日志输出、异步或更换速度快的硬盘来缓解。

4）**网络 I/O**。网络 I/O 主要考虑传输内容大小，不能超过硬件网络传输的最大值 70%，可以通过压缩、减少内容大小、在本地设置缓存以及分多次传输等手段来缓解。

5）**内核参数**。内核参数一般都有默认值，这些内核参数默认值对于一般的应用系统而言没问题，但是对于压力测试来说，可能运行的参数将会超过内核参数，从而导致系统出现问题。这时可以用 sysctl 来查看及修改。

6）JVM。JVM 主要用于分析 GC/FULL GC 是否频繁，以及垃圾回收的时间。可以用 jstat 命令来查看，对于每个代码的大小以及 GC 频繁的情况，通过 jmap 将内存 dump，再借助工具 HeapAnalyzer 来分析哪里占用的内存较多以及是否有内存泄漏可能。

7）**线程池**。如果线程不够用，可以通过调整参数来增加线程；如果出现线程池中的线程已经设置得比较大，但还是不够用的情况，可能的原因是：某个线程被阻塞来不及释放，可能在等待锁，方法耗时较长，数据库等待时间很长等，需要进一步分析才能定位。

8）**JDBC 连接池**。若出现连接池不够用的情况，可以通过调整参数来增加；但是对于数据库本身处理很慢的情况，调整不会起到太好的效果，需要查看数据库以及因代码导致连接未释放的原因。

5. 数据库优化

在数据库优化方面，主要考虑了数据库 SQL 优化、数据库读写分离优化、数据库扩容优化及数据缓存优化四个方面。

（1）数据库 SQL 优化

在压测过程中，通过实例会话列表和慢 SQL 列表发现当前占用时间比较长的 SQL。然后查看某一时间段的慢查询统计，对慢查询进行逐个排查。发现了两类可能导致慢查询的原因：第一，没有使用索引，或者使用了性能比较低的索引；第二，在进行关联查询之前，没有首先过滤数据，导致产生了大量关联操作。

（2）数据库读写分离优化

通过测试发现，前端 Java 的读查询默认带上了 begin、commit，导致 Atlas 把读请求打到了主库，需要修改 Java 框架配置，需要明确 Java Spring 的事务提交机制，将只读的查询不标记为事务，从而让 Atlas 能够识别查询 SQL 语句，完成读写分离设置。

（3）数据库扩容优化

数据库扩容优化涉及只读实例横向扩容、主实例和只读实例纵向扩容，并解决只读实例访问比例不均衡的问题。

- 只读实例横向扩容

将只读实例扩容到 5 个。强依赖只读实例同时增加了一个风险点，大事务、大 DDL、隐式未提交的事务等都可能造成只读实例的延迟。

- 主实例、只读实例纵向扩容

采用 RDS 独享物理机的方案，将 CPU 的核数由 13 核增加到 18 核，尽最大可能纵向提升单 RDS 的性能。另外，将只读节点分布在多台单独的物理主机上，同时可以减小资源争抢的风险。

- 解决只读实例访问比例不均衡的问题

Atlas 配置只读实例存在流量分配不均的问题，通过 SLB 后端挂 5 个 Atlas，后面再分别挂 5 个只读实例来解决这个问题。

（4）数据缓存优化

针对大量重复出现的 SQL，需要根据具体的业务场景，将高并发下重复结果集存入 Redis，适当设置过期时间。

- Redis 高并发访问下的缓存失效时可能产生 Dogpile 效应

在用户的业务后台，使用独立的进程去更新缓存，每次变更之后，让后台人员多点一次更新按钮，而不是让 Web 服务器即时更新。除了使用独立的更新进程之外，我们也可以通过加 "锁" 的方式，每次只允许一个更新。客户端请求去更新缓存，其他并发请求处于短暂的阻塞状态，直到缓存更新，以避免 Dogpile 效应。

- Jedis 连接池合理使用

在压测时发现，Jedis 自己维护的 pool 已经满了，新请求无法建立新的 Redis 连接。

```
// jedis 配置
redis.testONborrow=true
// 业务代码
if(connect.exists(_key)){
    byte[]_key = connection.get(_key)}
```

要注意在占用 Jedis 连接池的进程中，是否存在锁竞争问题导致连接迟迟无法释放，是否存在 Exists、Ping 等消耗 Redis 资源的过多不合理调用，同时导致 Jedis 连接池资源无法及时释放。

11.2.4　迁云后的变化

在建立云上站点之前，该公司网站已经拥有基于外包公司的初级版本，在云上开发部署高级版本的过程中，用很短时间就完成了云上架构设计并部署了云上测试集群，帮助客户完成了云上最小环境的设计与搭建。同时对于云上中间件的部署、VPN 与跳板机的配置与使用、CDN 的使用与配置等具体问题，给出了快速清晰的方案。这种及时到位的技术服务使客户可以更专注于业务。

针对业务的实际场景制定性能测试方案，针对业务方的业务指标需求，进行多种类型（性能测试、负载测试、压力测试、稳定性测试、混合场景测试、异常测试等）的性能压测、调试和分析，评估出上线后是否能在高峰期满足实际的性能和稳定要求。

对于性能测试后性能未达到预期的问题，在复现问题的过程中，对前端、网络、服务器和数据库整条链路提交了优化建议，前端主要是提高浏览器并发幅度、减小页面大小和页面请求数；服务器主要是优化 Apache、Tomcat；数据库是优化 SQL 语句、索引，提供纵向和横向的扩容方案，针对密集度比较高的数据层调用进行数据缓存改造等。经过多次分析、调优及测试，基本能满足各业务场景的目标要求。

技术服务团队通过借助云上资源可以从数据安全、应用安全、主机安全角度来打造云上安全方案，定制全站 https 方案，保证通信的安全性。通过高防 IP、弹性安全网络来保障 Web 接入安全，有效防范 CC、DDoS 攻击。

通过 VPN、堡垒机、支持双因素认证、金融云的租户隔离等方式有效保证主机安全。金融云在每个租户间提供私有的、隔离的基础设施，从而保障用户数据的高度安全。在数据安全方面，阿里云对于数据提供三重复制，ECS 提供快照功能，RDS 实时的数据同步和脱机备份，满足了网站对于数据安全的极高要求。

附录 A  *Appendix A*

Oracle 和 MySQL 的数据类型对比

Oracle 数据类型	MySQL 数据类型	是否支持
varchar2(n [char/byte])	varchar(n)	支持
nvarchar2[(n)]	national varchar[(n)]	支持
char[(n [byte/char])]	char[(n)]	支持
nchar[(n)]]	national char[(n)]	支持
number[(p[,s])]	decimal[(p[,s])]	支持
float(p)]	double	支持
long	longtext	支持
date	datetime	支持
binary_float	decimal(65,8)	支持
binary_double	double	支持
timestamp[(fractional_seconds_precision)]	datetime[(fractional_seconds_precision)]	支持
timestamp[(fractional_seconds_precision)]with local time zone	datetime[(fractional_seconds_precision)]	支持
timestamp[(fractional_seconds_precision)]with local time zone	datetime[(fractional_seconds_precision)]	支持
clob	longtext	支持
nclob	longtext	支持
blob	longblob	支持
raw	varbinary(2000)	支持
long raw	longblob	支持
bfile	—	不支持
interval year(year_precision) to mongth	—	不支持
interval day(day_precision) to second[(fractional_seconds_precision)]	—	不支持

Oracle 与 PPAS 的数据类型对比

源库数据类型（Oracle）	目标库数据类型（PPAS）	是否支持
varchar2(n [char|byte])	varchar(n)	Yes
nvarchar2[(n)]	nvarchar(n)	Yes
char[(n [byte|char])]	char[(n)]	Yes
nchar[n ([byte|char])]	nchar[(n)]	yes
number[(p[,s])]	number[(p[,s])]	Yes
float(p)	Number[(38,p)]	Yes
long	long	Yes
date	date	Yes
binary_float	real	yes
binary_double	double precision	yes
timestamp[(fractional_seconds_precision)]	timestamp[(fractional_seconds_precision)]	yes
timestamp[(fractional_seconds_precision)] with time zone	timestamp[(fractional_seconds_precision)] with time zone	yes
timestamp[(fractional_seconds_precision)] with local time zone	timestamp[(fractional_seconds_precision)] with time zone	yes
clob	clob	yes
nclob	nclob	yes
blob	blob	yes
raw(n)	raw(n)	yes
long raw	long raw	yes
interval year [(year_precision)] to month	interval year to month	Yes
interval day [(day_precision)] to second [(fractional_seconds_precision)]	interval day to second[(fractional_seconds_precision)]	yes
bfile	N/A	no

企业IT架构转型之道——阿里巴巴中台战略思想与架构实战

作者：钟华 编著 ISBN：978-7-111-56480-5 定价：79.00元

本书将阿里巴巴一系列在工程上的实践进行了系统的总结，也为进一步的系统演进积累了很好的经验，打下了坚实的基础。

——阿里巴巴集团CTO 张建锋（行癫）

在互联网+的大形势下，企业转型是个重大趋势。阿里集团提出的共享服务体系概念，打破了应用"烟囱式"的垂直架构建设方式，可以支撑业务快速创新，避免 IT 建设的资源浪费。本书总结了中台战略里共享服务体系架构的基本原则和实施方案。主要内容包括：企业信息中心发展症结，共享服务体系的概念与设计，包括回归SOA的本质、服务所需的滋养是新的业务需求、共享服务体系是培育业务创新的土壤、不同的组织阵型产生完全不一样的生产力，共享服务体系建设，包括分布式服务架构、业务异步化原则、打造数字化运营能力、业务数据沉淀是大数据的建设基础、分布式事务解决、平台稳定性能力、平台自动化运维等，企业传统IT架构向共享服务体系转型，最后分享了两个经典案例：大型央企互联网转型案例、服装零售企业互联网架构转型案例。

推荐阅读

教育部-阿里云产学合作协同育人项目成果

云计算原理与实践

作者：过敏意 主编 吴晨涛 李超 阮娜 陈雨亭 编著 ISBN：978-7-111-57970-0 定价：79.00元

　　本书全面、系统地展现了云计算技术体系，内容跨越云的各个层次，以云计算为核心，但同样重视云存储；主要着眼于云的系统平台和软件环境，但同样关注硬件基础设施（即数据中心）等。本书不仅涵盖经典的虚拟化、分布式、存储、网络等理论，还融入了以阿里云为代表的真实系统的案例，将云计算实践过程中沉淀的工程化方法和思考呈现在读者面前。通过学习本书，读者可掌握云计算相关的概念、方法、技术与现状，了解云计算领域的研究热点和技术进展，具备初步的云计算开发和实战能力。

云安全原理与实践

作者：陈兴蜀 葛龙 主编 ISBN：978-7-111-57468-2 定价：69.00元

　　在云计算发展的同时，其安全问题也日益凸显，并成为制约云计算产业发展的重要因素。本书力求将云安全的基本概念、原理与当前企业界的工程实践有机融合。在内容安排上，从云计算的基本概念入手，由浅入深地分析了云计算面临的安全威胁及防范措施，并对云计算服务的安全能力、云计算服务的安全使用以及云计算服务的安全标准现状进行了介绍。本书的另一大特色是将四川大学网络空间安全研究院团队的学术研究成果与阿里云企业实践结合，一些重要章节的内容给出了在阿里云平台上的实现过程，通过"理论+实践"的模式使得学术与工程相互促进，同时加深读者对理论知识的理解。